BLV

Bayerischer Landwirtschaftsverlag

Carl Tabel
Uwe Tabel

TABEL

Der Jagdgebrauchshund

Erziehen | Abrichten | Führen

BLV

Vorwort des Erstautors zur 1. Auflage

Auf unseren zahlreichen Abrichtelehrgängen habe ich immer wieder die Erfahrung gemacht, dass den lernbegierigen Jägern sehr häufig nicht nur das Verständnis für die Psyche des Hundes fehlt; meistens wissen sie auch nicht, in welcher Reihenfolge man bei der Erziehung und Abrichtung des Jagdgebrauchshundes vorgeht. Ich habe daher auf den methodischen Aufbau in der Ausbildung des Hundes besonderen Wert gelegt. Der Anfänger benötigt gerade die Methodik, denn die Gefahr, dass er »den zweiten Schritt vor dem ersten tut«, ist groß, wobei natürlich ein Erfolg versagt bleibt.

Der Behandlung des Junghundes im ersten Lebensjahr bis zum dressurfähigen Alter spreche ich sowohl für seine körperliche wie erst recht für seine geistige Entwicklung große Bedeutung zu, weswegen der erzieherischen Einwirkung bis zum Beginn der Abrichtung ein wesentlicher Teil des Buches gewidmet ist. Die Erziehung und Ausbildung ist im Wesentlichen für alle Rassen die gleiche, mindestens in den Gehorsamsübungen. Auch das Apportieren sollten mit Ausnahme der Schweißhunde sämtliche Hunde lernen, selbst der Teckel, sofern er vielseitige Verwendung findet.

Mit Rücksicht darauf, dass der Bauhund von einer Vielzahl der Jäger gebraucht wird, ist auch seiner Ausbildung ein Kapitel gewidmet.

Es besteht sicher die Möglichkeit, einzelne Leistungen des Hundes auch auf andere Weise zu erzielen. Namentlich der geborene Meister wird auf manche der empfohlenen, kleinen Hilfsmittel verzichten können. Das in dem Buch geschilderte Verfahren ist jedoch vielhundertfach persönlich erprobt und hat bei der Masse der Schüler zum guten Erfolge geführt. Es enthält so gut wie nichts, was nicht eingehend praktisch ausprobiert und für die Praxis als empfehlenswert festgestellt wurde. Es ist der Niederschlag von im Laufe eines halben Jahrhunderts gesammelten Erfahrungen bei der Behandlung aller in Deutschland gebräuchlichen Jagdhundrassen und vieler anderer Nichtjagdhunde.

Meinem größten Lehrmeister, Fritz Hagemeister, Gallin/Mecklenburg, gilt mein aufrichtiger Dank. Er hat mich – nicht durch Worte, wohl aber durch zahlreiche Beispiele – gelehrt, welch ungeheure Rolle bei der Ausbildung von Hunden der feste Wille, die konsequente Behandlung und das blitzschnelle Reagieren spielen. Das liegt nun viele Jahrzehnte zurück.

Möge das Werk das Verständnis für die Regungen des Hundes und die Kenntnis von der Nutzbarmachung seiner Anlagen heben. Damit würde in erster Linie der Ethik im Waidwerk, nämlich dem schnellen Zur-Strecke-Bringen kranken oder erlegten Wildes gedient, zum anderen aber auch die Freude am waidgerechten Jagen mit dem Hunde erhöht.

Dr. Carl Tabel Annweiler, 1964

Vorwort des Zweitautors zur überarbeiteten 18. Auflage

Dem Wunsche meines Vaters Carl Tabel folgend, habe ich die Betreuung dieses Werks nach seinem Tode (seit der elften Auflage) übernommen. »Stillstand ist Rückschritt«, das war einer seiner Lebensgrundsätze. Auch in Bezug auf die Jagdhunde-Ausbildung gehören dazu unsere geistige Aufgeschlossenheit gegenüber neuen Gedanken sowie die sachlich-fachliche Überprüfung von Anregungen zur praktischen Umsetzung.

Die epigenetisch begründete, zentrale Bedeutung der artangepassten Umwelt für die heranwachsenden Welpen und Junghunde wird hier eingehend behandelt. Zielführende Maßnahmen werden ausführlich beschrieben und durch ergänzende Bilder veranschaulicht. In der gerechten Aufzucht der Welpen und deren Früherziehung liegt ein enormes Kapital im Hinblick auf die weitere Ausbildung zum zuverlässigen Jagdgebrauchshund. Neben der verhaltensbiologischen Erkenntnis kommt auch hier die jahrelange Erfahrung als Züchter wie auch jene – insbesondere – aus vielen Lehrgängen für die Früherziehung von Welpen unterschiedlicher Jagdhunderassen zum Tragen.

Die Grundvoraussetzung eines gedeihlichen Miteinanders von Mensch und Hund ist das gegenseitige Vertrauen, welches hergestellt und dauerhaft gepflegt werden muss. Hier aber ist darüber hinaus auch dem hohen Anspruch an den Jagdgebrauchshund, an seine freudige Handlungsbereitschaft, seine Belastbarkeit und Zuverlässigkeit im Jagdbetrieb Rechnung zu tragen. Es geht also um eine Art der »Berufsausbildung« des Hundes zum vielseitigen und zuverlässigen Helfer bei der Jagdausübung, der dann gegebenenfalls auch unter widrigen Umständen seine Aufgaben erfüllt.

Als Ausbildungsmaßstab dazu dienen die Anforderungen der Verbands-Gebrauchs-Prüfung (VGP) bzw. der jagdlichen Gebrauchsprüfungen von Spezialzuchtvereinen. Die Prüfungen sind jedoch kein Selbstzweck, vielmehr und vor allem gelten die Anforderungen für den praktischen Jagdbetrieb, wo sie zuverlässig erfüllt werden müssen, zuweilen unter mehr oder weniger ungünstigen Gegebenheiten.

Bei diesem Zielanspruch ist die sorgfältige Unterordnungs-Ausbildung im Rahmen der Grundausbildung, das heißt schließlich der Gehorsam, unabdingbar. Bei allen anspruchsvollen Leistungen in sonstigen Ausbildungs-Disziplinen dient der absolute Gehorsam als zielführende Voraussetzung. Aus diesem Grund liegt im Kapitel Grundausbildung ein Schwerpunkt dieses Buches.

Dort werden auch Fragen zur Zwangsanwendung und deren Missverständnis erörtert. Hier sei nur kurz darauf hingewiesen, dass innere Zuwendung und Einfühlsamkeit in den individuellen Hund sowie situationsgerechtes Loben neben der

Zwangsanwendung gleichrangige Bestandteile der Ausbildung und Führung des Jagdgebrauchshundes sind.

Die Vielfalt unserer Jagdhunderassen beiinhaltet mannigfaches Leistungsvermögen, wobei die Vielseitigkeit im Einzelnen mehr oder weniger eingeschränkt ist. Beispielsweise kann der Vorstehhund den Fuchs nicht aus dem Bau jagen, während der Teckel das laufkranke Reh nicht zu fangen vermag. Allen aber kann man die hier beschriebene Grundausbildung angedeihen lassen.

Die Partnerschaft zwischen dem Jäger und seinem Jagdhund beruht nicht auf vermenschlicht gedachte Gleichberechtigung oder auf »gleiche Augenhöhe«, sondern auf der des Hundes arteigenen Hierarchieeinordnung. Dazu das Zitat von Eric A. Aldington in seinem Buch »Von der Seele des Hundes«:

»... Die unglaubliche Zuneigung, die zwischen Mensch und Hund erwächst, sie wird nur möglich, weil der Mensch zu begreifen lernt, dass er seinen Hund als ein völlig andersartiges, nach eigenen Gesetzen lebendes Individuum anerkennen und ernstnehmen muss...«

Dem ist nichts hinzuzufügen.

Uwe Tabel Annweiler, im März 2024

Nachsatz zu den Formulierungen in diesem Buch aus geschlechtergerechter Sicht:
Ich stehe zur Gleichberechtigung aller Geschlechter und verurteile jede Form der Diskriminierung, verwende aber aus Gründen des Leseflusses hier die maskuline Form und meine damit alle Geschlechter.

Die Entwicklung bis zur Grundausbildung

Die Veranlagung verschiedener, in Deutschland gebräuchlicher Rassen

Jagdhund ist nicht gleich Jagdhund. Die verschiedenen Rassen haben nach ihrer Zuchtauslese, nach ihrem jahrzehnte- bzw. jahrhundertelangen Gebrauch und nach ihrem Körperbau unterschiedliche Anlagen und Verhaltensmuster. Das wird auch dem in diesen Dingen weniger bewanderten Jäger auffallen, wenn er beispielsweise den Terrier dem Hannoverschen Schweißhund gegenüberstellt: hier lebhaftes Temperament sowie Kämpfernatur unter und über der Erde, dort Ruhe, Besinnlichkeit und die gesamte Konzentration auf das Ausarbeiten kranker oder gesunder Fährten des Hochwildes gerichtet.

Die Rassen unterscheiden sich in den Anlagen z. T. erheblich, und sie sollen auch unterschiedlich sein, weil die von den Jägern gestellten Anforderungen voneinander abweichen.

Der *Rote Schweißhund* wird fast ausschließlich zur Nachsuche auf krankes Schalenwild gebraucht. Dazu ist Ruhe und Beharrlichkeit neben größter Konzentration auf eine einmal angefallene »Duftspur« nötig. Auch bei der gegebenenfalls notwendig werdenden Hetze ist das Durchstehen (Beharrlichkeit) von größter Bedeutung. Ein wesenslabiler *Hannoverscher* oder *Gebirgsschweißhund* würde die Voraussetzungen für sein Arbeitsgebiet nicht erfüllen. Die *Bracke* kommt dem Schweißhund in ihrer notwendigen Veranlagung sehr nahe; hinzu kommt der lockere Hals (unbedingter Spurlaut). Die *Stöberhunde* (Wachtel, Spaniel, auch Teckel und Terrier) müssen in erster Linie fährten- beziehungsweise spurlaut jagen. Daneben wird Wasserfreude gebraucht. Von den *Erdhunden* wird gutes Kriechen und Durchsuchen eines Baues, Laut und Schärfe am Raubwild verlangt. Die *kontinentalen Vorstehhunde* sind »das Mädchen für alles«, mit Ausnahme der Arbeit unter der Erde. Die deutschen Vorstehhunde sind im Grunde gleichen Ursprungs, bilden aber verschiedene Schläge (Rauhaar, Kurzhaar, Langhaar mit deren Untergruppen).

Außer diesen rein deutschen Vorstehhunden werden seit einigen Jahrzehnten in Deutschland *weitere europäische* Vorstehhunde nach eigener Vereinsgründung gezüchtet und auf Verbandsprüfungen geführt. Sie sind den altbewährten deutschen Rassen gleichwertig, sofern sie über ausgeprägten Beutetrieb und die notwendige Wildschärfe verfügen.

Das Vorstehen ist bei allen Vorstehhunden als genetische Anlage verankert, das heißt, diese Hunde stehen aus Naturanlage vor. Die Verhaltensweise kommt je nach Individuum früher oder später sowie stärker oder schwächer ausgeprägt zum Ausdruck. Es gibt Vorstehhunde, die schon im Alter von 3 Monaten beim Wahrnehmen einer Federwildwittrung erstarren oder – was noch häufiger zu beobachten ist – auf Sicht vorstehen, aber oft bricht diese Anlage erst im Alter von 8 bis 10 Monaten durch und zeigt sich in den verschiedensten Variationen vom festen Vor- und Durchstehen bis zum ganz kurzen Verharren. Es sind aus diesem unterschiedlichen Verhalten vorerst keine sicheren Schlüsse auf die spätere Qualität als Feldhund zu ziehen. Auch der zunächst nur kurz zusammenfahrende Junghund kann im Laufe der Ausbildung ein absolut sicherer

Vorstehhund werden, wie ein »Taster«, d.h. ein an Federwild ausgesprochen vorsichtiger Hund, durch unsachgemäße Führung im Vor- und Durchstehen verdorben werden kann.

Die für das anspruchsvolle Jagen viel wichtigere Anlage des Hundes ist sein Verhalten bei der Arbeit auf der Hasenspur! Diese Anlage ist weniger fest verankert als die zum Vorstehen, zur Suche oder der Wasserfreudigkeit. Neben ausgeprägtem Spurwillen bedarf es der inneren Ruhe des Hundes, seinen Beutewillen zu beherrschen und mittels seiner Konzentrationsfähigkeit auch der schwierigen Spur zu folgen. Daraus resultiert schließlich die Spursicherheit. Das sind vorauszusetzende Eigenschaften, um mit dem Vorstehhund insbesondere »nach dem Schuss« waidgerecht jagen zu können. Die Anlage zur inneren Ruhe ist ein wichtiger Teil der Wesensstabilität des Hundes. Sehr wünschenswert ist die natürliche *Bringfreude*. Sie kann die Ausbildung zur Zuverlässigkeit im Bringen wesentlich erleichtern.

Unentbehrlich für die waidgerechte Jagdausübung erscheint die *Raubwildschärfe* (und allgemeine Wildschärfe) des Vorstehhundes, sowohl für das schnelle Abtun kranken Nutz- und Raubwildes aus Gründen des Tierschutzes als auch zur Hege des Niederwilds, wo der raubwildscharfe Hund im Rahmen der Prädatorenbejagung hervorragende Dienste leistet.

Die Wasserfreude ist eine weitere wichtige Anlage. Sie ist erfreulicherweise in hohem Maße vorhanden und eine Voraussetzung bei der waidgerechten Wasserwildjagd.

Deutsch Drahthaar

Ähnlich ist es mit der natürlichen Anlage zur Suche im Felde. Sie hat sich im Verlauf hundertjähriger Zuchtauslese enorm geändert. Waren zu Beginn noch recht oft Mängel bei der Schnelligkeit und Ausdauer zu beklagen, so wird zwischenzeitlich das wünschenswerte Maß an Schnelligkeit und die damit verbundene Flüchtigkeit eher überschritten. Mangelnde Schnelligkeit macht heute weit weniger Sorge als die Notwendigkeit, diese Schnelligkeit mit der unbedingt notwendigen Sorgfalt bei der Suche in Einklang zu bringen. Die überschnellen Hunde verlieren gar zu leicht die Fähigkeit, die übrigen anspruchsvollen Gebrauchshundfächer zuverlässig, ruhig und beherrscht zu erledigen. Das gilt besonders in Bezug auf die Nachsuchen aller Art.

Es kommt hinzu, dass sich seit den 1960er-Jahren des vergangenen Jahrhunderts die jagd. War zuvor das Feldhuhn das Hauptwild, so ist es seitdem mehr und mehr vom Fasan zurückgedrängt worden, wobei auch die Streckensumme aus beiden Arten stark zurückgegangen ist. Die untenstehende Übersicht verdeutlicht die Entwicklung.

Das Fluchtverhalten des Fasans am Boden unterscheidet sich insofern deutlich von dem des Rebhuhns, als er sein Heil häufig im Widergang sucht, das heißt vor dem aufrückenden Hund nach rückwärts ausweicht. Das bedeutet wiederum, dass nicht der schnell suchende Hund im Vorteil ist, sondern der bedachtsame, der gegebenenfalls bei Nackenwind das Geläuf des Fasans findet und ihm sorgsam folgt.

Rebhuhn-/Fasanenstrecke in Deutschland

Jagdjahr	%-Anteil Rebhuhnstrecke	%-Anteil Fasanenstrecke	Streckensumme
1960/61	54	46	916.000*
2010/11	3	97	210.000
2020/21	3	97	54.000

*Nur sogenannte alte Bundesländer — Quelle: DJV-Handbuch Jagd

Bei der Suche (im Feld, im Wald und im Wasser) ist der entscheidende Wert auf den Finderwillen zu legen. Man sollte dem Hunde bei jedem Sprung ansehen, dass er intensiv sucht, nicht nur läuft.

Der Ausdruck der genannten Anlagen ist nicht nur von physischen, sondern erst recht von psychischen Voraussetzungen abhängig. Eine ausgeprägte Wesensstabilität des Hundes ist von größter Bedeutung. Die Wesensstabilität rückt immer mehr in den Blickpunkt der Jäger, weil mit dem züchterischen Fortschritt bei allen Rassen, der uns zweifellos hervorragende Erfolge und Verbesserung von jagdlichen Anlagen gebracht hat, auch die Gefahr einer nervlichen Konstitutionsschwäche verbunden ist. Das Problem ist in weiten Kreisen erkannt, wird seit längerer Zeit immer wieder erörtert und durch die Fachpresse in die Öffentlichkeit getragen.

Jeder Jäger sollte allergrößtes Augenmerk darauf richten, ob ein Hund bei unerwarteten Begegnungen, Erscheinungen und bei ungewohnten Ereignissen nachhaltig nervös oder ängstlich reagiert. Mag man Mängel in dieser Hinsicht, sofern sie nur geringfügig auftreten, für den praktischen Gebrauch in wenig anspruchsvollen Fällen noch hinnehmen, durch entsprechende Behandlung und Übung auch teilweise eindämmen und beheben können, so sind diese Tiere für die Zucht ganz ungeeignet; Wesenslabilität führt bei Stresssituationen oft zum Versagen im Jagdbetrieb.

Die *Wesensstabilität* muss für alle Jagdhunde, gleich welcher Rasse, gefordert werden. Zudem ist die Qualität des Nasengebrauchs von ausschlaggebender Bedeutung für sämtliche Jagdhunde. Der sichere Nasengebrauch und das stabile Wesen sind vorrangige Bedingungen für jeden Jagdgebrauchshund.

Nasengebrauch, Spurwille, Schärfe und Wesensstabilität sind anlagebedingt und können durch Ausbildung und Führung lediglich gefördert werden. Das Bringen, das anhaltende Vorstehen (Durchstehen), die Schussruhe wie alle anderen Gehorsamsfächer (Ablegen, Leinenführigkeit, Verhalten auf dem Stande, Folgen frei bei Fuß usw.) sind das Ergebnis der Ausbildereinwirkung; die Suche, das Buschieren, das Stöbern (im Wald und im Wasser) wie auch die Schweißarbeit können weitgehend positiv beeinflusst werden, aber hauptsächlich guten Nasengebrauch, ausgeprägten Spurwillen sowie Schärfe und Wesensstabilität muss der Hund von Geburt her mitbringen.

Innerhalb der Schläge der deutschen Vorstehhunde entsprechen deren Anlagen im Allgemeinen den Anforderungen des vielseitigen Jagdgebrauchshundes. Es gibt zwar von Rasse zu Rasse gewisse Stärken und Schwächen, aber fast jeder wesensstabile Hund wird sich dem Revier und der dort vorwiegend vorkommenden Jagdart anpassen und auf demjenigen Gebiet die höchsten Leistungen zeigen, auf dem er am meisten Verwendung findet. In jedem Fall ist eine korrekte Ausbildung und Führung Voraussetzung.

Die Einwirkung der Umwelt während der Jugendentwicklung des Hundes

Für die Wesensentwicklung des jungen Hundes ist der Umwelteinfluss im ersten Lebensjahr von entscheidender Bedeutung. Die Schaffung und Festigung der Selbstsicherheit, des feinen Kontaktes zum Herrn – sowohl als Mensch wie als Jäger – und die Fähigkeit, sich in allen Situationen, insbesondere auch auf der Jagd, je nach den Erfordernissen einzustellen, ist in höherem Alter kaum in gleicher Weise zu erreichen. »Was Hänschen nicht lernt, lernt Hans nimmermehr.« Es ist gerade der Kontakt des Junghundes in den ersten Lebensmonaten mit Menschen, Artgenossen und sonstiger Umwelt für sein späteres Verhaltensmuster und seine Verhaltenssicherheit von besonderer Bedeutung. Eberhard Trumler schreibt in seinem Buch »Mit dem Hund auf du«:

Griffon

»Die Beobachtung der normalen Jugendentwicklung des Hundeverhaltens wird uns noch eine weitere Quelle von Verhaltensänderungen auftun, freilich solcher, die nicht erblich sind. Ich glaube aber sehr daran, dass sie an der bunten Individualität unserer Hunde noch viel einschneidender beteiligt sind als die erblichen. Wir wissen schon, dass selbst im Wolfsrudel gewisse Unterschiede unter den Individuen zu beobachten sind, von denen bestimmt auch nicht alle angeborenermaßen vorhanden sind, sondern erst während der Jugendzeit erworben werden. Das ist normal und wird sicherlich für das Wolfsrudel gewisse Vorteile bieten. Bei unseren Haushunden können aber auf diesem hier gewöhnlich weit übersteigerten Wege nicht nur sehr auffallende Verhaltensstörungen auftreten, sondern sogar eine Fülle von Neurosen. Es gibt schon eine umfangreiche Literatur über dieses traurigste Kapitel des ganzen Hundedaseins, und so mancher Tierarzt hat sich darauf spezialisiert. So habe ich mit wahrem Gruseln eine sehr umfangreiche Arbeit des Wiener ›Hundepsychiaters‹ Ferdinand Brunner gelesen, die sich durch nichts von einem Bericht einer psychiatrischen Klinik der Humanmedizin unterscheidet. Ursache solcher bedauernswerter psychischer Störungen ist 99 mal in 100 Fällen eine gestörte Jugendentwicklung.

Wir können gar nichts besseres tun, als uns die normale, durch nichts gestörte Jugendentwicklung bei Hunden ohne Verhaltensabänderungen mit aller Sorgfalt anzusehen. Dieses Thema ist nicht nur eines der schönsten, die es für das Verhaltensstudium gibt, sondern es enthält auch den Schlüssel für alles, was den künftigen erwachsenen Hund ausmacht. Er ist nicht nur das Produkt seiner erblichen Anlagen, er ist auch das Produkt seiner Jugendentwicklung. Man

Deutsch Stichelhaar

kann ganz zweifelsfrei behaupten: Ein schlecht veranlagter Hund mit einer guten Jugendentwicklung wird ein besserer Hund sein als einer, der zwar über beste Erbanlagen verfügt, aber eine unzureichende Jugendzeit verlebte. Mag sein, dass das viele moderne Züchter, die mehr auf die Abstammungsnachweise und Prämiierungen schauen als auf den Hund selbst, nicht recht glauben wollen. Wer aber das, was ich von diesen Dingen berichten kann, aufmerksam verfolgt, wird mir am Ende recht geben.«

Terrier- und Teckel-Welpe beim Spielen

Wesensentwicklung im Welpenalter

Die herausragende *Bedeutung der Umwelt* für die Entwicklung und Etablierung von Verhaltensweisen gehört für uns zu den erhellendsten Erkenntnissen aus der Verhaltensbiologie der Hunde. Mit dieser Feststellung sollten wir zugleich verinnerlichen, dass es sich dabei um außerordentlich *komplexe Zusammenhänge* handelt und die Wesensentwicklung in besonderer Weise angesprochen ist.

Um jedem Missverständnis vorzubeugen, sei deutlich darauf hingewiesen, dass das gleichfalls entscheidende Gewicht der ererbten Anlagen (*Genetik*), nämlich die richtige Partner- bzw. Zuchtwahl davon unberührt bleibt. Aber das durch beide Eltern neu kombinierte *genetische Muster* beinhaltet zum einen *festgefügte Verhaltensprogramme*, die quasi für das »instinktivrichtige« Verhalten zuständig sind, beispielsweise das Verhaltensprogramm der Mutterhündin im Verlauf von Geburtsvorgängen der Welpen. Zum anderen enthält es einen sehr großen Anteil von Programmen mit *»offenen Strukturen«*; d.h. die daraus resultierenden Verhaltensmuster sind nicht von vornherein bereits festgefügt, sondern in hohem Maße von den Umweltbedingungen nach der Geburt abhängig. Dazu gehört z.B., dass die Sozialisierung des Welpen nur unter entsprechenden Umweltbedingungen erfolgt.

Aldington beschreibt die Vorgänge in seinem o.g. Buch (1986) »Von der Seele des Hundes« so: *»In der komplexen Verhaltensreaktion … sind sowohl konditionierte (gemeint sind erlernte) als auch unkonditionierte (gemeint sind angeborene) Reflexe, jedoch in jeweils unterschiedlicher Proportion vereinigt.«* Und diese »unterschiedlichen Proportionen« sind es schließlich, die uns im Einzelfalle eine Aussage über konkrete Verhaltensanteile seitens der Genetik einerseits und der Umwelt andererseits unmöglich machen.

Aus wissenschaftlicher Sicht waren wir bislang auf die vergleichende Verhaltensbiologie angewiesen. Dortige Erkenntnisse sind nun mit einem großen Erkenntnis-Fortschritt der Epigenetik bestätigt bzw. ergänzt worden (s. SPORK »Der zweite Code-Epigenetik«).

Die Epigenetik, ein spezieller Teil der Vererbungsbiologie, hat mit den Einblicken in die erbphysiologischen Vorgänge bei der Genregulation durch die Umwelt einen entscheidenden wissenschaftlichen Nachweis nachgereicht.

Epigenetische Prozesse sind für die »Genregulation« zuständig und bestimmen mit, unter welchen spezifischen Umwelteinflüssen welches Gen angeschaltet bleibt und/oder wann es abgeschaltet wird.

Epigenetische Markierungen werden zudem bei der Zellteilung weitergegeben und bilden quasi ein Gedächtnis für vergangene Ereignisse. Sie sind vielfach auf nachfolgende Generationen vererbbar.

Die Umwelt-Bedingungen im Jugendalter wirken entscheidend auf die Wesensentwicklung des einmal erwachsenen Jagdhundes! Das Welpen- und frühe Junghundalter ist dabei von besonderer Bedeutung. Insbesondere steht das Alters-Zeitfenster bis etwa 20 Wochen im Fokus. Hier soll einerseits die Phase bis zum Alter 8 Wochen (Züchterverantwortung) und zum anderen die Phase danach bis zum Alter etwa 20 Wochen (Erwerberverantwortung) als besonders wirksames Teil-Zeitfenster behandelt werden. Denn in diesen relativ kurzen Zeiträumen – *und zu hohem Anteil nur in diesen* – werden die Verhaltensmuster des Hundes in ihren Grundzügen so gut wie unveränderlich für sein ganzes Leben festgelegt. Züchter wie Welpenerwerber sind daher hinsichtlich der Aufzucht und Ausbildung von Jagdhundewelpen bzw. Junghunden in besonderem Maße gefordert.

Züchterverantwortung – Der Umwelteinfluss beginnt lange bevor der Welpe in die Hand des Erwerbers geht. Insofern liegt für die Wesens- und Verhaltensentwicklung zunächst die Verantwortung beim Züchter. Die besondere Züchterverantwortung dauert bis zur Abgabe der Welpen.

Es wird in der Regel vom Züchter verhältnismäßig viel Energie aufgewendet, um den »passenden« Rüden für seine Hündin zu finden. Viel wichtiger aber ist die vorangehende Entscheidung, ob die zur Verfügung stehende Hündin überhaupt als Zuchthündin in Frage kommt. Für sie gelten gleichermaßen die hohen Anforderungen an ihre jagdlich relevanten Anlagen sowie an Form und Haar. Von ganz besonderer Bedeutsamkeit ist aber ihre Wesensstabilität, weil sie über die Brutpflege und das Tradieren (s.u.) das Wesensbild ihrer Nachkommen entscheidend beeinflusst!

Beide, die Hündin wie der Rüde, bringen pro Welpen je ihren *haploiden* Chromosomensatz ein. Aus der Verschmelzung beider Geschlechtszellen entsteht dann über die *diploide* Zygote (Ursprungszelle) der Embryo, aus dem jeweils ein Welpe erwächst. Zum neu kombinierten genetischen Muster (genetischen Phänotyp) tragen beide Eltern mehr oder weniger gleichanteilig bei. Dieser Vorgang ist jedoch nur eine Grundlage für das Werden der künftigen *Hundepersönlichkeit*.

Die **verhaltenssichere Mutterhündin** ist eine entscheidende Grundfeste für ihre Nachkommen, die zu wesensstabilen und leistungsstarken Jagdhunden heranwachsen sollen. Ihre Instinktsicherheit steht für die Qualität der Aufzucht und ihr allgemeines Verhaltensprogramm für die Verhaltens- und Wesensentwicklung der Welpen. Das *Tradieren* (Nachahmen), worüber unten noch nähere Ausführungen gemacht werden, ist von zentraler Bedeutung für das Lernen der Hunde.

Ein besonderes Beispiel aus ihrem *angeborenen Verhaltensprogramm* ist die *Brutpflege*; dazu gehören Entfernen der »Eihaut«, Abnabelung, Trockenlecken und Massage zur Stimulierung der Eigenaktivität der Welpen (Atmung, Bewegung, Lautgeben, Kot- und Urinausscheidung ...). Die »angeborene Sicherheit des biologisch richtigen Handelns« der Mutterhündin ist eine elementare Voraussetzung für die Arterhaltung. Die in die Brutpflege eingebundene, lebenswichtige *Interaktion* zwischen Hündin und Welpen dient zugleich der natürlichen Gefühls-(Wesens-)Entwicklung der Welpen und führt zur artgemäßen »Nestwärme«.

Bis über die dritte Lebenswoche der Welpen hinaus sollte die Hündin in der Lage sein, den Wurf ganz allein zu ernähren und sauber zu halten. Ziemlich genau am 21. Lebenstag verlassen z.B. meine Drahthaarwelpen die Wurfhütte zum ersten Mal, wenige Tage danach lösen sie sich nur noch außerhalb der Hütte; bis dahin vermeide ich jegliches Zufüttern, um der Hündin den »Geschmack« an der kompletten Brutpflege nicht zu verderben. Das alles geht aber nur bei

Kontaktliegen, 13 Tage alte DD-Welpen

angemessener Welpenzahl, artgemäßer Ernährung und entsprechend angebotenem Wurfnest (Hütte, Kiste, ...). Ein durch Urin- und Kotzersetzung übel riechendes Nest ist der sichere Hinweis darauf, dass die Mutterhündin ihrer Aufgabe nicht gewachsen ist!

Es ist eine zweifelsfreie Einsicht aus der Epigenetik, dass der Einsatz künstlicher Wärmequellen (Bodenheizung, Rotlicht) eine ausgesprochen kontraproduktive »Hilfe«, eine **Störung bei der Jagdhundeaufzucht** ist. Ohne diese vermag die gesunde Mutterhündin in der gut isolierten Wurfhütte mit angemessenem Rauminhalt - auch bei äußeren Kältegraden - absolut genügende Wärme zu geben. Das immer wieder aufgesuchte Kontaktliegen der Welpen untereinander wie auch mit der Mutterhündin verschafft die nötige Wärme und fördert bei diesen Interaktionen insbesondere die gesunde, artgemäße Gefühls- und Verhaltensentwicklung.

Auch die *Einstellung der Brutpflege* im Einzelfalle bei nicht bzw. wenig lebensfähigen Welpen gehört dazu. Und wir halten es aus der Sicht des verantwortungsbewussten Züchters im Hinblick auf die Wesensentwicklung des betroffenen Welpen für fatal, wenn da »korrigierend« eingegriffen wird.

Es gibt diverse Störungsursachen, welche die Brutpflege beeinträchtigen können. Dazu gehören beispielsweise Krankheiten der Mutterhündin, falsches Wurflagerangebot und insbesondere die *Überforderung durch zu hohe Welpenzahl.* Trumler beschreibt in seinem Buch »Das Jahr des Hundes« sehr eindrucksvoll, wie die Natur solche Konflikte löst.

Wir meinen, dass uns das Tierschutzrecht diesbezüglich einer Irritation ausgesetzt hat, nämlich durch das grundsätzliche Verbot, die Welpenzahl zu begrenzen. Die Forderung, dass kein Wirbeltier ohne vernünftigen Grund getötet werden darf, ist absolut zu respektieren und zu akzeptieren. Die Frage ist nur, wo hier der »vernünftige Grund« aufhört. Der Schwierigkeit sind wir uns bewusst. Aber wir wollen zu bedenken geben, dass die Hündin bei Überschreitung einer gewissen Welpenanzahl zur artgemäßen Aufzucht nicht

Am 21. Lebenstag unternimmt der Welpe seinen ersten Ausflugversuch.

26 Tage alt sind die Welpen beim erstmaligen Zufüttern; danach erfolgt die Fütterung nur noch im Zwinger.

mehr in der Lage ist, was als durchaus tierschutzrelevant anzusehen ist. Eine entsprechende Amme kann helfen. In der Natur finden wir allenthalben Beispiele, wo die ursprüngliche Anzahl der Nachkommen auf dem Wege des Heranwachsens je nach Umweltbedingungen reduziert wird. Wenn aber der »tierliebe« Mensch hier »helfend« eingreift, hat das wiederum langfristig betrachtet eine Degeneration zur Folge, die nicht zuletzt durch massive Wesensmängel bei unseren Hunden zum Ausdruck kommt. Nur die gesunde – gemeint ist hier die artangemessene – Umwelt im Zuchtgeschehen kann nachhaltig für eine wesensgesunde Rasse sorgen.

Vom aktuellen Zeitgeist unabhängig Auffassungen zu vertreten, wird häufig nicht oder nur schwer akzeptiert. In unserem Zusammenhang haben wir es mit einem Entwicklungsstand der »Tierliebe« zu tun, der sich an den selbstbezogenen Werten des von der fortgeschrittenen Zivilisation geprägten Menschen orientiert. **Wir unterliegen einem anthropozentrischen Einfluss, wo der Mensch, nicht das uns anvertraute Tier im Mittelpunkt steht**. Damit aber bleiben die artgemäßen Bedürfnisse der Tiere weitgehend unberücksichtigt! In manchen Fällen mag der Zeitgeist sogar wirtschaftlichen Interessen entgegenkommen, wenn die Aussicht auf einen finanziellen Vorteil durch mehr Welpen der vorgenannten »Tierliebe« Rückenwind verschafft.

Spätestens ab dem Moment, da der Welpe sich anschickt, sein Wurfnest selbstständig zu verlassen, können wir die rasche **Erweiterung seiner Erfahrungswelt** beobachten – wenn ihm keine künstlichen Grenzen gesetzt sind. Das beginnt mit dem 21. Lebenstag und bedeutet zugleich,

Auch im erweiterten Erkundungsgelände erfolgen Körperpflege,...

...und Säugen, für die Mutter offensichtlich anstrengend,...

...sowie Kontaktliegen mit der Mutter in der Ruhephase.

Im neuen Erkundungsbereich wird alles untersucht.

dass dann unter allen Umständen jegliche Hindernisse beseitigt sein müssen. Etwa um den 24. Lebenstag verlässt der Welpe das Lager, wenn er sich lösen will. Wie oben angesprochen, beginne ich dann frühestens mit der Zufütterung, die nur im Zwinger stattfinden sollte.

Das Benagen von Gegenständen gehört zum inneren Antrieb des Welpen.

Nach wenigen Tagen hat der Welpe auch die Grenzen des Zwingers oder des Haus- bzw. Stallraumes erkundet, weshalb ich dann zeitweise auch deren Grenze, d.h. die Tür öffne. Die Mutterhündin begleitet die Welpen, ist auch dort Anlaufpunkt für Pflege, Säugen, Ruhen und Spielen. Gewiss, das ist im Hinblick auf menschlich verstandene Ordnung und Reinlichkeit im häuslichen Umfeld nicht immer bequem, aber verantwortungsvolles Züchten und Aufziehen von Welpen hat mit Bequemlichkeit nichts gemein; es ist höchst spannungsgeladen und fordert gegebenenfalls Einschränkungen anderer Gewohnheiten.

Der Welpe ist von starker Neugier, von ausgeprägtem Erkundungsdrang getrieben. Vielerlei neue, tote und lebende Gegenstände beflügeln sein Interesse, lassen ihn spielen, jagen, schnüffeln, nagen, zausen und anderes mehr. Dieser innere Antrieb ist eine wesentliche Quelle des Lernens. Wenn er dafür nicht die entsprechende Umwelt findet, vielmehr die folgenden vier Wochen auf engem Raum leben muss, entgehen ihm entscheidende Voraussetzungen seiner artgemäßen Wesensentwicklung. Ja, es ist gar ein Gebot des Tierschutzes, den inneren Antrieben Entfaltung zu gewähren, und allein deshalb Aufgabe jedes ernsthaften Züchters, diese ihm dann noch zur Verfügung stehenden vier Wochen für vielerlei Aktivitäten mit den Welpen zu nutzen.

Die **Aktivitäten des Züchters mit den Welpen** können vielfältig sein und sind dem Entwicklungsstand der Zöglinge anzupassen. Es kommt unter anderem darauf an, dass die Welpen einmal frühzeitig den Menschen als Sozialpartner kennen lernen und zum anderen mit vielfältigen Umweltsituationen vertraut werden. Gleichzeitig müssen sie frühzeitig lernen, sich als »Nasentiere« unter verschiedenen Bedingungen über den Geruchsinn zu orientieren. Wenn ein bestimmter Umstand zur Einschüchterung führt, ist das seelische Gleichgewicht des oder der Welpen schnell wieder herzustellen, beispielsweise durch einen raschen, ablenkenden oder entspannenden Situationswechsel.

Einige Anregungen zu Aktivitäten des Züchters aus der eigenen Praxis:

- Bei der täglichen Gewichtskontrolle während der ersten drei Lebenswochen, die vor allem auch Hinweise auf die Vitalität (Biotonus) des einzelnen Welpen gibt, nimmt dieser über den Geruchsinn zugleich den Menschen als normalen Rudelgenossen wahr.

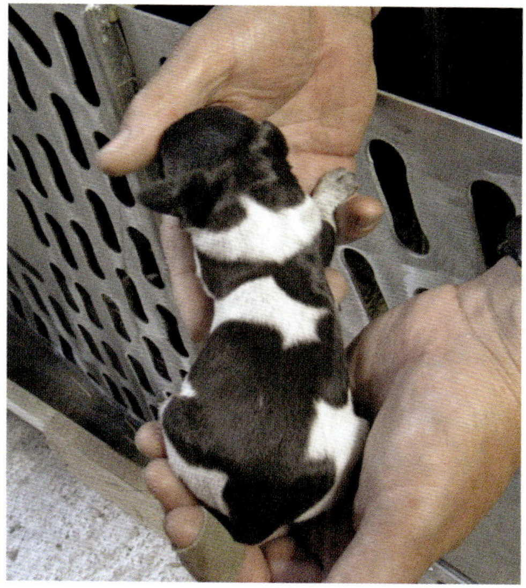

Vom ersten Lebenstag an nimmt der Welpe den Menschen als »Rudelgenossen« wahr.

- Das Spielen der Welpen untereinander und mit der Mutterhündin wird zunehmend temperamentvoller und erreicht nach der vierten Lebenswoche ein Ausmaß, dass sich der Züchter – zunächst verhalten – mit einbringen kann.
- Ab der sechsten Lebenswoche ist regelmäßig tägliches Spielen mit dem Wurf und jedem einzelnen Welpen angesagt. Bald sollen auch andere Menschen (Familienangehörige, Freunde) daran teilnehmen, quasi in das Rudel integriert werden. Die einzelnen Spielphasen bleiben kurz, die Welpen dürfen nicht überstrapaziert werden. Insofern ist unsere sachgerechte Kontrolle notwendig, insbesondere wenn weniger geschickte Menschen einbezogen werden.
- Die räumlichen Freiheitsgrenzen werden – zumindest zeitweise – dem Bewegungs- und

Erkundungsradius der Welpen angepasst; ab der fünften Woche sind der Zwinger, die Stube oder der Stall in der Regel zu eng und zu »langweilig«.

Das Spielen miteinander und...

- Zum Füttern werden die Welpen an die gemeinsame Schüssel (im Zwinger) mit einem stets wiederholten Ruf oder Pfiff zusammengelockt. In Verbindung mit dem Ruf erfährt der Welpe ein lustvolles Erlebnis und die Motivation, rasch unsere Nähe zu suchen. Das geschieht an dem Ort, wo die kleinen Kerle ansonsten nicht so gern bleiben (Zwinger...).
- Die Welpen sollen die Schüssel stets zügig leeren, es bleibt nie ein Rest zurück. Gute oder schlechte Fresser werden im Welpenalter erzogen. Mit dem guten Fresser bin ich, was unter Futterschleppe und Schweißarbeit noch erläutert wird, immer im Vorteil.
- Für das Spielen werden abwechselnd verschiedene Örtlichkeiten aufgesucht (Zwinger, Hof, Garten, Feld, Wiese, Wald). Nach lebhaftem Spiel müssen die Welpen wohltuend ruhen und entspannen können.

...das Tollen mit der Mutter außerhalb des Zwingers ist von besonderem Reiz.

- Beim Spielen sind die Welpen an akustische Reize (Händeklatschen, Blechdeckelschlagen, Schütteln steingefüllter Blechdosen u.a.m.) sowie an optische Reize (flatternde Tücher usw.) zu gewöhnen. Das geschieht am besten mit den hungrigen Welpen, sodass im Falle der Einschüchterung das Futterreichen sogleich als lustvoller Auslöser für Entspannung und Wohlbefinden dienen kann.
- Hetz- und Greifübungen an der Reizangel, zunächst mit dem ganzen Wurf (6. bis 7. Woche), dann mit einzelnen Welpen, dienen in hervorragender Weise als prägende Einstimmung auf dieses wertvolle und zugleich einfache Ausbildungshilfsmittel. Als »Beutestück« nehme ich zunächst ein größeres, festes Tuch, welches die Welpen gemeinsam erhaschen und gut festhalten können. Das Spiel dauert relativ kurze Zeit und endet immer, bevor die Welpen

Das gemeinsame Spielen von Menschen- und Hundekindern tut beiden Seiten gut.

Die 6 Wochen alten Welpen zerren an der Reizangel-»Beute«.

Erster gemeinsamer Ausflug ins Feld…

…und ins flache Wasser.

die Lust verlieren! Die Welpen sollen nach dem von mir bestimmten Spielende immer das Gefühl haben, noch weiter jagen zu wollen, noch nicht voll befriedigt zu sein. Nur so gelingt die Prägung, das Jagen an der Reizangel als Lusterlebnis während des ganzen Lebens zu empfinden.

- Zum Ende der 7. und in der 8. Woche stehen tägliche Reviergänge mit der Mutterhündin und ihrem Wurf auf dem Programm. Die Welpen lernen Feld, Wiese, Wald, und wenn es die Jahreszeit erlaubt, auch Wasser kennen. Die damit verbundenen, vielfältigen Geruchserlebnisse sind für die Welpen im Hinblick auf »ihre Welt« von prägender Bedeutung. Zudem werden sie an diverse Hindernisse herangeführt, die sie im Rahmen ihrer körperlichen Möglichkeiten rasch zu überwinden lernen (Steilböschung, hohes Gras, Graben, dichtere Hecke, pieksende Brombeere, flaches und tiefes Wasser u.a.m.). Die Mutterhündin, der die Welpen am liebsten folgen, ist dabei natürlich eine wertvolle Hilfe.
- Reviergänge sind in der Regel mit einer wenigstens kurzen Autofahrt verbunden. Bereits nach der relativ kurzen Gewöhnungszeit gibt es hernach für die Welpen so gut wie keine Verträglichkeitsprobleme mehr. In jedem Falle sollten die Welpen das Fahren im Auto vor ihrer Abgabe gelernt haben.
- Das Heranführen des Wurfes an frisch erlegtes Wild aller Art – ggf. mit der Mutterhündin – ist für die Hundekinder stets ein beeindruckendes Erlebnis und macht sie mit Beutestücken frühzeitig vertraut.

Die Untersuchungen von Trumler, beschrieben im oben genannten Buch »Das Jahr des Hundes«, zeigen uns, wie im intakten Rudel die Mutterhündin die Pflege ihrer Welpen nach acht Wochen einstellt und der Vaterrüde (Rudelführer) die Rolle der weiteren Erziehung übernimmt. Es findet also ein Wechsel der Autorität von der Mutter auf den Vater bzw. auf den Rudelführer statt.

In der zivilisierten Welt ist aber der Vater in der Regel nicht mehr präsent. Vielmehr tritt der Welpenerwerber an seine Stelle und muss die anspruchsvollen Anforderungen erfüllen. Insoweit wird auch die immer wieder gestellte Frage nach dem richtigen **Zeitpunkt der Welpenübernahme** beantwortet: Es ist just das Welpenalter von **8 Wochen** der richtige Zeitpunkt für die Übernahme in die neue Obhut.

Der Entscheidung zum Erwerb eines Welpen sollte die Prüfung vorausgehen, ob der Züchter seine Aufgaben hinreichend wahrgenommen hat.

Für diese Welpen gehört das Auto rasch zur normalen Umwelt.

Früherziehung von Jagdhundwelpen

Zuerst muss der neue Rudelführer das Vertrauen des Welpen gewinnen. Er füttert ihn stets selbst, hat ihn viel um sich, spielt mit ihm und lässt ihn auf seinem Schoß entspannen und schlafen. So lernt der Welpe in wenigen Tagen, dass der neue Herr sein sicherer Hort ist, wo er Schutz und Zuwendung findet. Ohne Zeitverzögerung widmet sich der Führer dann in den folgenden acht Wochen intensiv der Frühausbildung seines Zöglings. Das begrenzte Zeitfenster eröffnet dem Welpen den Zugang zu stark prägenden, zukunftsrelevanten Eindrücken.

Für das Lernen des Hundes hat das **Tradieren** eine zentrale Bedeutung. Dabei werden Verhaltensweisen eines »Vorbildes« unbewusst an den heranwachsenden Welpen weitergegeben und von diesem übernommen.

Bei Tieren höherer Entwicklungsstufe wird in den ersten Lebenswochen das Verhaltensmuster durch die Autorität der Mutter entscheidend geprägt. Benjamin Chee Chee (1944–1977), der kanadische Künstler indianischer Herkunft, hat das Phänomen mit wenigen Strichen am Beispiel der Kanadagans in genialer Weise dargestellt. Die Zeichnung unterschrieb er schlicht mit *»Learning«* (»Lernen«) und bringt so den zentralen verhaltensbiologischen Vorgang für das Überleben einer Art zum Ausdruck.

Das Phänomen des Tradierens, der Nachahmung, hat viele Facetten und ist gerade für Jagdhunde von vehementer Bedeutung. Anhand späterer Verhaltensmuster kann kaum bestimmt werden, ob sie genetischen (ererbten) Ursprungs oder allein dem Tradierten zuzuordnen sind.

Symbolisiertes »Tradieren«

Beispielsweise wird eine im Zwinger unruhige Mutterhündin in der Regel alle ihre Welpen mit dieser Unart (Wesenslabilität) belasten. Aber auch ein ebensolcher Zwingergenosse beim neuen Rudelführer bewirkt die gleiche Verhaltensweise beim hinzugekommenen Welpen, ohne dafür erblich disponiert zu sein!

Auf gleichem Wege beeinflusse ich auch als Rudelführer die Verhaltensweisen des bei mir heranwachsenden Hundes. Meine Verunsicherung oder Selbstsicherheit, Nervosität oder Gelassenheit, Beharrlichkeit oder Resignation und anderes mehr finde ich gegebenenfalls im Verhaltensmuster des mir anvertrauten Zöglings wieder. Wenn wir die Wirksamkeit des Tradierens verinnerlichen, können wir einerseits viele Fehlentwicklungen vermeiden, andererseits aber auch positive Schlüsse für eine zielführende Ausbildung daraus ziehen.

Unsere Jagdhundewelpen sind anlagebedingt mit inneren Antrieben ausgestattet, die sich im Entwicklungsverlauf entfalten wollen. Wird den Welpen die Möglichkeit dazu nicht gegeben, ist Wesenslabilität, d.h. sind Mängel der Wesensfestigkeit vorprogrammiert. In unserer Zivilisationsumwelt stehen der artgemäßen Entwicklung unserer Welpen viele Sperren entgegen, die zu einem fatalen Bedürfnisstau führen, wenn wir solche Hürden nicht aktiv beseitigen. Beispielsweise ist es ein *scheinbar* sinnloses, banales Bedürfnis des Welpen wie des erwachsenen Hundes, im Boden zu buddeln. Es handelt sich dabei um eine »Ersatzhandlung« für ein Aktivitätsbedürfnis. Auf der vollbetonierten Fläche seines Zwingers kann er sie nicht ausüben, weshalb in meinem Zwinger stets auch gewachsener Boden vorhanden ist. Wenn dann mein Hund anfängt zu buddeln, ist es für mich das Signal, dass ich ihm nicht hinreichende Aktivitäten im Freien gewähre. Je höher ein Hund als Jagdhund veranlagt ist, desto stärker sind seine Bedürfnisse, sind seine inneren Antriebe zu körperlichen Aktivitäten, zum vielfältigen Erkunden und zum Jagen. Wenn wir dem nicht angemessen Rechnung tragen, leidet er unter sogenanntem **Triebstau** und wird dann in der Tat quasi verrückt. In dem Zusammenhang darf man es als Tierquälerei annehmen, wenn Jagdhunde in nichtjagdliche Hände gegeben werden.

Das Interesse, die Neugier des Welpen an allem Geschehen nimmt von Tag zu Tag zu. Es ist unsere Aufgabe, die Neugier weitgehend zu befriedigen. Dazu gehört in besonderer Weise die den jagdlichen Anlagen entspringende Neugier. Das vielseitige Erfahren und Lernen im Welpenalter ist von enormem Einfluss auf das Wesen und Allgemeinverhalten des erwachsenen Tieres. Bei richtiger Einflussnahme werden Verunsicherungen abgebaut und die Selbstsicherheit gefördert.

Umfangreichen Erfahrungen aus zahlreichen Früherziehungslehrgängen für Jäger mit Jagdhundewelpen, insgesamt mehr als zweihundert Teilnehmer, liegen dem nachstehend beschriebenen Konzept zugrunde.

Die Früherziehung sollte möglichst gleich mit dem 8 Wochen alten Welpen beginnen und im Übrigen auf das Zeitfenster der Welpen-Altersspanne bis 20 Wochen gerichtet sein. In diesem Altersbereich verfügen die Welpen von Beginn an über eine außerordentlich hohe Lernfähigkeit.

Erste Begegnung und »Anfrage«, ...

...noch nicht ganz entspannt, ...

... aber jetzt geht das Spielen los!

Das Konzept der Früherziehung beinhaltet vier (zum Teil ineinandergreifende) **Zielbereiche** der Ausbildung.

1. **Sozialverhalten gegenüber Artgenossen und Menschen (Sozialisierung)**
   Der Welpe lernt in der spielerischen Auseinandersetzung den weitgehend entspannten Umgang mit anderen Hunden und Menschen. Aggressionstrieb und Unterwürfigkeit finden dabei zur individuellen Ausgeglichenheit und Wesensstabilität.

2. **Unter- bzw. Einordnung in der Rudelgemeinschaft**
   Der Welpe sucht und findet seinen Platz in der Hierarchie seines i.d.R. kleinen Rudels. Insbesondere muss er lernen, die Führungsrolle seines Herrn zu respektieren, sich eindeutig dieser unterzuordnen. Die Unter- bzw. Einordnung in die Rudelgemeinschaft bezieht sich in erster Linie auf das Verhältnis zu mir als Rudelführer, kann aber ausgeweitet sein in Bezug auf Familienangehörige oder/und weitere Hunde im Rudel (Wohngemeinschaft).

3. **Entspanntes Verhalten in der künstlichen (zivilisatorischen) Umwelt**
   Notgedrungen muss der Welpe lernen, sich auch in der künstlichen Umwelt der Menschen entspannt zu bewegen oder aufzuhalten. Beispielsweise gehört das Fahren im Auto nicht zu seiner artgemäßen Umwelt, es wird für ihn aber Teil des Alltags werden.

4. **Wecken, Fördern und Kanalisieren jagdlicher Anlagen**
   Die Förderung der jagdlichen Anlagen des Welpen ist ein Schwerpunkt auf dem Wege seines Werdeganges zum qualifizierten Jagdgebrauchshund. Durch entsprechendes Kanalisieren können Spezialisierungen erreicht werden.

Es gibt eine Fülle praktisch bewährter Aktivitäten zu den vorgenannten Zielbereichen:

1. Zielbereich Sozialverhalten

1.1 Die Begegnung mit anderen Hunden (und Menschen) und das daraus sich entwickelnde Spielen miteinander ist ein wichtiger Schritt für die Entwicklung vom Welpen zum Jagdgebrauchshund Das Spielen ist eine der bedeutendsten Lernvoraussetzungen, hat dementsprechend seinen biologischen Sinn und dient in hervorragender Weise der Entwicklung und Ausbildung

- der körperlichen Leistungsfähigkeit,
- des Sozialverhaltens, d.h. der »sozialen Bildung«,
- der Sinnesorgane, d.h. der Verarbeitung optischer, akustischer und olfaktorischer (geruchlicher) Reize

und

- der Gefühlswelt, in welcher sich individuell der Ausgleich zwischen aktiver Aggression und passiver Reaktion, zwischen Lustempfinden und Abwehrverhalten entwickelt. Die vorgenannten Entwicklungsbereiche stehen miteinander in engem Zusammenhang.

Die sogenannten **Prägungs-Spieltage** sind als Erziehungsprogramm zwischenzeitlich von vielen Hundebesitzern und Organisationen angenommen worden. Dazu müssen aber eine Reihe von Grundregeln beachtet werden:

Welpen-Spieltag, vor allem im Alter 8 bis 16 Wochen sehr förderlich.

a) Der Welpe muss sich grundsätzlich räumlich uneingeschränkt im offenen Gelände und frei von Leine und Halsung oder Brustgeschirr bewegen können. Nur die von jeglichen Einschränkungen freien Hunde lösen aufkommende Konflikte sehr rasch und allein »im gegenseitigen Einvernehmen«.
b) In dem Zusammenhang dürfen die beteiligten Menschen auch keine geschlossene Formation um die Welpen bilden, sondern sollen stets für offene Räume sorgen. Das von einem Menschenkreis eingeschlossene Areal empfindet der Hund als begrenzten Raum.
c) Erste Begegnungen mit anderen Hunden sind dem körperlichen und psychischen Entwicklungsstand meines Welpen anzupassen. Darauf ist besonders zu achten, wenn das Programm mit sehr unterschiedlich alten Welpen (Junghunden) begonnen wird. Mein kleiner Welpe empfindet den gröber spielenden, älteren und größeren Junghund zunächst als Bedrohung. Über behutsam eingeleitete Begegnungen, zunächst mit Welpen etwa gleicher Entwicklung, lernt er, auch mit »Flegeln« entspannt umzugehen.
d) Im Falle seiner Einschüchterung wird der Welpe niemals »getröstet« oder gelobt, was seine Ängstlichkeit nur verstärken würde und der Selbstsicherheit zuwiderläuft. Ich verhalte mich neutral, spreche den Welpen nicht an, auch wenn er zwischen meinen Füßen Zuflucht sucht, sondern nähere mich dann langsam und unbekümmert der Quelle der Einschüchterung. Dort findet er so nach mehr oder weniger kurzer Zeit zur eigenen Selbstsicherheit.
e) Im Falle grober Auseinandersetzungen unter den Welpen niemals zum Punkt des Geschehens hingehen, sondern stets weglaufen! So löst sich die »Prügelei« ohne ernsthafte Blessuren und die Spannung von selbst auf. Das gilt auch für Junghunde fortgeschrittenen Alters.
f) Meine Position als alleiniger Rudelchef und wichtigste Orientierung für meine Welpen bzw. meinen Junghund soll nicht nur gewahrt, sondern muss gefestigt werden. Deshalb schränke ich die Möglichkeit zum Spielen mit anderen Personen stark ein, sobald der Ausbildungssinn, nämlich der spannungsfreie Umgang mit Menschen erfüllt ist.
g) Die Örtlichkeiten der Spieltage sollten immer wieder gewechselt werden. Die Selbstsicherheit ist zunächst an bestimmte Geländebedingungen gebunden. Der Welpe

soll lernen, auch bei Begegnungen unter bislang unbekannten Verhältnissen rasch zum spannungsfreien Verhalten zu finden.

1.2 Im eigenen Spielen mit meinem Welpen und heranwachsenden Junghund wird ein weiterer Sinn verfolgt. Der Welpe soll nämlich zugleich meine höchstrangige Stellung als Rudelchef respektieren lernen. Mein Spiel ist daher stets kurz, wobei ich mit ihm durchaus »auf Augenhöhe«, d.h. mit ihm auf dem Boden tollen kann, das Spielende aber allein von mir bestimmt wird. Anschließende Unterordnungsübungen unterstreichen meine Autorität.

2. Zielbereich Unterordnung

Die Unter- bzw. Einordnung in eine hierarchisch geordnete Rudel-Gemeinschaft ist beim Hund wesensimmanent. Insbesondere der Jagdhund strebt dabei häufig nach hohem Rang. Es ist daher die spezielle Aufgabe des Menschen dieses Streben durch seine Autorität zu begrenzen, wenn er hernach erfolgreich und harmonisch mit dem Hund jagen will.

Wie bereits erwähnt, erfährt der Welpe erste Unterordnungs-, das heißt Zwangsmaßnahmen bereits durch die Mutterhündin. Beispielhaft wird das besonders im Alter ab etwa 6 Wochen sichtbar, wenn beim Welpen die Milchzähne nennenswert herangewachsen sind und er zunehmend hungrig ist, die Milchquelle der Mutter aber nicht mehr entsprechend viel hergibt. Da erleben wir, wie die Mutterhündin die Welpen schließlich zurückweist, das heißt sie diszipliniert bzw. unterordnet. Das »Urvertrauen« der Welpen gegenüber der autoritären Mutter bleibt unberührt!

Diese natürliche Unterordnungs-Entwicklung wollen wir nicht unterbrechen, sondern diese gleich nach Übernahme des Welpen kontinuierlich im Rahmen der Früherziehung fortsetzen. So herzerfrischend es für uns auch sein mag, wenn der Welpe seinem inneren Antrieb freien Lauf lässt, so sehr müssen wir sein im Wesen Anderssein respektieren! Wir wollen uns dabei nicht nur dem Augenblick widmen, sondern müssen die gemeinsame Zukunft mit dem Hund, hier insbesondere mit dem *Jagd*hund, im Blick behalten. Wir dürfen den Hund nicht »vermenschlichen«, müssen uns vielmehr »verhundlichen«, sein Anderssein als Hund berücksichtigen. Da fordern wir einerseits seine Unterordnung ein und bewahren andererseits sein absolutes Vertrauen zu uns! Auf einige Grundübungen wird nachstehend näher eingegangen.

2.1 Hereinkommen

Hier können wir noch keinen Gehorsam im herkömmlichen Sinne erwarten. Vielmehr müssen wir dem Welpen die Motivation vermitteln (einprägen), dass das Herankommen für ihn einem Lusterlebnis gleicht. So wird der hungrige Welpe mittels stets gleicher Lautäußerung (z.B. bestimmter Ruf oder Pfeifton) zur Futterschüssel gerufen. Wenn der Welpe auf die Reizangel (s.u.) geprägt ist, ist auch diese für ihn ein Grund raschen Herbeikommens auf Grund des bekannten Rufes, wenn er hernach daran jagen darf. Wenn die Prägung erfolgt ist, genügt der immer freundliche Empfang bei mir. Der Welpe wird aber niemals gerufen, wenn er erkennbar stark abgelenkt ist (z.B. beim Spielen mit seinesgleichen). Dann erreiche ich das Gegenteil, weil das überaus empfangsbereite Welpen-Hirn festhält, dass der Ruf für das Herankommen bedeutungslos ist.

2.2 Die Gewöhnung an Halsung und Leine
ist eine der ersten Unterordnungsmaßnahmen, die zugleich der Sicherheit meines Zöglings dient und nicht zuletzt auch für die Einarbeitung der Fährtenarbeit unabdingbar ist (s. u.). Der angeleinte Welpe sträubt sich in der Regel, dem Leinenzug nachzugeben und zu folgen. Einfühlsam und dennoch konsequent bewege ich mich fort und lobe, sobald der Welpe auf den Läufen steht und folgt. Nach wenigen Übungen ist die Verunsicherung überwunden, sodass der Welpe an der Leine willig mitgeht.

Der Welpe liegt ruhig in der »Demutshaltung«, gleich geht das Spielen weiter.

2.3 Die Demutshaltung
Die vielfachen Beobachtungen, wie die wesensstabile Mutterhündin gegebenenfalls ihre Welpen diszipliniert, haben zu dieser Unterordnungs-Übung geführt. Dazu wird der Welpe - mit der rechten Hand (als Rechtshänder) unter dem Brustkorb und mit der linken auf dem Schulter-/Hals-Bereich - in schneller Bewegung auf den Rücken gedreht. Dabei bleibe ich stets auf meinen Füßen, knie also nicht nieder! Im Falle von Gegenwehr und begleitenden Lautäußerungen halte ich den Welpen unbeeindruckt fest. Während Zeige- und Mittelfinger unter dem Kinn sowie Daumen und kleiner Finger jeweils in der Achselhöhle liegen, belasse ich meine Hand so lange auf dem Brust-Hals-Bereich, bis der Welpe ohne Gegenwehr ruhig liegen bleibt. Die Übung wird weder bei der Ausführung noch unmittelbar danach von Lob begleitet. Nach wenigen Wiederholungen begreift der Zögling rasch, dass er sich dem Zwang unterzuordnen hat und ihn dann ruhig über sich ergehen lässt. Dieser den Welpen durchaus beeindruckenden Übung folgt, solange sie noch nicht zur Selbstverständlichkeit geworden ist, immer das druckauflösende, lustbetonte, aber kurze Spielen mit dem »Rudelführer«.

Abgesehen von der Unterordnungs-Wirksamkeit ist die vom Welpen verstandene Übung auch zweckdienlich, wenn der Zögling sich gar auflehnt, etwa unkontrolliert herumkläfft oder auf andere Weise seinem »Rudelführer« nicht hinreichende Aufmerksamkeit widmet. Mancher mag kritisch denken, mit der durchgesetzten Demutshaltung würde das notwendige Vertrauensverhältnis

Der 4 Monate alte Junghund weiß, im Hause ist der Korb mein Platz, nicht das Sofa.

gestört. Das ist aber nachgewiesenermaßen durch vielfache Erfahrung widerlegt und abwegig.

2.4 Sitz und Sitzenbleiben bzw. Am-Platz-Bleiben

Das »Sitz« und (zumindest befristete) Verweilen an einem zugewiesenen Platz (Wohnung, Auto usw.) werden bei sehr gelinder Zwangsanwendung, aber mit Beharrlichkeit und Konsequenz durchgesetzt. Die Auflösung der unterordnenden Einschränkung erfolgt allein durch mich als Rudelführer in Verbindung mit einem lustvollen Erlebnis wie kurzes Spielen miteinander und einigen unbeschwerten Schritten an der Leine.
Mit dem Kommando »Sitz« hält die eine Hand über die kurz gefasste Leine den Welpen vorn aufrecht, während die andere Hand seine Hinterhand niederdrückt. Sobald der Welpe keinen Gegendruck ausübt, wird die Zwangseinwirkung vorsichtig gelöst, zwei Sekunden gewartet und die Übung unter kurzem Lob beendet.

In schrittweiser Übungsfolge wird die Dauer des Abwartens sekundenweise verlängert. Schritt für Schritt werden die Anforderungen erhöht, d.h. im Laufe der täglichen Übungen richte ich mich auf, bewege mich nach links und nach rechts und umkreise schließlich den Zögling; alles voll konzentriert und bei blitzschneller Korrektur, wenn der Welpe die Stellung verlässt. Die Leine bleibt stets in der Hand.

So bleibt der (angeleinte) Welpe nach 14 Tagen auch bei weiträumigerem Umkreisen in der vorgegebenen Sitzstellung. Schließlich kann ich mich zehn und mehr Meter weit entfernen. Dann darf er sich auch ruhig hinlegen. Wenn er allerdings den Platz verlässt, wird er umgehend und genau an die gleiche Stelle zurückgebracht.

2.5 Das Dulden meiner Hand im Fang

ist zunächst als weitere Unterordnungsübung gedacht, die aber zugleich als ausgezeichnete Vorübung für die spätere Apportierausbildung dient. Der Welpe soll lernen, meine Hand beziehungsweise zwei bis drei meiner Finger ruhig in seinem Fang zu dulden.

So geht es:
Der Welpe hat die ersten Übungen des »Sitz« bereits gelernt und sitzt etwa im rechten Winkel vor mir. Die Leine ist zwischen meinen Knien eingeklemmt und verbindet mich auf 30 bis 40 cm mit dem Welpen. Damit sind beide Hände frei. Mit der linken Hand (als Rechtshänder) greife ich über den Fang, sodass der Daumen einerseits und der Zeige-/Mittelfinger andererseits auf den Lefzen über den Zähnen liegt. Die rechte Hand mit der Handfläche nach oben halte ich vor den Fang. Dem Kommando »Apport!« folgt ein leichter Druck beidseits auf die Lefzen/Zähne. Der Welpe öffnet den Fang, der Druck ist augenblicklich weg und die Hand wird in den Fang geschoben, sodass der kleine Finger eben hinter den Fangzähnchen liegt und der Daumen den Nasenrücken sanft umschließt. Die Linke gleitet stützend zum Hinterkopf des Welpen. In der Regel wird der Welpe die Finger zunächst »ausspucken« wollen. Das wird verhindert, indem die linke Hand am Hinterkopf bleibt. Zuerst genügt ein Sekundenbruchteil lang, währenddessen der Welpe die Hand ohne Gegenwehr duldet – danach nehme ich die Hand bei gedehntem »Laaaasss« langsam heraus.

Es kommt darauf an, dass ich die Hand nur dann herausnehme, wenn der Welpe keine Gegenwehr (auch nicht allein mit der Zunge) leistet. Im Verlauf von Folgeübungen schiebe ich die Dauer des Verbleibes der Hand im Fang im Sekundentakt schrittweise hinaus. Schließlich (spätestens im Alter von 13 bis 15 Wochen) duldet der Welpe die Hand beziehungsweise die Finger ohne weitere Unterstützung mehr als zehn Sekunden entspannt im Fang.

Ist das erreicht, werden die Übungen in gleicher Weise mit dem Strohbock gemacht, sodass der Welpe mit 20 Wochen diesen selbst aus meiner Hand greift, ihn trägt und vom Boden aufnimmt. Das Ganze erfolgt keineswegs spielerisch, sondern durchaus diszipliniert!

2.6 »Erst fresse ich...!«

Grundsätzlich füttere ich den Welpen selbst, um zum einen unsere Bindung und zum anderen auch hier unseren hierarchischen Bezug zu pflegen. Zuweilen fordere ich zwischendrin sein Fressen für mich und dulde keinen Widerspruch oder gar aktiven Wider-

INFO

Mit der einfühlsamen und zugleich konsequenten Unterordnung des Welpen in den hier genannten Bereichen ist ein wesentliches Fundament für die spätere Grunddressur geschaffen.

Alle Unterordnungsdisziplinen täglich üben! **Der Welpe darf jedoch nicht überfordert werden, besser täglich 5 × 5 Minuten als einmal eine halbe Stunde!**

stand, danach bekommt er es zurück und darf weiter fressen. Das Füttern erfolgt stets in seiner kontrollierten Bleibe (Zwinger), die er ansonsten nicht unbedingt bevorzugt.

3. Zielbereich Verhalten in künstlicher Umwelt

3.1 Das Auto gehört auch für den Hund zum selbstverständlichen Beiwerk. Er genießt darin unsere Nähe, es verheißt ihm lustvolles Erlebnis (Auslaufen, Jagen), es ist sein »zweites Zuhause«. Der Welpe soll von Beginn an lernen, dass er auch darin seinen speziellen Platz findet, den er auf meinen Befehl einzunehmen und auf dem er zu bleiben hat, den er aber auch wiederum auf meinen Befehl verlassen darf. Bei konsequenter Anleitung lernt er rasch, dass Disziplin und Wohlbefinden für ihn durchaus zusammengehören.

3.2 Der Welpe lernt das leichte Überwinden von steilen Haustreppen, vom Hellen in den dunklen Keller, auf rutschigen Dielen in die oberen Stockwerke und zurück. Ebenso nehme ich ihn auf Aussichtstürme mit und führe ihn über schmale, luftige Brücken. Die Überwindung von Angst und unkoordinierter Bewegung ist in der Regel eine Frage weniger Übungen.

3.3 Wo immer sich die Möglichkeit ergibt, begleitet mich der Welpe zu Straßen mit Kraftfahrzeugverkehr, zum Jahrmarkt, zum Bahnhof mit Schienenverkehr, zum Hörbereich des Schießstandes, in den Kuh- und Schweinestall, in die Schlosserwerkstatt, zum geräuschreichen Kinderspielplatz, zu anderen Menschenansammlungen, kurzum zu allen aus der menschlichen Zivilisation entstandenen Stätten, die für ihn gewöhnungsbedürftig sind. Je nach seiner Gemütslage gehe ich dabei dosiert vor, »tröste« nie im Falle der Einschüchterung, verhalte mich vielmehr neutral und unbekümmert, bin aber immer seine zuverlässige Zufluchtstätte, als naher Sicherheitsbereich oder gar zwischen meinen Füßen.

Fazit: Unsere zivilisatorische Umwelt, die vom Menschen dem Hunde »aufgedrückte« Umwelt, besteht aus vielen optischen, akustischen, olfaktorischen und physikalischen Gegebenheiten und Ereignissen, die ihm zum Teil aufgrund seines Wesens als Hund bedrohlich erscheinen

Der Junghund bleibt im Auto, bis er gerufen wird.

Der Rudelführer watet...

...und schwimmt voran, die Welpen »kleben« noch an ihm.

und ihn verunsichern. Diese Umwelt wird aber zu seinem Hundeleben gehören. Um ihn darauf vorzubereiten, begleitet mich der Welpe möglichst überall hin. An jeder neuen Quelle seiner Verunsicherung wird er – wie bei allen anderen Übungen – Schritt für Schritt herangeführt, um seine Verunsicherung abzubauen und schließlich vollends zu überwinden.

4. Zielbereich Fördern jagdlicher Anlagen

4.1 Im Mittelpunkt stehen **tägliche Reviergänge** mit dem Welpen, sodass seine Erlebniswelt immer größer und weiter wird, was er insbesondere mit seinem wichtigsten Sinnesorgan, der Nase, wahrnimmt. Der häufige Wechsel der Örtlichkeiten und die damit verbundenen vielseitigen Geruchserlebnisse sind förderlich. Demgegenüber ist der tägliche Gang um den Wohnblock oder im Stadtpark nicht der geringste Ersatz, denn dort kennt der Hund nach kurzer Zeit die »Nachrichten« seiner Leidensgenossen, womit seine Neugier auf Neues nicht befriedigt wird. Bei Gängen quer durch die Botanik lernt der Welpe, uns mit zunehmend wenig Mühe über liegende Baumstämme und Baumkronen sowie durch tiefe Gräben, dichtes Gestrüpp, Bewuchs von Brombeere und Brennessel zu folgen. Auch für das Durchschwimmen tiefer Gewässer ist es die beste Motivation, wenn der Rudelführer voranwatet und voranschwimmt. In allen genannten und ähnlichen Fällen hüten wir uns vor »erstickenden Hilfestellungen«! Der Welpe soll immer das Gefühl behalten, die Hürde eigenständig überwunden zu haben. Es entspricht dem Wesen des Jagdhundwelpen, dass sein selbst erarbeiteter Erfolg für ihn zugleich Belohnung ist, aus der er zusätzliche Motivation schöpft. Neben solcher Selbstbelohnung ist eine weitere Belohnung durch mich zweitrangig! Mit Geschick und Einfühlungsvermögen werden die Hürden dem Entwicklungsstand des Zöglings angepasst, aber nach erfolgreicher Überwindung auch jeweils etwas höhere Schwierigkeitsgrade gesucht.

4.2 Der **Reizangel**, bestehend aus einem ca. 2 m langen Haselstock und gleichlanger Schnur, ist mit ihrer außerordentlich vielseitigen Anwendungsmöglichkeit in diesem Buch unter »Weitere Hilfsmittel« ein eigener Abschnitt gewidmet (s. Seite 105 ff.), sodass hier nur die wesentlichen Dinge für den Beginn der Anwendung mit dem Welpen

Die Nase ist das wichtigste Wahrnehmungsorgan des Jagdhundes.

angesprochen werden. Mit der Reizangel wird ein Beutestück (Gegenstand) bewegt; jeder Jagdhundwelpe, dem die unabdingbare Anlage zum Beutegreifen innewohnt, wird den Gegenstand gleich lustbetont verfolgen. Bei richtiger Anwendung der Reizangel prägt sich dieses Lusterlebnis so ein, dass auch der alte Hund seinen Hetztrieb daran noch mit großer Freude austobt. Einige Grundsätze sind zu beachten:

a) Das Beutestück soll so beschaffen sein, dass der Welpe es leicht greifen und festhalten sowie von mir an der Reizangel mühelos bewegt werden kann. Bewährt hat sich ein Stück aus festem Tuchgewebe (z.B. Handtuch). Es geht zunächst allein darum, den Welpen auf das ausgeprägt lustvolle Jagen hinter dem »Beutestück« an der Reizangel und auf das kompromisslose Zupacken und Festhalten zu prägen.

b) Das Jagen an der Reizangel erfolgt immer vor einer Mahlzeit.

c) Das »Beutestück« wird nur unmittelbar auf dem Boden geführt, nicht über den jagenden Welpen hinweg geschleudert.

d) Der Welpe soll das Beutestück immer wieder erhaschen können, darf daran einige Sekunden zerren, wird dazu sogar ermuntert, muss es dann aber dem Rudelführer (ggf. nach leichtem Lefzendruck) wieder abgeben.

e) Das Jagen an der Reizangel wird beendet, während der Welpe noch voller Freude jagt, keineswegs erst, wenn er ermüdet! Er muss immer das Gefühl behalten, noch viel mehr jagen zu wollen. Nur so erreiche ich die Prägung, die Lust sein ganzes Hundeleben lang zu erhalten.

f) Die Eignung der Arbeit an der Reizangel, Abneigungen des Welpen gegenüber bestimmten Wildarten zu überwinden bzw. ihn auf bestimmte Wildarten speziell einzustellen, wird in dem genannten Abschnitt (s. Seite 108) näher beschrieben.

4.3 Die **Futterschleppe** ist in mehrerer Hinsicht eine hervorragende Übung zur Vorbereitung des Welpen auf seine späteren Aufgaben.

- Der Welpe erreicht sehr schnell eine bemerkenswerte Sicherheit beim Gebrauch seiner Nase, seines wichtigsten Sinnesorgans für die Orientierung.
- Er lernt zudem die Arbeit am normalen Schweißriemen kennen, was für die weiterführende Ausbildung von großem Wert ist.
- Bei entsprechender Einwirkung lernt er in beherrschter Gangart (langsames Schritttempo) trotz ausgeprägten Vorwärtsdranges zu arbeiten.
- Unter Einbeziehung aller vorgenannten Punkte erreicht der Welpe eine »Vorbildung« für die Ausarbeitung der Hasenspur (s. Seite 73) und für jegliche Arbeit nach dem Schuss, d.h. für die Nachsuche des Fasans bis zum Rothirsch.
- Schließlich ist die Futterschleppe mit dem Welpen eine unschätzbare Vorübung für die anspruchsvolle Ausbildung auf der Schweißfährte (s. Seite 209 ff.).

Die Beachtung einiger Grundsätze und das schrittweise Vorgehen führen zum Erfolg:

a) Jede **Futterschleppe** arbeite ich **nur mit dem ausgesprochen hungrigen Welpen!**

Das bedeutet, dass mindestens die gewohnheitsmäßig letzte Mahlzeit ausgefallen ist. Nur für den hungrigen Welpen wird der Erfolg nach der Suche zum tief beeindruckenden Lusterlebnis, welches als Prägung in seinem Verhaltensmuster nachhaltig, bis ins hohe Alter bestehen bleibt.

b) Als Belohnung am Ende der Schleppe wird ein Brocken nur von dem Schleppmaterial gereicht, damit die Identität von »Fährte und Beute« eindeutig ist. Damit wird die Attraktivität der angebotenen Fährte im Vergleich zu anderen Verleitungen, d.h. schließlich die Fährtentreue gestärkt.

c) **Am Ende** der Schleppe wird der Welpe **nie satt gefüttert**, sondern erhält nur einen Teil des geschleppten Brockens. Auch hier gilt (wie bei der Reizangel), dass er das Erlebnis mit dem Gefühl nach Vielmehr verbindet, wodurch die Motivation für die Arbeit auf der Futterschleppe erhöht wird. Richtig gefüttert wird er hernach zu Hause.

d) Gleich nach seiner Übernahme mache ich mit dem hungrigen Welpen hintereinander die ersten 3 bis 4 Übungen. Sehr schnell lernt der Zögling, über 3–5–10 m die Beute auf der angebotenen, frischen Schleppspur frei zu finden. Zuerst wird ihm noch der Verlauf mit der »fortlaufenden« Hand auf der Schleppspur gezeigt, dann aber sucht und findet er rasch selbstständig. In jedem Falle wird der am Ende liegende Brocken »gemeinsam gefressen«, d.h. ich bin unmittelbar bei ihm und begleite sein Fressen mit lobendem Zuspruch. Dieser Schritt kann bereits zuvor beim Züchter erfüllt sein.

9 Wochen alter, hungriger Dachsbracken-Welpe wird zunächst frei auf der Futterschleppe angesetzt,...

...nimmt sie passioniert und konzentriert an...

...und zerrt gierig am gefundenen Lungenstück.

Das Lungenschleppstück, mit der Schnur durch eine stabilere Luftröhre verbunden,....

...wird geschleppt.

Der angesetzte, hungrige Welpe...

...liegt fest im Riemen...

– und kämpft verbissen um das gefundene Beutestück,...

...muss es aber (gelegentlich) vorübergehend dem Rudelführer überlassen.

e) Hat er richtig verknüpft, d.h. arbeitet er zielbewusst und zügig zum Schleppstück, kommen nur noch Arbeiten am Schweißriemen in Frage. Der Schweißriemen wird somit für den Welpen zum prägenden Bestandteil der Fährten-/Spurarbeit, er löst beim Welpen quasi das unwiderstehliche Signal zur konzentrierten Nasenarbeit am Boden aus.

f) Nach wenigen Übungen, d.h. wenn der Welpe über etwa 40 m motiviert und bei anhaltender Fährtentreue arbeitet, wird die Standzeit abrupt, d.h. ohne Zwischenzeiten, auf mindestens 4 Stunden verlängert. Der scheinbar große Sprung ist für den Welpen in der Regel kein Problem, wenn er grundsätzlich kapiert hat, dass das Verfolgen der Fährte zum lustverheißenden Erfolg führt. Verläuft die Arbeit auch dann problemlos, erreichen wir in weiteren Schritten zügig 7 bis 10 Stunden und schließlich die Übernachtfährte mit 14 und mehr Stunden Standzeit. Erst ab der Übernachtfährte werden die Fährten kontinuierlich verlängert, also auf 50–70–100–150–200 m und viel länger. Am Fährtenende wird dem Welpen hin und wieder der gefundene und an der Schleppschnur befestigte Brocken für kurze Zeit abgenommen und dann wieder gegeben, um die Autorität des Rudelführers auch hierbei in Erinnerung zu rufen. Ein leichter Druck auf die Lefzen ist beim Abnehmen in der Regel notwendig.

g) Über geschickte, einfühlsame Führungstechnik wird der Welpe zu *langsamster Gangart* angehalten; *es gibt keine zu langsame Arbeit am Riemen* während der Ausbildung. Der Schweißriemen befindet sich während der gemeinsamen Arbeit nahezu ständig in leichter Spannung, hängt selten durch und liegt in nur wenigen Fällen auf dem Boden! Der Schweißriemen wird wie über eine »schleifende Kupplung« geführt, d.h. das Nachgeben einerseits und das Bremsen andererseits wird gefühlvoll und blitzschnell der jeweiligen Situation angepasst, was die volle Konzentration des Führers in Anspruch nimmt. Der Hundeführer gibt am Schweißriemen je nach Situation nach oder hält ihn fest bzw. holt ihn wieder herein. So erlebt der Welpe den Schweißriemen als ziel-

INFO

Im Vorfeld der 1961 etablierten Prüfungsordnung für die Verbands-Schweiß-Prüfung wurden während der 1950er Jahre zahlreiche Versuche mit vielseitigen Jagdgebrauchshunden – u.a. zur nasenmäßigen Orientierung auf Schweiß fährten unterschiedlicher Standzeit – durchgeführt. Das Ergebnis ist für uns von weitreichender Bedeutung: Je nach Wetter und Bodenbeschaffenheit orientieren sich die Hunde bis zu einer Standzeit der Fährte von etwa 3 Stunden – je nach Wetterverhältnissen und Untergrundbeschaffenheit – zunächst allein an der Spur des Fährtenlegers, erst danach am ausgebrachten Schweiß. Um den Welpen nicht falsch zu prägen, wird deshalb rasch die Standzeit von mindestens 4 Stunden und länger angestrebt.

führendes Verständigungsmittel mit dem Hundeführer.

h) Eng damit verbunden ist das Training für die absolute Riemenfestigkeit. Der Welpe lernt über die langsamste Gangart, beim Lösen des im Geäst verhedderten Schweißriemens sowie beim vom Führer bewusst eingelegten Stopp sich abwartend zu verhalten. Seine Motivation, sein nach vorn gerichtetes Begehren darf dabei nicht beeinträchtigt werden. Der Welpe soll den Schweißriemen als etwas Freudeverheißendes und Mittel zum gemeinsamen Beutemachen empfinden.

i) Beides zusammen, die langsamste Gangart und die Riemenfestigkeit, sind die Grundlage für die auf Seite 226 ff. beschriebene »Verharrmethode«, deren erste Schritte dem Welpen bei konsequenter Anleitung bereits vermittelt werden können.
In dem Zusammenhang wollen wir darauf hinweisen, dass wir eindeutig die breite, nicht würgende Lederhalsung dem zunehmend allgemein verwendeten Brustgeschirr vorziehen, weil die Kommunikation über die Riemenführung vom Halsbereich her viel feiner funktioniert.

j) Die verbale Kommunikation während der Arbeit des Welpen auf der Futterschleppe wird (wie allgemein bei der Schweißarbeit) ruhig und sparsam geführt. Nicht viel reden, wenige Worte nutzen, leise sprechen, immer ein gleiches Kommando (z.B. »such verwundt«) als Aufforderung zum Arbeiten nutzen und nur kurz loben, wenn der Welpe eindeutig der Fährte mit der Nase folgt und wenn er nach dem Abkommen von der Fährte diese wieder findet!

Zuweilen liest man noch, die Futterschleppe würde zum Anschneiden verleiten. Das ist schlichter Unsinn. Bei hundertfacher Praxis hat sich daraus noch kein Anschneider ergeben. Das Anschneiden ist vielmehr mit falscher Fütterung verbunden, worauf wir später noch zurückkommen.

Es fasziniert den Jagdhundeführer, wenn der 3 bis 4 Monate alte Junghund nach entsprechender Einarbeitung die Übernachtfährte (Stehzeit 14 Stunden und länger) über 400 m mit ausgeprägter Passion und bei immer wieder demonstriertem Verharr-Verhalten meistert. Möglich ist es. Entscheidender aber ist die Anleitung, dass der Zögling im Welpenalter lernt, relativ anspruchsvolle Fährten mit seinem Rudelführer am langen Riemen beherrscht und zugleich lustbetont auszuarbeiten.

4.4 Die **Führerfährte** begreift der Welpe sehr schnell als Orientierungshilfe zum Wiederfinden seines »verlorengegangenen« Rudelführers. Beim Reviergang verstecke ich mich unmittelbar neben dem Weg gegen den Wind, während der Zögling anderweitig abgelenkt vor mir herläuft. Das plötzliche Alleinsein löst bei ihm eine kleine Panik aus, die aber rasch beendet ist, wenn er beim Zurücklaufen in meinen Wind kommt. Die Freude über das Wiederfinden wird ausgiebig geteilt! Beim nächsten Mal versuche ich, querbeet ein paar Schritte vom Weg wegzugehen, sodass er mich über die Duftfährte ein kurzes Stück suchen muss... usw. Die Schwierigkeiten werden stufenweise erhöht. So verlässt man beim nächsten Mal den Weg mit Nackenwind. Mit zunehmendem Schwierigkeitsgrad lernt der Welpe, seine Nase immer geschickter einzusetzen, was gleichzeitig seine Selbstsicherheit fördert.

Hilfreich ist auch eine zweite Person, zu welcher der Welpe keinen oder nur geringen Bezug hat. Am Dickungsrand hält dieser den Welpen fest oder nimmt es auf den Arm, verhält sich ihm gegenüber aber absolut neutral. Der Führer »verabschiedet« sich kurz von seinem Rudelgenossen und verschwindet über wenige Meter in der Dickung. Der freigelassene Welpe findet ihn in der Regel rasch, die Freude wird wieder ausgiebig geteilt. Man kann recht zügig die Anforderungen hinsichtlich Fährtenlänge und Fährtenverlauf (z.B. Einlegen von zunehmend scharfen Winkeln, Nackenwind) steigern. Zudem kann man mit der Hilfsperson einen bestimmten Punkt vereinbaren, wo die Führerfährte wegführt, ohne dass der Welpe das Weggehen eräugt hat, er vielmehr an der Leine der Hilfsperson »zufällig« auf die Führerfährte stößt, sie anfällt und freigelassen wird. Schließlich kann man in dem Zusammenhang auch die Stehzeit der Fährte verlängern.

Nach systematischer Ausbildung folgt der 4 Monate alte Junghund seinem Herrn auf der Fährte über mehrere Winkel und viele Hundert Meter, und das mit ausgeprägter Freude und starkem Willen. Das ist nicht außergewöhnlich, wenngleich beein-

Eine dem Welpen fremde Person hält ihn, der »Chef« verabschiedet sich kurz und verschwindet,...

...woraufhin der fiebernde Welpe losgelassen wird.

druckend. Das Vertrauensverhältnis, die Bindung zwischen Herr und Hund wird mit dieser Übung in hohem Maße gestärkt.

4.5 Das **Heranführen an erlegtes Wild** aller Art wird bei jeder sich bietenden Gelegenheit genutzt. Das Ziel ist jeweils erreicht, wenn der Zögling sein Überlegenheitsempfinden durch Rupfen, Schütteln, Reinbeißen, Vergraben und Ähnlichem zum Ausdruck bringen will. Dann ist es Zeit, dass der Rudelführer ihm die Beute abnimmt. Besonders zurückhaltende Vorsicht bei ersten Begegnungen beobachten wir häufig am wehrhaften Wild (Raub- und Schwarzwild), aber auch an größeren Tieren wie Reh- und Rotwild und nicht zuletzt an Rabenvögeln (Rabenkrähe und Elster). Durch parallele Übungen an der Reizangel mit einem Körperteil der betreffenden Wildart (s.o.) kann die Zurückhaltung vermindert und schließlich überwunden werden.

4.6 Das **Heranführen an frische Spuren** von Hase und Fuchs ist für den Jagdhundwelpen ein aufregendes Erlebnis, insbesondere wenn er spürt, dass auch sein Herr ein großes Interesse an diesen Düften hat. Nachdem er von der Arbeit auf der Futterschleppe den Schweißriemen schon als freudeverheißenden Gegenstand kennen gelernt hat, wird er damit auch hier zur Spur angesetzt. Mit aufmunterndem, ruhigem Zuspruch und langsamer Gangart folge ich ihm nicht weiter

10 Wochen alte Welpen am überfahrenen Marder

Täglich im Revier, so lernt der Welpe sein Berufsfeld kennen.

als ich den Spurverlauf genau kenne und nur solange der Welpe deutlich interessiert die Duftlinie austüftelt. Am Anfang ist die Länge der Spurarbeit des Welpen noch begrenzt, aber diese Art der Einführung ist eine hervorragende Voraussetzung für die weitere Ausbildung auf der Hasenspur.

4.7 **Beim Jagen auf Niederwild oder sonstigen Reviergängen begleitet mich der Junghund frei**, aber nur so lange, bis er kapiert hat, wie süß der Duft der Beutetiere ist, bewusst danach sucht und somit beim Jagen stört. Dann kommt er an die Führerleine. Das Ziel ist, dass er zunächst die Vielfalt der Beutetiere als solche kennen lernt und in seinem »Jagdprogramm« abspeichert. Der so vorbereitete Hund wird als Jährling während der Frühjahrsprüfung nicht ratlos mitten in plötzlich hochgehenden Rebhühnern oder Fasanen stehen, sondern sehr bewusst nach den Wildarten suchen, die er längst kennt, seinen Willen zum Finden und den intensiven Gebrauch seiner Nase unter Beweis stellen. Der Jagdhund ist ein hochentwickeltes Tier, dessen wichtigste Entwicklungsphasen in seinem ersten Lebensjahr liegen. Die ersten 2 ½ Monate sind dabei von herausragender Bedeutung, insbesondere für die Wesensentwicklung. Wesensschwächen haben ihre Ursache zu großem Anteil in der unsachgemäßen bzw. unzureichenden Berücksichtigung der Anforderungen in der Welpen- und Junghundphase. In diesem sehr begrenzten Lebenszeitraum werden die körperliche Leistungsfähigkeit und insbesondere die geistige Entwicklung entscheidend beeinflusst. Man stelle sich einen wohl überlegt gezüchteten und gut veranlagten Jagdhund vor, der während der ersten 12 Lebensmonate die Stadt oder seinen Zwinger nicht verlassen hat. Er muss körperlich und erst recht geistig verkümmern. Kommt so ein Jährling dann das erste Mal ins Revier, benimmt er sich wie eine »nasen- und passionslose Töle«.

Ergänzende Themen

Bevor wir uns der weiteren Erziehung des Junghundes bis zum dressurfähigen Alter widmen, seien vier ergänzende Themen behandelt, nämlich:

- Unterbringung
- Futter und Füttern
- Bewegung
- Erfahrungsammeln im Jagdrevier

Unterbringung – Die aktuelle Tierschutz-Hundeverordnung regelt u.a. die Unterbringung des Hundes. Hier soll nur kurz auf die Besonderheiten der Unterbringung im Haus oder/und im Zwinger eingegangen werden.

Das Halten des Hundes im Hause hat den Vorteil anhaltender Kontakte mit der Bezugsperson – solange diese unmittelbar anwesend ist. Der unbeaufsichtigte Aufenthalt in der Wohnung führt hingegen leicht zu Verunreinigungen und Beschädigungen. Der dauernde Aufenthalt während der kalten Jahreszeit in geheizten Räumen verweichlicht den Hund und macht ihn gegenüber Erkrankungen anfälliger, was insbesondere im Hinblick auf Einsätze unter rauen Bedingungen der jagdlichen Praxis droht.

Ein geräumiger Zwinger, der Sonne *und* Schatten bietet, ist für die Aufzucht und Haltung unserer Jagdhunde kaum zu entbehren. Hier hat das Tier ständig frische Luft und Bewegung und kann kein Unheil anrichten, wird weder von Kindern noch von sonstigen Familienangehörigen »erzogen«, d.h. gegebenenfalls verdorben.

In dem Wind und Wetter ausgesetzten Zwinger muss eine *zugfreie* Hütte mit *trockenem* Lager vorhanden sein. Im Winter wird die Hütte mit einer dicken Strohschicht ausgestattet und diese regelmäßig erneuert. Darüber hinaus ist es zweckmäßig, einen Teil des Zwingers zu überdachen. Hölzerne Liegeplatten, sowohl unter dem Dach als auch unter freiem Himmel, werden vom Hund bevorzugt als Ruheplatz genutzt. Zudem beinhaltet unsere Zwingeranlage einen Teil aus gewachsenem Boden, wo auch nach Herzenslust gebuddelt werden darf.

Eines ist allerdings erforderlich: Der Herr muss sich seinem Zögling täglich einige Stunden lang widmen, damit die enge Beziehung zueinander gepflegt und die geistige Entwicklung des Hundes nicht behindert wird.

Futter und Fütterung – Den Welpen füttern wir zunächst 3 × täglich. Im Alter von 14 Wochen kann auf 2 × täglich umgestellt werden und ab 5 Monate genügt die einmalige Fütterung. Rohes Fleisch ist die natürliche und beste Grundnahrung. Schweinefleisch sollte man allerdings, wenn man es überhaupt als Hundefutter nutzt, nur in gekochtem Zustand reichen, um der Aujeszkyschen Krankheit vorzubeugen. Nur das rohe Fleisch enthält die sogenannten Biokatalysatoren, die Enzyme, die als Energieträger einen wesentlichen Anteil an der gesunden Ernährung unseres Hundes ausmachen. Enzyme spielen die zentrale Rolle im Stoffwechsel, sie beschleunigen die biochemischen Vorgänge im Organismus, entlasten den körpereigenen Energiehaushalt. Zudem sind diverse Enzyme Teil des Immunsystems im Organismus und haben somit einen enormen Einfluss auf die Gesundheit des Tieres. Schließlich spielen *Enzyme* auch eine wichtige Rolle bei der Reizaufnahme und -weitergabe und sind insofern verhaltensrelevant. Durch Kochen oder anderweitige Erhitzung werden Enzyme zerstört. Allein schon deshalb haben wir eine kritische Distanz zum industriellen Fertigfutter, welches auf seinem Produktionsweg starker Erhitzung ausgesetzt ist.

Als Beifutter sind geeignet: Hafer- und Gerstenschrot, Reis, Haferflocken. Der Reis hat zwar größeren Nährwert, aber den Nachteil, dass er längeres Kochen erfordert, während Schrot nur aufgebrüht und Flocken lediglich gequellt werden.

Das Mengenverhältnis von Fleisch zum Beifutter kann je nach den Anforderungen an die körperliche Beanspruchung des Hundes schwanken. Wir empfehlen etwa 75 % Fleisch und 25 % vegetabilische Kost. Gelegentliche pflanzliche Beigaben wie beispielsweise Spitzwegerich, Petersilie, Maggikraut, Kresse, Fenchel, Minze, Karotten u.a.m. – jeweils fein zerkleinert, am einfachsten im geeigneten Küchenmixer – sind neben gequelltem Haferschrot (oder Haferflocken) der Gesundheit sehr zuträglich. Es ist nicht zuletzt der Vitaminbedarf, der auf diese Weise gedeckt wird.

Vitamine sind keine Energieträger, sondern organische Verbindungen, die der Organismus für lebenswichtige Funktionen benötigt. Sie müssen über die Nahrung aufgenommen werden. Der angedaute Mageninhalt der Wiederkäuer enthält ebenfalls Vitamine. Er gehört zur natürlichen Nahrung unserer Jagdhunde, weshalb wir jeden verfügbaren Blättermagen als Futter nutzen.

Gewiss, Fertigfutter ist leicht zu beschaffen, bequem aufzubewahren und einfach zu füttern. Die Fütterung mit allen Teilen natürlicher »Beutetiere« ist hingegen weniger bequem, weil Beschaffung, Aufbewahrung und Zubereitung

Pudelpointer

Beispiel vegetarischer Beigaben: Löwenzahnblätter, Knoblauchzehe, Karotte, Zitronenmelisse und Salbei

mehr Aufwand erfordern. Dennoch ist letztere für unsere Jagdhunde mit hohen Leistungsanforderungen und im Hinblick auf die Erhaltung robuster Gesundheit – wie im Grunde auch für andere Hunde – deutlich vorzuziehen. Wir sollten dabei aber immer unterschiedliche Teile in abwechslungsreicher Mischung »von der Nase bis zur Schwanzspitze des Bullen« anbieten. Natürlich sind auch Teile von Schalenwild (außer Schwarzwild) nicht ausgenommen.

Ganz besonders wichtig ist die reichliche Darbietung von nicht zu harten Knochen, Sehnen und dgl. Der Hund in der Entwicklung braucht zur Ausbildung und Pflege seines Gebisses eine starke Benutzung der Zähne. Er muss häufig Gelegenheit zum Knochenzerkleinern, Nagen und *Reißen* haben. Rohes Knochenmehl vom Rind füttern wir gelegentlich zur Auffrischung des Kalkhaushaltes; feingemahlene Eierschalen tun diesen Dienst auch. Knochen sind aber besser wegen der Beanspruchung von Kiefer und Zähnen. Höhere Knochengaben können zur Verstopfung führen. Als Vorbeuge helfen unter anderem Zugaben von rohem Blut, Milz oder Lunge vom Rind, insbesondere aber die tägliche ausgiebige Bewegung.

Fleisch und Knochen werden (außer vom Schwein) nach Möglichkeit roh gegeben. Die Größe der Fleischbrocken kann wechseln von Eigröße bis zu unzerkleinerten Brocken. Im letzteren Fall ist das dann notwendige Reißen dem Gebiss und dem Umgang mit Beute schlechthin dienlich. Auf jeden Fall ist es falsch, einem gesunden Hund völlig zerkleinertes Futter oder gar durch den Wolf gedrehtes Fleisch zu geben. Das entspricht nicht den Einrichtungen seiner Verdauungsorgane. Der Hund ist kein »Kauer«, sondern ein »Schlinger«.

Ganz besonders wertvoll sind die Innereien aller Wiederkäuer, auch von Schalenwild. (Wir kommen hierauf noch etwas eingehender zurück im Kapitel »Anschneider«, S. 302 ff.) Wir dürfen hier keine menschlichen Maßstäbe anlegen. So haben gerade Därme, Pansen und der Blättermagen von Wiederkäuern besonderen Wert. Beide werden nicht ausgewaschen, sondern nur grob gereinigt. Die halbverdauten Pflanzenreste enthalten für den Hund notwendige Wirkstoffe. Nicht ohne Grund schneidet das Raubwild fast immer zuerst die Weichteile an. Ebenso wichtig ist das Verfüttern von rohem *anbrüchigem* Fleisch (das nach menschlichen Begriffen verdorben ist und stinkt). Wir haben noch keinen regelmäßig mit anbrüchigem Fleisch gefütterten Hund gesehen, der Wild angeschnitten hätte. Anschneiden ist in erster Linie eine Fütterungsfrage, nicht nach der Menge, sondern nach der Futterart. Im anbrüchigen Fleisch sind die für den Karnivoren notwendigen Wirkstoffe enthalten. Es muss aber roh sein. Gekochtes Fleisch darf nicht längere Zeit aufbewahrt werden und dadurch verderben.

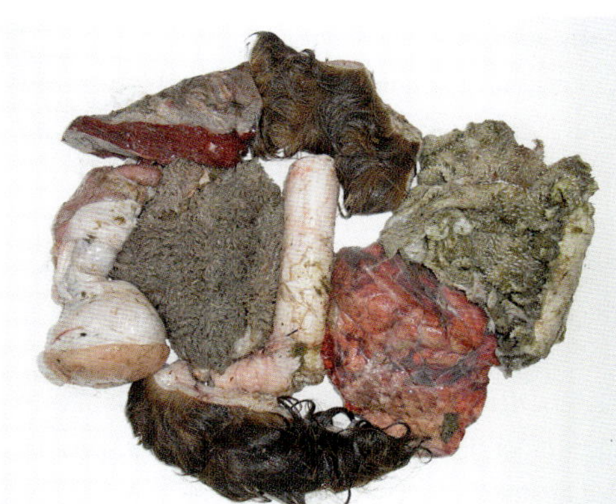

Mischung vom Bullen aus Blättermagen, Lunge, behaarter Kopfhaut, Pansen, Geschlechtsteilen und Milz

Jede Mahlzeit sollte möglichst vielseitig zusammengesetzt sein!

Das Futter wird je nach Jahreszeit handwarm bis kalt gereicht. Die Schüssel muss jedesmal blank geleckt sein. Ist sie es nicht, wird weniger gefüttert. Nach jeder Mahlzeit ist die Schüssel baldigst zu entfernen, auch wenn sie noch Futterreste enthält, und zu reinigen. Einem gut genährten Hund ist ein gelegentlicher Fasttag zuträglich.

Für den Jagdhund ist Abendfütterung vorzuziehen. So kann er am nächsten Tag unbeschwert jagen. »Plenus venter non studet libenter!« (»Ein voller Bauch studiert nicht gern!«). Seine Leistungsfähigkeit ist ungleich besser, wenn der Hund nicht vollgefressen ist.

Bewegung – Der Jagdhund ist ein Lauftier. Ein großer Teil seiner Leistungen kann nur durch Schnelligkeit und Ausdauer zur Zufriedenheit erledigt werden. Für die körperliche Entwicklung ist das erste Lebensjahr weit wichtiger als die folgenden Zeitabschnitte, es ist entscheidend für die zukünftige Leistungsfähigkeit des Hundes. Dazu gehört insbesondere die funktionsstarke Entwicklung des Knochengerüsts, der Bänder und Muskulatur sowie die Ausbildung von Herz und Lunge. Wir können uns den Ausführungen

Oberländers anschließen, der schon vor hundert Jahren ausführte: *»Eine der unerlässlichsten Bedingungen für die naturgemäße, gesunde Entwicklung des jungen Tierkörpers ist ausreichende Bewegung im Freien. Die Natur kennt nirgends Ruhe, auch im Innern des lebenden Körpers herrscht kein Stillstand, sondern lebhafte Bewegung, ja förmlich Revolution – alles klopft, hämmert, wogt, pulsiert! Und am heftigsten wogt und pulsiert der im Wachstum begriffene tierische Organismus; sein Herz vollführt ein Drittel mehr Zusammenziehung, seine Lunge entwickelt im gleichen Verhältnis mehr Tätigkeit als der ausgebildete, gereifte Körper.*

Diese oberflächlichen Betrachtungen genügen, um zu der Erkenntnis zu führen, dass der Bewegungsmangel, der an sich schon, gegenüber der im Innern des Körpers hastenden Tätigkeit, ein Missverhältnis schafft und dieses Missverhältnis in seinen Folgen noch nachteiliger gestaltet, wenn er den jugendlichen, im Wachstum begriffenen Organismus betrifft.

Der Körper des jungen Hundes, der später Ausdauer und Schnelligkeit entwickeln soll, bedarf ganz besonderer Rücksicht in bezug auf Gewährung ausreichender, regelmäßiger und starker Bewegung. Der junge Hund sollte sich, um nach Möglichkeit zu gedeihen, tagtäglich in vollem, ungehemmtem Laufe unter blauem Himmel bewegen können: jeder Tag, den er zur Zeit des Wachstums im Zwinger vertrauert, bedeutet eine Einbuße an Kraft und späterem Vermögen an Schnelligkeit und Ausdauer. Jede Stunde, die dem Hunde gestattet, frei wie der Vogel über die Flur zu fliegen, ist ein Gewinn für seine körperliche Leistungsfähigkeit.«

Regelmäßige, ausgiebige Bewegung im Freien, wobei sich der Hund auch gelegentlich einmal bis zur – freiwilligen – Erschöpfung austobt, ist also unerlässlich, um gesunde und leistungsfähige Gehilfen auf der Jagd zu schaffen. Mit dem zunehmenden Kraftfahrzeugverkehr ist diese notwendige Bewegung zu einem Problem geworden, aber jeder, der einen Junghund aufzieht, lasse es sich gesagt sein: Ohne reichliche Bewegung im Revier geht es nicht.

Das Laufenlassen neben dem Fahrrad – namentlich auf größeren Strecken – hat seine Gefahren. Das Radtraining ist einerseits eine brauchbare Ergänzung, sofern es nicht übertrieben wird, andererseits wirkt es bei maßloser Anwendung auf den Hund rasch ermüdend, weil es zu wenig Abwechslung enthält. Die freie Bewegung im Revier ist abwechslungsreich, in dauernd wechselndem Grade anstrengend und daher dem Körper und der Entwicklung der beteiligten Organe dienlicher. Welch ein Unterschied für die Entwicklung des kindlichen Körpers, ob das Kind täglich 2 Stunden spazieren geführt wird oder ob es täglich 2 Stunden umhertobt, »Räuber und Gendarm« spielt oder verschiedenen Sport treibt! Ähnlich ist der Unterschied beim Lauftraining neben dem Rad und dem Suchen (mit eventueller Hetze) im Revier. Der Tempowechsel beim Radfahren ist eine allzu geringe Abwechslung. Gerade wegen der Einseitigkeit der Bewegung wird der Hund so leicht ermüdet. Beim nicht freiwilligen Lauf besteht immer die Gefahr des entweder Nicht-genügend-Austobens oder der Überanstrengung. Anders ist die Sache anzusehen, wenn der Hund die Möglichkeit hat, frei vorauszulaufen, sein Tempo selber zu bestimmen.

Fährt man gemütlich über Feldwege (Waldwege), also Straßen ohne Verkehr, verbleibt dem Hund so viel Zeit, dass er mal schneller, mal langsamer laufen, dass er gelegentlich bei einer interessanten Witterung auch einmal kurz verhalten kann, um anschließend dann im Tempo wieder zuzulegen.

Ein weiteres ausgezeichnetes und empfehlenswertes Hilfsmittel zur körperlichen Ertüchtigung ist die *Reizangel*, wie sie auf Seite 105ff. beschrieben und erläutert ist. Sie kann schon im Welpenalter Verwendung finden und auch dem älteren Hund Bewegung verschaffen.

Erfahrung im Jagdrevier – Die vielgenannte *Frühreife* ist in weit geringerem Grade von der Zucht (Anlage) abhängig als von der *Aufzucht* und Haltung. Der Jagdverstand entwickelt sich im Revier. Der junge Hund muss mit den Revierverhältnissen und dem Wild vertraut werden. Der Zögling wird bereits als Welpe regelmäßig mit ins Revier genommen, sowohl bei allgemeinen Gängen als auch bei der Suche, Buschier- und Stöberjagd. Er wird bei dieser Gelegenheit beileibe nicht »geführt«, er läuft nur mit. Der junge Hund soll erleben, wenn Beute gemacht, beispielsweise ein Kaninchen geschossen wird. Er ist auch dabei, wenn der ältere Hund im Schilf auf Wasserwild stöbert. Zunächst sieht er mehr oder weniger interessiert zu, bis er sich plötzlich entschließt, dem alten Hund ins nasse Element zu folgen. Hierdurch bekommt er früh die so wichtige Selbstsicherheit im Wasser. Mit Selbstverständlichkeit durchschwimmt er schon ein kleines Wasserloch und erlebt gegebenenfalls

Deutsch Kurzhaar

den Erfolg mit der geschossenen Ente, die ihn natürlich besonders interessiert und aufregt. Es ist aber zu bedenken, dass der kleine Kerl nur bei hinreichend warmem Wetter an und in das Wasser kommt und nicht mit stundenlanger Arbeit überanstrengt wird.

Sobald er beginnt, den Jäger und den älteren Hund bei spezieller Jagdausübung zu stören, kommt er dort nicht mehr mit. Der Sinn solcher Jagdausflüge ist, den Welpen mit all den verschiedenen Bedingungen bei der Jagd bekannt zu machen und ihm gleichzeitig körperliche Bewegung zu verschaffen. Der vorläufige Zweck ist erreicht, wenn der Zögling mit der Jagd unter den jeweiligen Bedingungen und mit den zugehörigen Wildarten vertraut gemacht ist. Es geht manchmal ganz schnell, manchmal dauert es länger, dass er anlagebedingt jagdlich relevante Verhaltensweisen zeigt. Beispielsweise steht der eine Welpe schon mit 4 Monaten vor, andere machen noch nicht die geringste Miene dazu. Solche Unterschiede lassen zwar gewisse Schlüsse auf die individuelle Anlage zu, sind ansonsten aber gleichgültig.

Der Welpe wird an eine warme Hasensasse kommen und bald der Spur eine kurze Strecke folgen, im Buschgelände stößt er ein Kaninchen heraus oder macht einen Fasan hoch. So lernt er im Laufe der Monate alle Wildarten kennen; seine Passion und sein Jagdverstand werden geweckt

Deutsch-Langhaar

Großer (schwarz-weißer) Münsterländer

und gefördert. Gleichzeitig gewöhnt sich der junge Hund an den Schuss. Spätere Schussempfindlichkeit gibt es für den wesensintakten Hund dann nicht mehr.

Bei solchen Gelegenheiten können gewisse Schlüsse gezogen werden, welche Anlagen der Junghund hat, wenngleich ein abschließendes Urteil in diesem Alter noch nicht abgegeben werden kann. Das ist normalerweise im Alter ab sechs oder sieben Monaten möglich, wenn der Junghund weiterhin im Revier geführt wird, dann allerdings nicht mehr gelegentlich zur Jagdausübung. Dann kann die Frage geklärt werden, ob er auch mit den erwarteten Anlagen ausgestattet ist. Der zukünftige Gebrauchshund soll Intelligenz, Jagdleidenschaft, Schneid, Ausdauer, Neigung fürs Wasser, besonders aber über guten Nasengebrauch, Spurwillen und Wesensfestigkeit verfügen. Alle diese Eigenschaften lassen sich nur hinreichend überprüfen, wenn der junge Hund häufig mit ins Jagdgelände genommen wird.

Bei häufigem oder gar ständigem Zusammensein macht die Herstellung der Bindung zwischen Herr und Hund keine Schwierigkeiten, zumal wenn der Herr stets selbst füttert, das gelegentliche Kämmen und Bürsten besorgt und sich auch ansonsten um ihn kümmert.

Die weitere Erziehung bis zum dressurfähigen Alter

Die Erziehung ist nicht mit der Dressur zu verwechseln. Angesprochen ist hier der der Früherziehung folgende Zeitraum. Wir sprechen jetzt nicht mehr vom Welpen, sondern vom Junghund. Es ist die Zeit der weiterführenden Erziehung sowie der Vorbereitung auf die Dressur zur strikten »Pflichterfüllung«. Der Hund soll in erster Linie von »Unarten« abgehalten und zudem mit möglichst vielen, verschiedenen Wildarten bekannt gemacht werden.

Grundsätzlich wird er immer *freundlich* behandelt. Er soll volles Vertrauen zu mir als seine Autorität und seinem Geborgenheits-Hort behalten. Erwünschte Verhaltensweisen werden stets mit Lob wirksam bedacht. Bei allen uns unerwünschten Verhaltensweisen kommt man in diesem Stadium der Erziehung mit Vorbeugen besser und leichter zum Ziel als mit Heilenwollen. Der unkontrolliert im häuslichen Bereich herumlaufende Welpe hat sehr viel Gelegenheit, Unheil anzurichten. Solange der Zögling also nicht unter unmittelbarer Aufsicht gehalten werden kann, ist er im geräumigen Zwinger besser aufgehoben.

Stubenreinheit

Für die Erziehung zur Stubenreinheit ist es zwingend erforderlich, den Hund ständig unter Beobachtung zu halten. Die Gewöhnung des Hundes zum gewünschten Verhalten steht hier im Vordergrund. Der stündlich regelmäßig ins Freie gebrachte Junghund gewöhnt sich daran, sich draußen zu lösen und draußen zu nässen. Er neigt kaum oder viel weniger zu einem Beschmutzen der Wohnräume als ein Hund, welchem diese Entleerung im Garten oder auf dem Rasen nicht zur Gewohnheit geworden ist. Eine »Bestrafung« auch nur eine Minute nach der Beschmutzung im Hause ist völlig sinnlos. Dem Welpen fehlt das Bewusstsein für sein »Vergehen« und erst recht für den Zusammenhang der Strafe mit dem Vergehen. Die Einwirkung auf den Hund hat sofort einzusetzen, wenn er seine Geschäftsverrichtung beginnt oder er sich dazu anschickt. Unter einem »Pfui« wird er augenblicklich ins Freie (Rasen oder Garten) gebracht und dort sehr gelobt, wenn er seine begonnene bzw. beabsichtigte Tätigkeit ausübt. Zumeist sind nur wenige Wiederholungen nötig, um den Hund davon abzuhalten, in unserer Gegenwart das Zimmer zu verunreinigen. Vielmehr wird er sein Bedürfnis von sich aus bald dergestalt äußern, dass er unruhig zur Tür drängt, um hinausgelassen zu werden. Ist dieses Ziel erreicht, lassen wir ihn jeweils mit Lob ins Freie und können von nun an auch das stündliche Hinauslassen aufgeben, sofern der Hund unter Beobachtung ist.

Übrigens ist bei den Hunden das Verhältnis zur Stubenreinheit sehr unterschiedlich ausgeprägt: Bei dem einen scheint der Sinn für solche Sauberkeit angeboren zu sein, während ein anderer uns in diesem Punkt größere Erziehungs-Mühen bereitet.

Benagen von Wohnungseinrichtungen

Es entspricht dem inneren Tätigkeitsdrang des jungen Jagdhundes, zuweilen Teppiche, Decken, Kleidungsstücke, Möbel und andere in der Wohnung befindliche Gegenstände zu benagen. Es wäre völlig sinnlos, ihn deswegen im Nachhinein zu strafen. Man lässt einen Junghund nicht allein in einem Raum, in dem er Unheil anrichten kann. Es ist unsere Sache, ihn *stets unter unmittelbarer Aufsicht* zu haben oder aber ihn in den Zwinger zu tun. Das Gleiche gilt für das »Stehlen« von allem Fressbaren. Durch Verabreichung von Knochen kann man den Drang zum Benagen von Gegenständen zwar verringern, aber nicht ganz beseitigen, denn häufig will der von innerer Handlungsbereitschaft getriebene junge Jagdhund sich nur aus Langeweile beschäftigen.

Platzzuweisung

Dieser natürliche Bewegungstrieb steht beim Junghund auch im Widerstreit zum längeren Liegen auf einem bestimmten Platz. Es würde eine Überspannung unserer Anforderungen bedeuten, wollten wir von einem so jungen nach Bewegung lechzenden Tier ein stundenlanges Stillliegen an einem bestimmten Platz im Zimmer verlangen. Andererseits aber soll er sich an einen festen Platz im Haus bzw. Zimmer durchaus gewöhnen. Wie erreichen wir das bei einem so jungen Jagdhund?

Dazu müssen wir ihm diesen Platz angenehm gestalten und ihm jeden andern selbstgewählten Platz verleiden. Als gewünschtes Lager eignet sich eine gegerbte Sauschwarte (Wilddecken sind ungeeignet, weil die Haare bald brechen) oder ein Korb bzw. eine flache Kiste mit leichter

Kleiner Münsterländer

Auspolsterung. Die Sauschwarte hat den Vorzug, dass sie durch Ausklopfen oder Absaugen leicht zu reinigen und fast unbegrenzt haltbar ist. Zudem wird sie vom Hund gern als Liegeplatz angenommen. Auf dem ausgewählten Platz erfährt er nie etwas Unangenehmes, während er von jedem anderen Platz durch einen Klaps oder leichten Hieb verjagt wird. Führen wir ihn dann regelmäßig zum Liegeplatz und drücken ihn dort bei gleichzeitigem Kommando »Platz!« nieder, so lernt er in wenigen Tagen, dass dieser Ort sein angenehmes Refugium ist, wo ihn niemand stört. Er erkennt im Aufsuchen dieses Platzes seinen Vorteil.

Im Übrigen fühlt der Hund sich wohl, wenn im Zimmer eine Wand den Liegeplatz begrenzt oder er zwischen zwei Möbelstücken eingerichtet ist. Damit wird zugleich die Gefahr gebannt, dass man über den mitten im Zimmer liegenden Hund stolpert. Allerdings meide man bei der Platzauswahl immer die unmittelbare Nähe einer Heizungsanlage, weil der Jagdhund zum einen zu sehr verweichlicht würde und zum anderen es ihm in der Regel dort ohnedies zu warm wird.

Am zügigsten kommt man zum Erfolg, wenn die ersten Übungen nach längerem, mehr oder weniger anstrengendem Revierausflug stattfinden, weil der Hund dann das Ausruhen ohnehin als wohltuend empfindet. Weniger zielführend sind erste Übungen, wenn man dazu das temperamentvolle, ausgeruhte Tier aus dem Zwinger holt. Aber auch ein solcher Hund wird nach einigen Wochen der Übung sich daran gewöhnen und auch im Stadium überschäumender Lebensfreude wenigstens für einige Zeit den angewiesenen Platz nicht verlassen. Natürlich müssen wir ihn vorerst noch immer unter ständiger Beobachtung haben und jedes Verlassen des Lagers mit einer für ihn unangenehmen Einwirkung ahnden. Bei dem einen genügt ein hartes Wort, bei anderen ist ein Gertenhieb notwendig, der von dem Zeitpunkt an, wo der Hund unseren Willen eindeutig begriffen hat, dann schnell und ohne große Ankündigung erfolgen soll.

»Stehlen« von Essbarem, Besteigen von Möbeln

Auch der regelmäßig und sachgerecht gefütterte Hund wird von sich aus, sobald seine Nase ihm in der Nähe etwas Fressbares anzeigt, darauf zueilen und es sich aneignen wollen. Wir müssen verstehen, dass er damit nur seinem natürlichen Drang folgt, von seinem Standpunkt aus nichts Unrechtes tut und ganz gewiss keinen »Diebstahl« im menschlichen Sinne begeht. Ein Junghund »stiehlt« nicht, ebensowenig wie ein 18 Monate altes Kind stehlen kann. Von einem Diebstahl, d.h. einem Unrecht kann man erst dann reden, wenn ein Lebewesen gelernt hat, dass eine Aneignung verboten ist. Es ist müßig, sich hier darüber zu unterhalten, ob der Hund künftig ausschließlich aufgrund von Erfahrungen die Feststellung macht, dass das selbstständige Aneignen von etwas Fressbarem für ihn nachteilig ist, oder ob der dabei auch gewisse weitere Überlegungen anstellen kann. Unsere Aufgabe für die Praxis ist es, ihm das selbstständige Aufnehmen von Nahrungsmitteln im Haus zu verleiden, wie wir ihm zugleich das Aufsteigen auf Stühle, Sofa, Tische usw. zu einer unangenehmen Handlung werden lassen müssen. Wenn wir auf den Versuch sofort mit einem harten »Pfui«, verbunden mit einem Klaps oder angemessenen Gertenhieb, reagieren, kommt es gar nicht erst zum Besteigen von Sitzgelegenheiten oder Tischen. Die Versuche des Hundes unterbleiben in der Regel nach wenigen Einwirkungen.

Um dem Junghund aber das selbstständige Aufnehmen von Fressbarem abzugewöhnen, bzw. ihn davor zu bewahren, ist schon das absichtliche Herbeiführen von Situationen zur Verleitung unseres Zöglings notwendig, und zwar recht viele verschiedener Art und an verschiedenen Orten. Beispielsweise legen wir ein Stück Kuchen oder Wurst auf eine Stuhlkante, Tischecke oder auch auf den Fußboden. Der sich im Raum befindliche Hund wird bald durch seine Nase auf diesen angenehm duftenden Punkt aufmerksam. Magnetisch zieht er ihn an, und mit Selbstverständlichkeit will das Tier sich den Bissen einverleiben. In dem Augenblick, wo er zugreifen will, trifft ihn verbunden mit einem »Pfui« ein Hieb mit der Hand oder einer leichten Gerte. Die Stärke des Hiebes muss dem Naturell des Hundes angepasst sein. Der eine verträgt einen stärkeren Hieb, ohne anhaltend beeindruckt zu sein, während ein empfindliches Tier möglicherweise schon bei einer leichten Berührung zurückweicht. Ein Dutzend Übungen in verschiedenen Räumen und mit verschiedenen Brocken lassen ihn erkennen, dass das selbstständige Aufnehmen von Bissen im Haus weh tut und deshalb besser unterbleibt. Wenn wir nun noch das eine oder andere Mal eine verführerische Situation herbeiführen, in der sich der Hund unbeobachtet glaubt – die im Raum befindliche Person begibt sich fort –, während sein Herr durch die Türspalt beobachtet, um dann beim Versuch des »Stehlens« sofort einzuwirken, so pflegt der Hund für die Zukunft künftig solche Versuche einzustellen. Man kann bei solchen Übungen feine Beobachtungen machen und hat oft seine Freude. Der Hund scheint hierbei zuweilen regelrechte Überlegungen anzustellen, denn im Übungsstadium (darf ich oder darf ich nicht?) schielt er manchmal mit solch kritischem Blick nach seinem Herrn, dass die Lachmuskeln gereizt werden. Um aber alle möglicherweise eintretenden Fehlverknüpfungen zu vermeiden, sei dringend geraten, dem jungen Hund in der Wohnung nie einen Bissen zu geben. Sein Futter sollte er ausschließlich im Zwinger aus seiner Futterschüssel erhalten. Auf diese Weise unterstützen wir auch das Wohlbefinden des Hundes im Zwinger, diesen als normalen und angenehmen Aufenthaltsort anzunehmen. Außerdem wird damit auch der Unruhe des Hundes im Zwinger vorgebeugt.

Unruhe im Zwinger

Wenn der Hund zur Unruhe im Zwinger neigt, kann dem erzieherisch sehr gut entgegengewirkt werden. Es ist ein sehr probates Mittel, dem Hund das Lärmen dort abzugewöhnen oder es von vornherein zu unterbinden, indem man in Verbindung mit einem scharfen »Pfui!« im Moment des Lärmens eine Handvoll kleine Kieselsteine oder Wasser aus einem Becher breitwürfig gegen den Zwinger schleudere. Nicht die kleinen Steinchen selbst oder das Nass, sondern das spritzende, klirrende Geräusch beeindruckt den Hund sehr. Wichtig ist dabei, dass die Einwirkung gleich zu Beginn der Unruhe des Hundes erfolgt.

Gewöhnung an Hausgeflügel

Hier soll auch das Verhalten des Hundes gegenüber Hausgeflügel Erwähnung finden. Jeder normale, passionierte Jagdhund empfindet den Drang, Geflügel zu jagen und zu greifen. Ist man selbst Geflügelhalter, so lässt man das Jungtier unter Aufsicht möglichst oft mitten zwischen die Hühner etc. laufen und ahndet jeden Hetz- und Greifversuch sofort und konsequent mit einem angemessenen Gertenhieb und einem »Pfui«. Der Hund lernt dadurch, dass Hausgeflügel tabu, er schließlich »geflügelfromm« ist. Ist aber solche Gelegenheit nicht oder nicht in ausreichendem Maße vorhanden, so bleibt nichts weiter übrig, als den Springinsfeld in der Nähe von Geflügel an die Leine zu nehmen. Es wäre völlig sinnlos, den rohen Hund etwa nach der Tat an einem gerissenen Huhn zu strafen. Je mehr wir ihn an Wild bringen, desto leichter verliert das Hausgeflügel für ihn an Interesse, und sobald Wild vor dem Hund geschossen wird, pflegen ihn die zahmen Hühner in der Regel nicht mehr zu interessieren. Natürlich gibt es Ausnahmen, namentlich in verführerischen Situationen – wenn die Hühner wild flattern, laufen und gackern. Hier muss es bis zur abgeschlossenen Dressur bei der genannten Vorbeugungsmaßnahme bleiben. Nach der soliden Dressur ist er ohne jede Schwierigkeit durch »Halt« von allem Unheilanrichten an Geflügel abzuhalten (s. S. 159 ff.).

An dieser Stelle soll auch der »Hasengarten« genannt werden, den sich zwar nicht jeder anlegen, der aber gegebenenfalls wertvolle Hilfe leisten kann. Wer auf dem Land wohnt und über genügend Platz verfügt bzw. Zugang zu einer entsprechenden Einrichtung hat, um in einer Umzäunung von einigen hundert Quadratmetern Kaninchen, Hühner oder auch zahmes Niederwild zu halten, hat es sehr viel leichter, den Hund auf den Gehorsam am flüchtenden Wild vorzubereiten. Das Gehege sollte nicht kahl sein, vielmehr Vegetation (Deckung) enthalten. Die Gewöhnung an den Anblick flitzender Kaninchen, gackernder Hühner usw. und die damit verbundene Möglichkeit, den Hund zu lehren, dass im häuslichen Umfeld solche Tiere zu respektieren sind, bietet große Vorteile.

INFO

Grundsätzlich gilt, dass im gesamten Zeitraum der Erziehung dem Vorbeugen eine größere Bedeutung zukommt als dem Heilen. Aus diesem Grund sei wiederholt, dass die Zwingerhaltung der Haltung in der Wohnung vorzuziehen ist, solange wir nicht die Zeit und Möglichkeit haben, den Junghund unter *ständiger* Beobachtung zu halten.

Alle »Unarten« des Hundes sind solche nur vom Standpunkt des Menschen aus. Für den Hund sind seine Entleerung im Zimmer, das Benagen dortiger Möbel und Teppiche, das Lärmen im Zwinger, das Hetzen von Geflügel usw. Verhaltensweisen aufgrund der ihm innewohnenden Bedürfnisse. Wir müssen stets bemüht sein, uns in die Seele des Hundes hineinzudenken und jedesmal zu ergründen, welcher Auslöser seinem aktuellen Verhalten zugrunde liegt. Im Falle unerwünschter Verhaltensweisen können wir ihn dann lehren, durch ihm angemessene Einwirkung das spezielle Verhalten zu unterlassen.

Kurzhaariger Weimaraner

Beurteilung und Förderung der jagdlichen Anlagen

Bevor wir uns rein jagdlichen Anlagen widmen, richten wir unser Augenmerk auf die Wesensstabilität. Bis Mitte des 20. Jahrhunderts war die Sorge um die Nervenstärke unserer Jagdhunde noch kein sonderliches Thema, weil Nervenschwächen (Wesenslabilität) bis dahin viel kritischer wahrgenommen und konsequenter von der Zucht ausgeschlossen wurden sowie die wesensrelevante Aufzucht der Welpen (vor allem während der ersten drei Lebenswochen) stärkere Berücksichtigung fand. Die Gründe der veränderten Sichtweise sind vielfältig und nicht zuletzt auch im kommerziellen Bereich zu finden. Auf die Folgen vielfach nicht artgemäßer Aufzucht vom Jagdhundwelpen haben wir hingewiesen (s. Seite 211 ff.). Die mangelnde Wesensstabilität ist zum Feind Nr. 1 unserer Jagdgebrauchshundzucht geworden. Ängstlichkeit und Geräuschempfindlichkeit, zügelloses Jaulen bei Wildanblick, mangelnde oder unkontrollierte Schärfe, Waidlaut, Kälteempfindlichkeit im Wasser, Unruhe beim Abgelegtsein, unbeherrscht sowie stark ablenkbar bei Spur- und Fährtenarbeit, Unruhe im Zwinger, das sind nur einige der vielen Ausprägungen mangelnder Wesensstabilität, die bei allen Rassen zum Problem geworden sind. Abgesehen davon, dass die Wesenslabilität, in welcher Ausprägung auch immer, eine Degeneration in der jeweiligen Rasse bedeutet, ist damit auch die Zukunftsfähigkeit sauberer Jagdausübung bedroht. Denn dafür wird der wesensstabile, in sich ruhende und zugleich von ausgeprägtem Jagdtrieb beseelte Jagdhund gebraucht.

Wir können daher nur raten, sich mit nervenschwachen Hunden gar nicht erst abzugeben, sich ggf. von solchem Jagdhund zu trennen. Nun müssen wir allerdings einräumen, dass solche Mängel nicht immer im ersten halben Lebensjahr des Hundes mit Sicherheit festgestellt werden können. In der Entwicklungszeit, mindestens im Laufe der ersten 6 bis 8 Monate können sehrwohl und häufig sowohl körperliche wie wesensrelevante Änderungen eintreten. Man beobachte aber den Junghund schon bei jeder Gelegenheit hinsichtlich seiner Selbstsicherheit und Nervenruhe.

Zu den Anlagen vielseitiger Jagdhunde gehören unbedingt:

- jagdliche Passion (Wille zum Beutemachen)
- ausgeprägter Nasengebrauch
- Spurwille und Spursicherheit
- Wildschärfe (inkl. Raubwildschärfe)
- Intelligenz (geistige Beweglichkeit)
- Anlage zum Vorstehen (bei Vorstehhunden)
- Neigung für das Wasser
- Ausdauer und Schnelligkeit
- Suche mit Finderwillen

Jagdliche Passion

Die Jagdleidenschaft (Passion) – pflegt bei unseren heutigen Hunden meist so reichlich vorhanden zu sein, dass wir uns eher vor Überpassion denn vor einem Mangel an Passion fürchten müssen. Ein Hund ohne ausreichende

Langhaariger Weimaraner

Jagdleidenschaft, d.h. ein Hund, der auch nach einiger Übung im Alter von 8 bis 10 Monaten den Hasen nicht hetzt oder ihn nach 100 Hinterherlaufen interesselos flüchten lässt, der nicht eifrig sucht, lohnt die Abrichtung nicht. Man trenne sich von ihm, denn ein Vollgebrauchshund wird er nicht. Demgegenüber sollten wir die Passion unseres Hundes dahingegen kritisch betrachten, ob gegebenenfalls seine sehr starke Passion nicht bereits in Wesensschwäche übergeht. Das wilde Umherrasen bei der Wahrnahme einer Wildwittrung (namentlich einer Spur oder Fährte) möglicherweise noch unter fortwährendem Lautgeben (Waidlaut!), das tobende Jaulen und Bellen des angeleinten Hundes beim Ansichtigwerden von Wild oder gar eines vorstehenden Hundes und Ähnliches mehr, deutet auf mangelnde Wesensstabilität hin.

Das wichtige Kennzeichen des Jagdhundes ist seine souveräne Selbstsicherheit, die auch unter bzw. nach stressbeladenen Situationen rasch wieder zur mentalen Gelassenheit führt. Abgesehen davon, dass wesenslabile Hunde vielen Situationen bei der praktischen Jagdausübung nicht gewachsen sind, machen sie auch bei der Abrichtung und Führung große Schwierigkeiten und bleiben bis ins hohe Alter unzuverlässig.

Wenn überhaupt, vermag nur der erfahrene Jagdhundeführer damit einigermaßen zielführend umzugehen, während der normale Jäger viel mehr Ärger als Freude mit solchen Hunden hat. Sie pflegen auch im Hause unruhig zu sein und dadurch lästig zu fallen.

Andererseits darf aber nicht jede Lebhaftigkeit mit Nervosität verwechselt werden. Auf jeden Fall hat das Temperament des Hundes große Beachtung zu finden. Temperamentvolle Hunde sind in der Regel schwerer zu führen. Wo Licht ist, ist auch Schatten. In der Hand eines erfahrenen Jagdhundeführers wird ein temperamentvoller und im Übrigen hochveranlagter Hund höchste Leistungen vollbringen, während er in anderer Hand leicht als »verwilderter Köter« erscheinen kann. Je größer die Passion des wesensstabilen Hundes und je höher sein natürliches Können, desto mehr bedürfen diese Eigenschaften der Lenkung in die richtigen Bahnen. Weder der Jäger ohne Hund noch der Hund ohne Jäger leisten Ersprießliches. Erst beide zusammen ergeben ein Ganzes. Die Formung dieses Ganzen gelingt dem normalen Jäger einfacher mit einem ruhigen Hund als mit einem ausgeprägt temperamentvollen. So schön also für den Könner das ausgesprochen große Temperament sein kann, so wenig erwünscht ist es für die Allgemeinheit.

Ausgeprägter Nasengebrauch

Der Nasengebrauch – so wird die »Güte der Nase« heute besser genannt – ist, darüber herrscht in der Fachwelt Einigkeit, eine der wichtigsten Eigenschaften eines jeden Jagdgebrauchshundes. Seine einwandfreie Beurteilung gehört zum schwierigsten Teil insbesondere der Anlagenprüfung. Vorweg dürfen wir feststellen, dass die *objektive* Riechfähigkei unserer Jagdhunde im Allgemeinen sehr gut ist. Die Frage stellt sich vielmehr nach der subjektiven Riechfähigkeit des einzelnen Hundes. Es kommt zum einen darauf an, ob der Hund überhaupt Wild finden will und zum anderen, inwieweit seine Erfahrungen mit den einzelnen Wildarten entwickelt sind.

Bretonischer Vorstehhund

Es ist also zunächst notwendig, den Junghund mit den Wildarten vertraut zu machen, seine Passion und sein Interesse an den verschiedenen Wildarten (Haar- und Federwild) zu wecken und zu fördern. Es ist völlig sinnlos bei einem Hund, der das Feldhuhn noch nicht kennt, an diesem Wild die Nasengüte prüfen zu wollen.

Zudem wird an dieser Stelle auf einen ganz groben Fehler hingewiesen, den auch heute noch viele Jäger machen: das Beurteilen des Nasengebrauchs nach der Art des Vorstehens. Das Vorstehen hat mit der *Nasengüte nichts zu tun*. Es ist für die Beurteilung der Nasengüte völlig gleichgültig, ob der Hund überhaupt vorsteht oder ob er in diesem Fach Höchstleistungen zeigt. Wäre es anders, so müsste der Wachtel oder Teckel oder der Rote Schweißhund »keine Nase« haben.

Derjenige, der sich in verhältnismäßig kurzer Zeit (etwa auf Prüfungen) ein Bild von der Nasengüte eines Hundes machen möchte, hat sein Augenmerk peinlichst genau auf jede Bewegung des suchenden Hundes zu richten und darf ihn keine Sekunde aus den Augen lassen, um festzustellen, in welchem Moment der Hund jeweils das erste Mal die Wildwittrung markiert. Das kann unter Umständen schon durch eine nur kleine Richtungsänderung bei der Suche erkennbar sein.

Wollte er den Zeitpunkt maßgebend sein lassen, in dem der Hund zum mehr oder weniger festen Vorstehen kommt, so muss er zwangsläufig Fehlurteile fällen: Er wird den vorsichtigen Hund (Taster) in der Nase überbewerten und den Hund mit Vorwärtsdrang, den Hund der Folge, unterbewerten. Prüft man allerdings – wie das beim selbst aufgezogenen Junghund der Fall sein wird – die Nasengüte über eine längere Zeit (Wochen oder Monate), so kann man sich bei der Beurteilung damit begnügen, wie häufig und wie vielseitig der Hund findet. Die Tatsache, dass der Kopf bei der Suche hoch oder tief getragen wird, lässt keinerlei Schlüsse zu.

Im Allgemeinen wird der Hund mit ständig hoher Kopfhaltung bei der Suche mehr auf Federwild eingestellt sein; ob aber die Riechfähigkeit mehr oder weniger gut ist, kann hieraus nicht gefolgert werden.

Ein positives, wenn auch kein 100-prozentig sicheres Merkmal ist das ständige Prüfen jeglicher Wittrung. Das unterschiedlich schnelle Suchen mit fortwährendem Untersuchen jeden Dufthauches bei weit vorgestecktem Kopf, kurzes Verharren oder doch Langsamwerden bei der Wittrung einer Lerche, einer alten Spur, eines Geläufes, einer Losungsstelle usw., um dann ent-

Ungarischer Vorstehhund

weder vorzustehen oder weiterzusuchen, deutet nicht nur auf Finderwillen (das in erster Linie), sondern auch auf feinen Nasengebrauch hin.

Aber alle diese Anzeichen geben nur Fingerzeige und lassen sichere Schlüsse nicht zu. *Entscheidend ist, wie der Hund findet.* Es kommt dabei darauf an, dass der große Gebrauchshund vielseitig findet. Während der Waldjäger die Nasengüte seiner Hunde (Wachtel, Spaniel usw.) dadurch feststellt, dass er ihn den Hasen suchen und dessen Spur arbeiten lässt, und der Engländer seine nur zur Hühnersuche benutzten Hunde (Pointer und Setter) bezüglich der Nase ausschließlich an Hühnern prüft, ist der Jäger des vielseitigen Jagdgebrauchshundes genötigt, bei seinen Vorstehhunden als dem »Mädchen für alles« die Nasengüte, hier eben besser den Nasengebrauch, an den verschiedenen Wildarten, d.h. an Federwild und Hasen zu prüfen. Für den Wachtel, die Bracke, den Teckel ist die Hasenspur, für den Engländer die Paarhühnersuche, für den vielseitigen großen Gebrauchshund das Finden von Hase und Federwild und die Hasenspur die »klassische Nasenprüfung«. Die Hasenspur für sich allein gibt die Möglichkeit, die Güte des Nasengebrauchs festzustellen, und zwar unter zweierlei Umständen: Wenn der Hund eine Spur über unbewachsenen Boden weit und sicher vorwärtsbringt, gibt das den Hinweis auf intensiven Nasengebrauch. Aber auch wenn der Hund beim Kreuzen des Spurverlaufs auf solchem Boden mehrfach die Wittrung anzeigt, ohne der Spur aufgrund mangelnden

English Setter

Irish Setter

Spurwillens zu folgen, ist das eine positive Beurteilungshilfe in Bezug auf seinen Nasengebrauch, natürlich nicht in Bezug auf die Spurarbeit.

Ein Hund, der wiederholt Hasen in der Sasse findet, ist in der Regel feinnasig. Das Finden des Hasen stellt ungleich höhere Anforderungen an die Nasengüte als das Finden von Paarhühnern oder Fasanen. Jeder erfahrene Jäger wird die Beobachtung gemacht haben, dass auch sehr feinnasige Hunde viele Hasen überlaufen, während das Überlaufen von Hühnern bei einem wirklich guten Hund nur ausnahmsweise bei besonders ungünstigen Umständen vorkommen darf.

Zusammenfassend ist also zu sagen, dass das sicherste Mittel zur Feststellung der Nasenqualität beim großen Gebrauchshund im vielseitigen Findenkönnen zu erblicken ist, während sich der Prüfer eines Stöberhundes auf die Hasenspurarbeit, der Prüfer eines reinen Hühnerhundes (Engländer) auf das reine Hühnerfinden beschränken kann und muss.

Auch bei Beachtung der vorstehenden Ausführungen sind Fehlurteile bei noch in der Entwicklung stehenden Hunden nicht ausgeschlossen, ja sogar recht häufig. Das Findenkönnen ist nämlich in hohem Grade abhängig von dem gewollten Nasengebrauch, dem so oft genannten *Finderwillen*. Gewiss ist dieser Finderwille vielfach angeboren, aber er muss auch geweckt und gefördert werden, was ausschließlich und allein durch wiederholte Führung im Revier möglich ist. Ein Hund, der sein erstes Lebensjahr im Zwinger oder im Hause vertrauert, der die für die Entwicklung seiner Anlagen typische Umwelt, nämlich das weite Jagdrevier, nicht oder nur ganz

Gordon Setter

selten kennengelernt hat, kann nicht mit einem Hund konkurrieren, welcher Wild, Wald, Feld und Wasser von Jugend an regelmäßig als seine Umwelt erlebte. Um also beim Junghund zu einem sicheren Urteil über seinen Nasengebrauch zu kommen, ist es unerlässlich, seine Anlagen durch häufige und vielseitige Führung zu wecken und zu fördern.

Unsere Erfahrungen lehren, dass im Rahmen der angestrebten Vielseitigkeit der Hund darüber hinaus über die Spezialisierung auf eine bestimmte Wildart zu herausragenden Nasenleistungen – eben an dieser Wildart – geführt werden kann. Beispielsweise wird aus der Vergangenheit berichtet, wie im ersten Drittel des 20. Jahrhunderts die Schnepfensuche im Frühjahr an der Mecklenburgischen Ostseeküste als viel geübte Jagdart gepflegt wurde. Da wurden viele hervorragende Schnepfenhunde beobachtet, vor allem Pointer, Stichelhaar und Drahthaar, die immer noch Schnepfen fanden, wo die feinnasigsten, in dieser Jagdart aber unbewanderten Hunde versagten. Gleiches bewirkt natürlich auch die Spezialisierung auf Hasen einerseits sowie Fasanen und Hühner andererseits.

Wird der Hund nun mit mehr oder weniger drastischen Mitteln vom Hasen und seiner Spur ganz abgehalten, so spezialisiert er sich ganz auf Federwild und überflügelt dort normalerweise oder doch sehr häufig den vielseitig gearbeiteten Hund. Er wird sein Lieblingswild, auf das allein er eingestellt ist, nicht nur besser finden, sondern wahrscheinlich auch noch feinere Manieren an ihm zeigen. Mit anderen Worten: Der auf Federwild spezialisierte Hund mit einer mittelmäßigen Nase kann bei der reinen Prüfung an Federwild den vielseitig eingestellten Hund mit sehr guter Nase überflügeln oder ihm mindestens gleichgestellt werden, weil er als Spezialist über sein Allgemeinkönnen hinwegtäuscht, der andere aber unterschätzt wird.

Außerdem beeinflusst diese Einseitigkeit seine Gesamtentwicklung als vielseitigen Gebrauchshund negativ. »Früh übt sich, was ein Meister werden will!« Wenn ich aber den Jährling im Revier vom Hasen und seiner Spur abhalte, so verkümmern auch seine dafür vorhandenen Anlagen; er kann es auf der Hasenspur nicht zu der Fertigkeit bringen, wie der Hund, der auf der Spur im Training bleibt.

Uns steht das gute Mittel der Hasenspur für die Nasenprüfung zur Verfügung. Und da sollten wir darauf verzichten? Wir kämen zwangsläufig zu Fehlurteilen! Ein Hund, der eine nicht ganz frische Hasenspur über trockenen, geeggten oder gewalzten Acker oder auch über einen kahlen Sturz mehrere hundert Meter fortbringt, zeigt in puncto Nase mehr als ein Hund, der vor dem Fasan wie erschlagen herumfliegt. Und erst die Kombination aus den Leistungen an beiden Wildarten ergibt ein richtiges Urteil, oder seien wir bescheidener und sagen ein richtigeres Urteil. Ein wirklich unantastbares Urteil in allen Fällen werden wir wegen unserer eigenen Unzulänglichkeit kaum finden. Und gerade wegen diesem (»ich weiß, dass ich nichts weiß«) sollten wir jedes Mittel ausnutzen, das uns vor Fehlurteilen bewahren kann.

Schließlich sei noch darauf hingewiesen, dass der Nasengebrauch des Hundes nicht jeden Tag

Labrador Retriever

absolut gleich erscheint. Das Vermögen zum Wildfinden und das Ausarbeiten einer Hasenspur werden erheblich von der Wetterlage beeinflusst. Schwüle Gewitterluft, triefende Nässe, sehr starker Wind, vor allem lang andauernder *trockener Wind* verringern das Riechvermögen. Zu beachten ist auch, dass die säugende Häsin, der sehr geringe Junghase, die brütende Henne weniger Wittrung abgeben. Die Natur schützt sie.

Spurwille und Spursicherheit

Neben einem hochentwickelten »Riechvermögen« sind *Spurwille und Spursicherheit* die wichtigsten Eigenschaften, die wir von unserem vielseitigen Jagdgehilfen als Voraussetzung für die »Arbeit nach dem Schuss« fordern müssen. Der Spurwille ist der Ausdruck des inneren Antriebes des Hundes, über die hinterlassene Spur der ersehnten Beute an diese heranzukommen. Die *Spursicherheit* ist Ausdruck der Wesensstabilität des Hundes, welche ihm Ruhe und Konzentrationsfähigkeit verleiht und ihm ermöglicht, auch unter schwierigen Bedingungen den Beutewillen zu beherrschen. Zur Prüfung beider Eigenschaften eignet sich am besten die Arbeit auf der Hasenspur.

Der in freier Suche hervorragende Finder bereitet uns zwar viel Vergnügen und bringt den Jäger häufig zum Schuss, aber das muss gegenüber der Fähigkeit, ein angeschossenes und geflüchtetes Stück Wild zur Strecke zu bringen, völlig zurücktreten. Ob der Jäger reichhaltige Beute macht, ist für die waidgerechte Jagdausübung weniger bedeutsam, als dass der Hund in der Lage und gewillt ist, der Spur des kranken Hasen einen halben Kilometer und mehr zu folgen, sowie die Beherrschung und Zähigkeit besitzt, dem Geläuf und der Schwimmspur der geflügelten Ente 20 bis 30 Minuten nachzuarbeiten, oder den sehr weit laufenden, geflügelten Fasanenhahn mit der Nase auf dem Geläuf zu finden, das ist entscheidend für seine jagdliche Brauchbarkeit in wahrem Sinne.

Das Interesse für den Hasen, d.h. die Haarwildpassion ist bei den meisten Jagdhunden vorhanden, auf jeden Fall fast immer zu wecken, aber gar zu oft mangelt es an der erforderlichen Ruhe und Zähigkeit. Aufgeregte und überpassionierte Hunde sowie wilde Stürmer schaffen es nicht. Für die Arbeit auf Spur, Fährte und Geläuf brauchen wir Ruhe, Beherrschung, Konzentration und absoluten Durchhaltewillen. Der wilde Hetzer hat diese Eigenschaften meist ebensowenig wie einseitige Hühnerhunde. Keine Eigenschaft benötigt so viel sorgfältige Ausbildung und ständige Förderung wie gerade die Spurarbeit, und *auf keinem Gebiet wird so viel gesündigt* wie auf diesem.

Spurwille und Spursicherheit sind einerseits angewölft (ererbt), können andererseits in ihrer Ausprägung gefördert, allerdings auch verdorben werden.

Das Schädlichste, was es auf dem Gebiet der Spurarbeit gibt, sind häufige und lange Sichthetzen, selbst beim älteren Hund.

Unter allen Umständen ist beim jungen Hund das Rehhetzen zu vermeiden. Wir bringen ihn nicht in Revierteile, in denen die Gefahr besteht, dass er an warme Rehfährten kommt, jedenfalls nicht unangeleint. Nahezu alle Hunde haben für die Rehfährte eine ausgesprochene Leidenschaft. Es geht nicht nur um die schädliche

Beunruhigung der Rehe im Revier, sondern der Hund würde zu einem schwer heilbaren Rehhetzer. Gegebenenfalls zieht der Hund die süße und starke Rehwittrung später der sehr viel schwierigeren und höhere Nasenleistung und Konzentration erfordernden Hasenspur vor. Man soll daher den jungen Hund zunächst in rehreinen Waldbeständen oder im Feldrevier führen, wo wir nach Möglichkeit welliges, von Hecken und Gräben, auch kleinen Feldgehölzen oder Brüchen durchsetztes Gelände bevorzugen, damit er nicht mit dem Auge, sondern ausschließlich mit der Nase folgen lernt, wenn er eine Spur anfällt.

Schon im Alter von 3 bis 4 Monaten kann man den Welpen auf gut bewachsenem Boden (Wiese, Saat, Klee) an eine frische Hasenspur bringen. Die Arbeit am Schweißriemen kennt der Welpe bereits von der Futterschleppe, was auch hier sehr hilfreich ist. Markiert er, so lobe man halblaut und folge der Spur in Fluchtrichtung mit dem Hündchen. Oft steckt er höchst interessiert schon in diesem Alter sein Näschen in die Spur und folgt ihr 20, 40 oder 50 Schritt. Allmählich und mit zunehmendem Alter geht er, die Nase in die Spur haltend, immer weiter. Hier beobachte man nun, wie er auf der Hasenspur jagt. Bleibt er ruhig und beherrscht, wobei die eifrigen Bewegungen seiner Rute die verhaltene Passion anzuzeigen pflegen, so können wir zufrieden sein und brauchen unser Augenmerk nur darauf zu richten, dass er immer länger an der Spur klebt und dass wir zu diesem Zweck seine Selbstsicherheit stärken, indem wir ihm langsam folgen. Der enorme Wert der Einarbeitung am Schweiß-

Deutscher Wachtelhund

English Cocker Spaniel

riemen wird vielfach unterschätzt. Der größere Teil unserer hochgezüchteten Jagdhunde wird frei eingearbeitet, daher rasch heftig und aufgeregt, glaubt, mit Hilfe der Läufe schneller zum Ziel zu kommen als mit beherrschtem Nasengebrauch. Hunde, die in windender Fahrt die Spur in großen Bögen kreuzend vorwärtsbringen und bei der ersten schwierigen Stelle (unbewachsener Boden, scharfe Haken, Wechsel des Bodenwuchses) abbrechen, müssen wir mit größtem Misstrauen betrachten. Der geborene Verlorenbringer bleibt mit ruhiger Sicherheit stets an der Spur. Jede Heftigkeit ist ihm abträglich. Je schwieriger die Sache wird, desto langsamer und sorgfältiger soll er werden. In solchen Fällen bringt er die Spur nur vorwärts, wenn er »die Spur zwischen die Vorderläufe nimmt«.

Wir beurteilen einen Hund, der eine wirklich schwierige Hasenspur nur 150 bis 300 m weit sorgsam und zäh »austüftelt«, hinsichtlich der Spurveranlagung weit höher als einen heftigen Flitzer, der auf einer Wiese einer frischen Spur ohne scharfe Haken 500 oder 700 m folgt. Der erstere leistet nämlich wirkliche Spurarbeit, der letztere wahrscheinlich nur eine Dufthetze, d.h. er folgt der noch in der Luft stehenden Körperwittrung des Wildes. Ausschlaggebend für den späteren Erfolg *ist der Wille, verbunden mit ausdauernder Zähigkeit*, einer Spur bis zum Ende, d.h. bis zum Hasen zu folgen, soweit das nach Lage der Dinge (Bodenart, Wittrung, Alter der Spur und eigene Feinnasigkeit) überhaupt möglich ist. Ein Hund mit überschäumendem Temperament schafft es nicht. Er ist meist nicht in der Lage, sich in schwierigen Fällen zur Ruhe zu zwingen und die nötige Sorgfalt aufzubringen, ohne die es nun einmal nicht geht. Gerade bei einem derart heftigen Zögling und auch bei Hunden, die wohl an sich Hetzpassion, aber weniger Interesse an der eigentlichen Spurarbeit haben, hilft uns nur die Arbeit am Schweißriemen. Wir befestigen ihn an der Halsung und suchen einen Hasen zu Gesicht zu bekommen, dessen Spurverlauf wir uns genau merken können. Wir kreuzen mit dem Hund am Schweißriemen die Spur und, sobald er markiert, arbeiten wir sie in Ruhe und Langsamkeit so weit aus, wie sie uns bekannt ist. Der die Spur ausarbeitende Hund wird mittels ruhigem, halblaut geäußertem Zuspruch gelobt. Das Loben sei sparsam gegeben, keinesfalls besonders aufmunternd oder gar aufreizend. Ein fortwährendes »So recht, mein Hund« führt beim Hund zu Übereifer und mangelnder Konzentration, während er gerade Ruhe bewahren soll.

Unter keinen Umständen dehnen wir die Arbeit über Strecken aus, wo wir den Spurverlauf nicht kennen. Ist das Ende der beobachteten Strecke erreicht, wird der Hund unter Lob abgetragen. Schon kurze Strecken (100 oder 200, ja sogar nur 50 m) solcher Riemenarbeit tun oft Wunder. Und haben wir das Glück, den Hasen hierbei erneut hochzumachen, zu »stechen«, was in geeignetem Gelände mit Deckung für Niederwild durchaus möglich ist, wird der Hund an der frischen Sasse möglichst unbemerkt geschnallt. Kommt er jetzt auf der ganz frischen Spur in dem Deckung bietenden Gelände an den Hasen, hat er meist richtig verknüpft: Saubere Spurarbeit bringt mich an das Wild. Man schnalle aber den Hund nicht auf gut Glück in übersichtlichem Gelände, das nicht ausreichend Deckung bietet.

Einige Geduld benötigt dieses Verfahren allerdings, denn keineswegs glückt eine solche Gele-

Hannoverscher Schweißhund

Bayerischer Gebirgsschweißhund

genheit jeden Tag. Manchmal vergehen Wochen, ehe es klappt. Aber schließlich ist die ganze Ausbildung und Führung von Jagdgebrauchshunden nichts für Faule, und es lohnt sich. Ein wirklich guter Verlorenbringer ist unbezahlbar.

INFO

Die Riemenarbeit auf der Spur des Hasen ist das beste Mittel, den Hund zur Ruhe und Konzentration zu bringen und gleichzeitig eine prachtvolle Vorschule für seine späteren Aufgaben bei der Schweißarbeit.

Führt nun auch häufige Riemenarbeit bei dem 9 bis 12 Monate alten Junghund nicht dazu, dass er es lernt, der Spur des nicht sichtigen Hasen unter leidlich günstigen Bedingungen wenigstens 300 m zu folgen und sich an schwierigen Stellen zäh um ein Fortbringen der Spur zu bemühen, so sei geraten, sich von dem Zögling zu trennen. Die Aussicht, dass er später ein wirklicher Gebrauchshund wird, ist sehr gering.

Zur Spurarbeit am Schluss noch einige Tipps: Einen Hund, der zur Augenarbeit neigt, d.h. das Wild mit dem Gesicht statt mit der Nase auszumachen sucht, führe man einige Monate nicht im freien Feld, sondern in (rehreinen) Waldteilen oder doch in stark kupiertem Gelände, wo ihm jedes Wild schnell aus dem Gesicht kommt und er ausschließlich auf seine Nase angewiesen ist. Manche Führer haben auch gute Erfolge durch Führen während der Dunkelheit gehabt, wo dem Hund sein Auge nichts nützt. Dazu wird der Hund auf der Spur eines zuvor per Scheinwerfer erspähten Hasen angesetzt und freigelassen.

Weiter: Beim Anlegen an eine Hasenspur vermeide man die warme Sasse. Diese strömt eine so starke und aufreizende Wittrung aus, dass der Hund meist nicht nur ungeheuer aufgeregt wird, sondern sich auch derart auf diesen starken Duft einstellt, dass ihm die Umstellung auf die recht schwache Duftspur sehr viel schwerer wird. Es ist vorteilhaft, den Hund sich 2–3 m hinter der Sasse ansaugen zu lassen.

Wildschärfe und Raubwildschärfe

Die Wild- bzw. Raubwildschärfe ist eine unentbehrliche Eigenschaft für den vielseitig brauchbaren Jagdgebrauchshund. In der Regel hat der ruhige, sichere Würger von Raubwild, insbesondere des (kranken) Fuchses, auch sonstige positive Eigenschaften, ist vor allem selbstsicher und ruht in sich, verfügt über Mut und körperliche Leistungsfähigkeit. Der raubwildscharfe Hund erlöst auch das kranke Reh durch schnelles Abwürgen von seinen Leiden, während der nur stellende Hund ihm unnötige Qualen zufügt. Ein verantwortungsbewusster Jagdschutz und eine ordnungsmäßige Hege im Niederwildrevier ist ohne raubwildscharfen Hund nicht denkbar. Das Raubwild muss wie alles andere Wild waidmännisch bejagt und vor vermeidbaren Qualen bewahrt werden.

Rauhaariger Dachshund

Kurzhaariger Dachshund

Die Raubwildschärfe setzt sich zusammen aus dem Beutewillen gegenüber Raubwild und dem Mut zum zielgerichteten Zupacken. Als drittes kommt die körperliche Fähigkeit hinzu, den Gegner schnell abzutun. Da es an dieser physischen Fähigkeit aber nur ganz selten mangelt, wird hier darauf nicht weiter eingegangen.

Der Beutewille gegenüber dem Raubwild sowie das zielführende Zupacken liegen im Verhaltensmuster des Hundes, welches ihm als genetische Anlage über die Zucht mitgegeben wird. Wer mit nicht raubwildscharfen Jagdhunden züchtet, vergeht sich an der Jagdgebrauchshundsache als Dienstleister für die tierschutzgerechte Jagd. Beim Welpenkauf achte man deshalb darauf, dass beide Eltern – vor allem auch die Mutter – sicher und zuverlässig selbstständig würgen.

Jahrzehntelang hielt sich die Meinung, dass der Gebrauchshund im ersten Feldenicht an Raubwild gebracht werden dürfe, weil er sich sonst einen zu festen Griff beim Bringen von Nutzwild angewöhne, sodass er zum Knautscher und Anschneider erzogen würde. Ebenso lange wissen wir, dass solche Befürchtungen unbegründet sind. Das Knautschen ist ausschließlich eine Folge unsachgemäßer Apport-Dressur.

In dem Zusammenhang sei darauf hingewiesen, dass im Falle übergroßer Bringfreude des Hundes die Neigung Auftrieb erhält, die hier Seite 128 ff beschriebene, schritt- und zwangsweise Apport-Ausbildung zu vernachlässigen. Die Folge ist dann nicht nur die Unzuverlässigkeit des Hundes beim Apportieren bei der Jagd, sondern zugleich die Gefahr den möglichen Knautscher zu bekommen. Im Übrigen kommen wir über spielendes Erlernen des Bringens, wie es außerhalb der Jagdhundeszene gang und gäbe ist, zum gleichen negativen Ergebnis für den Jagdgebrauch. Schließlich wird die Erfolglosigkeit komplettiert, wenn der Hund beim Jagen nach der Methode geführt wird »Schuss raus - Hund los«.

Aber zurück zur notwendigen Raubwildschärfe des qualifizierten Jagdhundes, wofür der körperlich und geistig noch nicht voll ausgereifte Junghund noch nicht gleich als unbrauchbar zu bezeichnen ist, wenn er die ersten Male ein überlegenes stummes Abtun des Gegners vermissen lässt, denn es gehört schon Erfahrung und ein so großes Selbstvertrauen zum sofortigen Zupacken, dass es von einem jungen Hund bis zum Alter von 15 bis 18 Monaten nicht unbedingt verlangt werden kann. Schließlich soll er ja auch den richtigen Griff erst lernen und sein Überlegenheitsgefühl stärken. Aber Hunde, die ängstlich jeder Bewegung des Gegners ausweichen, sich nicht ganz dicht an ihn herantrauen und ihn auch bei der Flucht nicht sofort zu packen suchen, sind mit großem Misstrauen zu betrachten. In der Regel fehlt es dann an der notwendigerweise selbstsicheren Entschlossenheit.

Intelligenz

Ein Merkmal der Intelligenz des Hundes ist seine *Lernfähigkeit*, ein weiteres seine *geistige Beweglichkeit* und Fähigkeit, sich hinsichtlich vielseitiger Aufgaben rasch auf veränderte Anforderungen umzustellen. Für die Ausprägung seiner Lernfähigkeit mag ich im Rahmen meiner Erziehungsmaßnahmen schon gute Hinweise bekommen. Allerdings gilt es zu bedenken, dass die Lernfähigkeit nicht allein vom Hund selbst, sondern in erheblichem Maße auch von meinem didaktischen Geschick abhängt. Insofern bestehen hier durchaus Parallelen zum Verhältnis des Menschenkindes zu seinem Lehrer. Der Hund lernt also umso leichter, je störungsfreier sein Verhältnis zu mir ist, je mehr er mir vertraut, je sicherer ich seine »Wellenlänge« finde - und er erscheint mir dann sehr intelligent. Wenn mir aber - bei kritischer Selbstbetrachtung - der individuelle Hund »nicht liegt«, komme ich leicht zur eingeschränkten oder gar falschen Beurteilung. Eine sachlich-sichere Beurteilung der Lernfähigkeit des Junghundes erscheint daher in der Regel nur ansatzweise möglich.

Noch schwieriger wird es, die geistige Beweglichkeit, das andere Intelligenz-Merkmal des Junghundes zu beurteilen, weil es dazu der wechselnden Anforderungen bedarf, die zum großen Teil erst nach der Grunddressur bei der fortbildenden Führung bzw. im Jagdbetrieb anfallen. Dennoch wollen wir bereits den Junghund kritisch beurteilen, ob er in der Lage ist, einerseits verhalten vorstehend das in der Deckung liegende Wild anzuzeigen und andererseits die gebotene Hasenspur hochmotiviert aufzunehmen und in angemessenem Tempo konzentriert zu folgen; wenn er denn den Hasen sticht, dann die Verfolgung auch noch über eine weite Strecke voller Beutegier fortsetzt. Da handelt es sich also um zwei sehr unterschiedliche Anforderungen, auf die sich der Hund jeweils einstellen muss. Weitere Beispiele sind die di-

Langhaariger Dachshund

vergierenden Anforderungen beim Buschieren unter der Flinte einerseits und beim selbstständigen, vom Hundeführer mehr oder weniger losgelösten Söbern andererseits. Geradezu faszinierend ist es, wenn der Hund gelegentlich bei einer Waldjagd ausgiebig stöbert und nach dem Treiben voll konzentrierend am Schweißriemen eine anspruchsvolle Nachsuche auf ein angeschweißtes Stück Schalenwild absolviert. Solche Intelligenz-Leistungen setzen eine solide Wesensstabilität voraus, bedürfen aber zudem der speziell intensiven Aus- und Fortbildung des Hundes. Ersteres können wir beim Junghund bereits testen. Letzteres muss später folgen.

Anlage zum Vorstehen

Fast jedem Hund aller Vorstehhundrassen ist die Vorsteh-Anlage zu eigen. Wir haben jedenfalls noch keinen kennengelernt, der diese Anlage nicht mitgebracht hätte, gleichgültig, welcher Rasse er angehörte. Eine andere Frage ist es, zu welchem Zeitpunkt diese Anlage sichtbar zum Ausdruck kommt. Keinesfalls geschieht das immer gleich bei der ersten Begegnung mit Federwild, auch dann nicht, wenn der Hund entgegen der Regel erstmalig als Jährling an Federwild kommt. Das Benehmen ist hier ganz außerordentlich verschieden und variiert zwischen festem Durchstehen und dem unverzüglichen Herauswerfen des Wildes, ohne auch nur den Bruchteil einer Sekunde zu stutzen. Bei einiger Führung kommt aber der Tag, an dem der Hund das sich drückende Wild durch Vorstehen anzeigt. Der eine tut es im Alter von 4 Monaten, ein anderer erst mit 10 Monaten oder gar später. Den einen reißt es ruckartig zusammen, um durchzustehen, der nächste stößt nach kurzem Verharren das Wild heraus, der dritte wird beim Wahrnehmen der süßen Wittrung lang und langsam und kommt nach mehr oder weniger starkem Aufrücken zum Erstarren, und der vierte wird nur kürzer, zieht unter angespanntem Muskelspiel auf das Federwild zu, bis es auffliegt.

Aus den geschilderten und noch weiteren möglichen Verhaltensweisen im Alter bis zu etwa 10 bis 12 Monaten können sichere Schlüsse auf die spätere Vorsteharbeit nicht gezogen werden. Natürlich zeigt der erstarrende und durchstehende Hund vorerst eine bessere Anlage im Vorstehen als der des letzten Beispiels, aber es ist keineswegs gesagt, dass der letztere nicht wenige Wochen später die gleichen Leistungen aufweist. Für die spätere saubere Vorsteharbeit genügt es, wenn der Hund überhaupt *Anlage* in diesem Fach zeigt. Es gibt kaum eine andere Anlage, die sich so sehr durch Ausbildung und Führung beeinflussen lässt wie die des Vorstehens.

Neigung für das Wasser

Für den Gebrauchshund ist eine hinreichende »Wasserfreude« unerlässlich, wenn es auch viele Reviere geben mag, in denen eine richtige Wasserjagd nicht vorkommt. Glücklicherweise ist unter unseren heutigen Gebrauchshunden die Zahl der wirklich wasserscheuen Tiere gering, dagegen gibt es noch eine größere Anzahl von Hunden, denen das Wasser aus Mangel an Gelegenheiten wenig vertraut ist. Sie misstrauen dem nassen Element, weil sie es nicht kennen, und daher auch noch nicht erfahren haben, dass es im tiefen Wasser auch Beute geben kann.

Weitaus das beste Mittel, den Hund mit dem Wasser vertraut zu machen, ist das Stöbernlassen zusammen mit einem älteren Hund. Das kann bei warmer Witterung schon zu einer Zeit geschehen, in der der Welpe erst wenige Monate alt ist, nur darf man dem kleinen Kerl dabei nicht zu viel zumuten, denn das Schwimmen im schilfbewachsenen Wasser erfordert große physische Kräfte, d.h. es ist recht anstrengend. Hat man Gelegenheit, den etwa halbjährigen Junghund zusammen mit einem älteren Hund an und in das Wasser zu bringen, so wird er meist jede Scheu schnell verlieren, er bewegt sich darin bald mit der gleichen Selbstverständlichkeit wie auf dem Land. Fehlt aber solche Gelegenheit oder wurde sie verpasst, so müssen wir dem Jährling im Juni/Juli auf andere Weise klarmachen, dass das Wasser ihm nichts tut, es ihm vielmehr Aussicht auf Beute verheißt. Da dieses Verfahren aber nicht mehr den rohen Hund betrifft, sondern schon zur Überleitung in die praktische Jagd gehört, ist es unter »Vorarbeiten für die praktische Wasserjagd« (s. Seite 321 ff.) behandelt.

Ausdauer und Schnelligkeit

Das sind Eigenschaften, ohne die die Leistungen eines Hundes stark herabgesetzt werden. Mag die Schnelligkeit noch von minder großer Bedeutung sein, so ist doch ein Jagdhund ohne Ausdauer nicht vollwertig. Schon für die Feldsuche ist die Brauchbarkeit erheblich eingeschränkt, wenn unser Gehilfe nach der ersten Stunde des Jagens ausgepumpt hinter dem Jäger herschleicht und durch kein Mittel mehr zu einer annehmbaren Suche zu bewegen ist. Wie viel übler aber ist das Versagen des Hundes in der rauhen Jägerpraxis, wenn er, auf der Spur und bei der Hetze hinter dem angeflickten Hasen kilometerweit folgen und ihn danach bringen soll! Gleiches gilt für das Verfolgen des etwa laufkranken Fuchses, den der Hund zudem noch abwürgen muss. Ausdauer und Schnelligkeit setzen einen zweckmäßigen Körperbau voraus, vor allem ein kräftiges Herz und eine gesunde Lunge. Nicht auf Schönheit im Äußeren kommt es an, sondern darauf, dass keine körperlichen Mängel die Leistungsfähigkeit herabsetzen. Einer der herausragenden Fachleute in der Formwertbeurteilung, Konrad Andreas, hat sich damit in einem Anhang seines Buches »Gerechte Jagdhundschulung« befasst. Jedem, der sich auf diesem Gebiete weiterbilden oder näher informieren will, sei dieses Buch empfohlen.

Die Entwicklung des jungen Körpers ist zum einen weitgehend abhängig von der Ernährung und zum anderen von der Bewegung. Um einen leistungsfähigen Körper zu bilden, bedarf es ständiger, regelmäßiger und ausgeprägter Bewegung. Diese findet er in ausreichendem Maße nur im Revier, weil der Hund sich dort den abwechslungsreichen und unterschiedlich anstrengenden Verhältnissen selbst anpassen kann. Alle Möglichkeiten im Revier sollten genutzt werden. Das »Spazierengehen« mit dem angeleinten Hund ist ohne wesentlichen Wert, und wenn das gelegentliche Laufenlassen neben dem Fahrrad oder einem anderen Gefährt in einer »autofreien« Gegend auch nicht gerade schädlich ist, so ist es doch nur ein kümmerlicher Ersatz gegenüber dem freien Auslauf im Revier. Wir nehmen deshalb unsere Junghunde, wenn irgend möglich, schon im Alter von 3 bis 5 Monaten und erst recht in der Folgezeit bis zum ausgewachsenen Jährling bei jeder sich bietenden Gelegenheit mit ins Jagdrevier. Dabei werden gleichzeitig Frühreife, Jagdverstand, Nasengebrauch, Spursicherheit und Selbstsicherheit viel besser entwickelt als bei einem Hund, der in seiner Jugend Zwinger oder Hof nicht verlässt.

Daneben ist es vorteilhaft, den Junghund zusammen mit einem zweiten etwa gleichaltrigen Kameraden aufzuziehen und beiden in einem geräumigen Zwinger oder Hof oder Garten ein gehöriges Spielen und Toben zu ermöglichen. Zumindest sollte er regelmäßig Gelegenheit zum Herumtollen mit anderen Hunden haben.

Suche mit Finderwillen

Wenn wir die Suche an letzter Stelle nennen, so geschieht das nicht, weil sie weniger wichtig ist als andere Anlagen, sondern weil sie in unseren heutigen Hunden derart genetisch verankert ist, dass sie in den meisten Fällen für den praktischen Gebrauch ausreicht. Eine gute Suche steigert nicht nur den jagdlichen Erfolg, sondern bietet auch einen ästhetischen Genuss. Trabsucher und phlegmatische »Schaukelpferde« kommen kaum mehr vor, und ihre besondere Behandlung lohnt hier nicht. Die Zucht hat durchweg Hunde geschaffen, die in der Schnelligkeit völlig ausreichen, ja hierin vielfach schon wegen ihrer reichlich großen Passion die Grenzen des Wünschenswerten und Zweckmäßigen überschreiten. Das gilt umso mehr, als nach dem Fortfall der *Hühner*jagd für die jetzt vermehrte *Fasanensuche* eine kürzere und sorgfältigere Suche notwendig ist. Der Gebrauchshund soll in der Suche kein rasendes Tempo zeigen.
Die Suche ist umso höher zu bewerten, je mehr der Hund unter Ausnutzung des Windes das Gelände zügig absucht, ohne dass er Wild auf dem abgesuchten Gelände überläuft. Man muss den Bewegungen des Hundes ansehen, dass er *Wild sucht* und nicht nur *läuft*. Das flotte und ausdauernde Laufen ist nur ein Teil davon und *Voraussetzung einer guten Suche*.
Ein weiteres Beurteilungs-Kriterium für die

Suche richtet sich auf die Frage, inwieweit der Hund das Findenwollen nachweist. Das ist sogar ein entscheidendes Kriterium, wie er dabei fortwährend mit der Nase »im Wind hängt, um Wildwittrung aufzunehmen. So soll er auch zunehmend das Findenkönnen entwickeln. Darüber hinaus wird auch die Zügigkeit der Suche vervollkommnet.

Bei der Ausbildung ist es zunächst richtig, den Hund ungehindert laufen zu lassen. Mit dem Versuch, den Hund kurz zu halten, verbessert man keine Suche. Durch Pfeifen und Rufen können wir den Jüngling ohnehin noch nicht lenken, verderben ihn vielmehr zur »Harthörigkeit«. Unsere Aufgabe besteht dennoch darin, den Hund zur Quersuche bei Ausnutzung des Windes anzuleiten. Am sichersten und einfachsten unterstützt man die Quersuche dadurch, dass man gegen die Windrichtung selbst im Zickzackkurs geht, das heißt dabei ständig den Wind schneidend sich langsam nach vorn bewegt. Holt der Hund von rechts den Bogen herum, geht man nach links, bis er etwa 80 Schritt am Führer vorbei ist. Dann wendet der Führer sich nach rechts. Der Hund, der seinen Herrn sich entfernen sieht, wird bald wenden. Hat er den Führer wieder um die genannte Entfernung überholt, geht der Führer wieder nach links u.s.f. Dabei passt man sich natürlich dem Gelände in der Weise an, dass der Hund in erster Linie das Absuchen von Deckungen lernt. Durch dieses Verfahren fördert man einmal die Quersuche an sich, und weiterhin lernt der Hund unwillkürlich, mehr auf seinen Herrn zu achten: Die Zusammenarbeit wird gefördert. Bei fortgesetzter Übung wird die Suche auf diese Weise außerordentlich gebessert.

Die Übungen werden stets nur *bei gutem Wind* vorgenommen, d.h. die allgemeine Marschrichtung geht gegen den Wind, so dass Hund und Führer bei den Zickzackbewegungen stets den Wind schneiden. Vor allem suche man dazu ein Gelände aus, in dem der Hund auch Wild findet. Dann wird er in kurzer Zeit Sinn und Zweck erfassen und von Tag zu Tag in seiner Suche bewusster werden.

Es kann beim sogenannten Kopfhund oder auch beim überpassionierten Hund vorkommen, dass er ohne Verbindung zu seinem Herrn sich bei der Suche »selbstständig macht«. Er tobt dann in weitester Entfernung von seinem Führer im Gelände umher. Alles Pfeifen und Rufen ist bei rohen Hunden in solchen Fällen nicht nur erfolglos, sondern unsinnig und falsch.

Wir empfehlen, in diesen Fällen erst einmal die Vertrauensbindung, das harmonische Zusammengehörigkeitsgefühl zu stärken und zu pflegen, sich täglich möglichst lange mit dem Hund zu beschäftigen, ihn viel um sich zu haben, ihn stets persönlich zu füttern, andere Personen dagegen von ihm fernzuhalten. Sodann kann man versuchen, die vermehrte Aufmerksamkeit des Hundes im Revier dadurch zu erlangen, dass man aus seinem Gesichtskreis durch Hinlegen auf den Boden verschwindet, sobald er sich zu weit zu entfernen droht. Manche Hunde versuchen dann sogleich, ihren verschwundenen Herrn zu finden, und kommen zurück, wo er dann stets mit Lob empfangen wird. Bleiben diese Maßnahmen ohne Erfolg, müssen wir die weitere Ausbildung bis nach vollendeter Grundabrichtung zurückstellen.

Die Grundabrichtung des Jagdgebrauchshundes

Der Erfolg jeder Jagdhunde-Ausbildung hängt neben fleißigem Üben im hohen Maße von dem Einfühlungsvermögen des Ausbilders in die Seele des Tieres ab.

Zudem bedarf es speziell beim Jagdgebrauchshund auch der Zwangseinwirkungen, was wir in diesem Buch immer wieder betonen. Dem wird von anderen Teilen der kynologischen Fachwelt – zum Teil sehr heftig – widersprochen. Kritik wollen wir stets ernst nehmen und sachlich damit umgehen. Nach der Erörterung mehrerer Fakten beantworten wir die Frage:

Besteht eine Alternative zur Zwangsanwendung bei der Jagdhunde-Ausbildung?

Dazu seien einige Leitgedanken vorausgeschickt:

1. Es geht hier um die Ausbildung zum **Jagd-Vollgebrauchshund**. Als Maßstab dafür seien beispielhaft die Anforderungen der Verbandsgebrauchsprüfung des Jagdgebrauchshund-Verbandes genannt, die explizit auf die zuverlässige Dienstleistung des Hundes bei der gemeinsamen Jagdausübung ausgerichtet sind.
2. Die genetisch bedingten Verhaltensmuster des Jagdhundes beinhalten eine ausgeprägte Handlungsbereitschaft mit einem starken **Antrieb zum Jagen und Beutemachen** – andernfalls ist er kein **Jagd**hund.
3. **Ausbildungsziel** muss ein **zuverlässiges Miteinander** (Jäger mit Hund) – auch unter widrigen Umständen – bei der Jagdausübung sein. Das ist nur bei eindeutiger Unterordnungsbereitschaft (Gehorsam) des Hundes gegenüber seinem Hundeführer möglich.
4. Allen **Grundausbildungsdisziplinen** (Gehen bei Fuß, Sitz, Ablegen, Halt bzw. Down, Apport) liegen neben sorgfältig-schrittweisem Vorgehen **angemessene Zwangsanwendungen** zugrunde, um das jeweilige »Wohlverhalten« des Hundes zu erreichen, dann aber stets verbunden mit situationsgerechtem Loben (!). Schließlich muss das jeweilige »Wohlverhalten« auch unter starker Ablenkung bzw. Verleitung garantiert werden.
5. Der **Gehorsam** des Jagdhundes steht in direktem **Widerstreit zu seinem Beutetrieb** (z.B. innerer Antrieb zum Hetzen eines Stück Wildes) und ist nur über eine solide Grundausbildung und ggf. Zwangseinwirkung (**Strafe**) zu erreichen. Die Wirkung der Strafe muss den **starken Antrieb** insoweit **überlagern**, dass der Hund einlenkt.
6. Der Hund muss dabei lernen, dass in gegebenem Falle die **Strafe** nicht wegen seiner Hetze, sondern **allein wegen Nichtbefolgen des verstandenen Gehorsamsbefehls** erfolgt! Deshalb ist die solide Grundausbildung so entscheidend wichtig, wo der Hund das selbstverständliche, zügige Befolgen jeden Unterordnungs-Kommandos verinnerlicht.
7. **Zwangseinwirkung** hat hier weder mit ungezügelter Misshandlung noch gar Brutalität etwas zu tun. Vielmehr **erfordert** sie **Einfühlungsvermögen** in das Wesen des individuellen Hundes und dementsprechend **angemessene Maßnahmen**. Zudem wird eine Zwangsmaßnahme bei »Wohlverhalten« blitzschnell aufgelöst und auf ehrliches Loben umgeschaltet.
8. Kritiker der Zwangsanwendung bei der Jagdhunde-Ausbildung behaupten, dass das Ausbildungsziel auch **ohne Zwang und Strafe** zu erreichen sei. Das mag **bei reinen Begleithunden funktionieren**, deren Beutetrieb

im Verlauf unterschiedlicher Domestikationswege des »Urvaters Wolf« abhanden gekommen ist, nicht aber bei antriebsstarken Jagdhunden.

9. Aus dem Kreis der Kritiker **gibt es keinen nachhaltigen Nachweis eines vergleichbaren Leistungserfolges**, geschweige denn ein schlüssiges Ausbildungskonzept für **jagdliche Vollgebrauchshunde** – welches die Kritik bestätigen würde.
10. Es stehen Behauptungen im Raum, Hunde würden aufgrund der Zwangsanwendung bei ihrer Ausbildung nur unlustig, unterwürfig, jedenfalls freudlos arbeiten. Solche Äußerungen zeugen von Unerfahrenheit, von fehlendem Wissen um die Verhaltensbiologie derart triebstarker Hunde oder vielleicht auch vom Gefangensein in anthropozentrischem Denken und Fühlen, d.h im »Vermenschlichen« des Hundes.

Dazu sei das Zitat von ALDINGTON in seinem Buch »Von der Seele des Hundes« aus dem Vorwort dieses Buches wiederholt:
»... Die unglaubliche Zuneigung, die zwischen Mensch und Hund erwächst, sie wird nur möglich, weil der Mensch zu begreifen lernt, dass er seinen Hund als ein völlig andersartiges, nach eigenen Gesetzen lebendes Individuum anerkennen und ernstnehmen muss ...«
Dem ist hier nichts hinzuzufügen.

Fazit und Antwort:
Bei der Ausbildung von Jagdhunden für den zuverlässigen Vollgebrauch besteht keine Alternative zur Zwangsanwendung.

Grundsätzliches zur Verständigung zwischen Jäger und Jagdhund

Von entscheidender Bedeutung sowohl für die Abrichtung wie für die Führung (und erst recht für die späteren Leistungen des Hundes in der jagdlichen Praxis) ist die Herstellung und Pflege eines harmonischen Vertrauensverhältnisses zwischen Herr und Hund. Ohne dieses sind hohe und höchste Erfolge beim jagdlichen Miteinander nicht denkbar. Der Hund ist keine Maschine, die jeder bedienen kann, sondern ein Tier, das nur dann sehr anspruchsvolle Leistungen erbringt, wenn es sich mit seinem Herrn eng verbunden fühlt. Er ist ganz auf die Gemeinschaft mit dem Menschen ausgerichtet und zudem in der Lage, die mentale Befindlichkeit seines menschlichen Partners mit verblüffender Sicherheit zu interpretieren. Für Letzteres dürften zwei besondere Fähigkeiten des Hundes ausschlaggebend sein: Zum einen ist der Hund ein hervorragender Bewegungsseher und Bewegungsinterpret. Bei jedweder Befindlichkeit, auch gedanklicher Art, begleiten mich unkontrollierte Körpersprachen, deren Zugehörigkeit der Hund rasch zu erkennen lernt. Zum anderen verfügt der Hund über ein für uns Menschen nicht nachvollziehbares Riechvermögen. Da meine Befindlichkeiten auch von hormonellen Vorgängen und gleichsam unkontrolliert in meinem Körper begleitet werden, nimmt der Hund diese olfaktorisch wahr und lernt sie einzuordnen, wie es um mich steht.

Der Hund lernt sehr schnell, ob sein Herr ihm von innen heraus zugeneigt ist oder ihn nur als »Sache« betrachtet. Erste Aufgabe jedes Hundeführers ist daher, die harmonische Gemeinschaft Mensch-Hund herzustellen und zu pflegen.

Die Grundabrichtung, früher *»Stubendressur«* genannt, ist Voraussetzung für die Ausbildung zum Jagdgebrauchshund. Wenn wir den Ausdruck »Grundabrichtung« als Überschrift wählen, so geschieht das nicht, weil wir die richtig verstandene Stubendressur für überflüssig halten, sondern weil der Ausdruck »Stubendressur« zu Missverständnissen führen kann und geführt hat. Der Ausdruck ist nicht wortwörtlich zu nehmen. Der Raum, in dem sich anfangs alle Übungen abspielen, braucht keine »Stube« zu sein. Ebenso gut wie eine Stube ist jeder andere *umschlossene Raum*, aus dem der Hund nicht entweichen, sich der Einwirkung des Abrichters nicht entziehen kann. Der Raum bzw. das Terrain braucht nicht einmal überdacht zu sein, wenn das auch wegen der Witterungsunbilden und des ständigen Zur-Hand-Seins aller notwendigen Dressurhilfsmittel gewisse Vorteile bietet. Der Raum soll nicht zu klein sein, weil die Gänge mit dem Hund ein gewisses Geradeausgehen, das Bringen und das »Halt« auf Entfernungen eben einen gewissen Abstand vom Abrichter erfordern. Wenn man also keinen größeren gedeckten Raum von wenigstens 30 bis 40 Quadratmetern zur Verfügung hat, so tut ein abgeschlossener Hof, Gras- oder Obstgarten die gleichen Dienste. Das Terrain muss nur fest umgrenzt sein.

Entscheidend sind zwei Dinge:

1. Der Hund soll nicht durch irgendwelche ungewohnten Dinge abgelenkt werden.
2. Der Hund darf nicht entweichen, sich nicht der Einwirkung des Abrichters entziehen können.

Zu 1.: Sinnvollerweise ist man bestrebt, Schulen so zu bauen, dass die Kinder nicht durch andere Eindrücke (Straßenverkehr, Geräusche, Spiele) abgelenkt werden. Wenn ein Lehrer mit seinen Abc-Schützen auf dem Jahrmarkt beginnen wollte, so würde jeder vernünftige Mensch ihn für nicht recht zurechnungsfähig erklären. Liegt es beim Anfangslernen unseres Hundes anders? Wenn auch der Hund nicht in der gleichen Weise lernt wie der Mensch, so wird es keiner näheren Begründung bedürfen, dass er naturgemäß schneller begreift, wenn er ohne Ablenkung auf eine bestimmte Aufgabe konzentriert wird, und dass wiederholte Ablenkungen das schnelle Begreifen stören. Erst wenn der Hund die Kommandos »Fuß«, »Sitz«, »Apport«, »Halt« mit dem jeweils geforderten Verhalten seinerseits richtig verknüpft hat, ist es an der Zeit, die Übungen auch unter Ablenkungen vorzunehmen und zu festigen. Dann erst gehe ich mit dem Hund zum weiteren Üben ins Revier und an Stellen, wo er durch Tier, Mensch oder andere Ablenkungen stärker gefordert wird. Ja, dann führe ich zunehmend weitere Störungen absichtlich herbei, damit der Hund lernt, auch unter höheren Anforderungen die Übungen zu erfüllen.

Zu 2.: Solange ich den Hund bei der Abrichtung an der langen Dressierleine habe, kann er nicht ausweichen. Man könnte entgegenhalten, dass man dann draußen ebenso lange an der langen Leine üben müsse, bis die Erkenntnis vom Durchsetzungsvermögen des Herrn beim Hund hinreichend gefestigt ist. Das hört sich ganz schön an. Wie aber, wenn der intelligente Hund erkannt hat, dass Durchsetzungsvermögen des Meisters nur in der Verbindung mit der langen Leine besteht? Und das erkennen die Hunde sehr schnell.

Deutscher Jagdterrier

Man versuche es einmal, dem Hund den Gehorsam am Hasen nur mit Hilfe der langen Leine beizubringen. In mindestens der Hälfte aller Fälle erkennt der Hund die Bedeutung dieser Leine schon, wenn er zweimal in diese hineinrennt. Dem setzt er sich dann kein drittes Mal aus, sondern lässt sich vielmehr an der locker gehaltenen Leine vor dem Hasen halten. Löst man ihn aber von der Leine und lässt ihn frei bei Fuß gehen, so wird er den nächsten Hasen in alter Weise hetzen. Warum? Weil er erkannt hat, dass die Macht des Herrn zu Ende ist, wenn die Leine nicht an der Halsung sitzt.

Dem Hund muss also von Anfang an die Erkenntnis von der Allmacht des Abrichters bei der Ausbildung vermittelt werden. Er muss erfahren, dass er sich nicht nur mit der Leine an der Halsung, sondern auch ohne angeleint zu sein, meinem Willen niemals entziehen kann. Insofern benötige ich zur Grundabrichtung zunächst den großen, umschlossenen Raum, aus dem der Hund nicht entweichen kann.

Wenn die einzelnen Übungen, insbesondere »Apport« und »Halt« an der kurzen und an der langen Leine korrekt ausgeführt werden, übe ich im umschlossenen Raum nunmehr ohne Leine. Ich werde jetzt häufiger erleben, dass der Hund auszuweichen versucht, namentlich, wenn ich die Anforderungen steigere. Sehr schnell aber erfährt er nun, dass ihm dieser Ausweichversuch nichts nützt. Denn sogleich habe ich ihn wieder und kann ihn zur Ausführung des Verlangten zwingen. Schon nach wenigen Wiederholungen erkennt der Hund, dass die Leine allein es nicht tut, dass das Durchsetzungsvermögen des Abrichters auch ohne sie besteht. Sicher kommt hin und wieder der Fall vor, dass bei weniger festem Willen des Abrichters der Hund trotzdem im freien Revier nicht immer in der Hand bleibt, aber die weitere Ausbildung ist bei ordnungsmäßiger Dressur unendlich erleichtert.

Es wird gelegentlich vorgebracht, der Hund ginge mit Angst oder Verunsicherung in das Dressurterrain. Wenn dem so ist, liegt das nicht am Dressur- bzw. Übungsterrain, sondern an meiner Ungeschicklichkeit im Umgang mit meinem Zögling. Es kann durchaus vorkommen, dass der Hund bei der Grunddressur mental unter Druck gerät, wenn er trotz erlernter Übung sich dieser widersetzen will. In solchem Fall ist der Druck sogar notwendig. Er darf allerdings stets nur kurze Zeit andauern. Es liegt dann an mir, durch entsprechendes Loben bei Wohlverhalten oder durch Auflockerungsübungen (z.B. Jagen an der Reizangel) den Druck vom Hund zu nehmen.
Es ist schließlich meine Daueraufgabe bei der Jagdhund-Ausbildung, immer wieder für unser Vertrauensverhältnis, für den harmonischen Ausgleich in der Beziehung zu meinem Hund Sorge zu tragen. Das muss sowohl im Dressurterrain wie auch sonst wo gewährleistet sein.

Die sogenannte »Stubendressur« ist also kein »alter Zopf«, sondern garantiert den sichersten Erfolg auf kürzestem Wege. Wer einen Jagdhund ausbilden will, sollte in jedem Fall auch eine Möglichkeit für ein entsprechendes Dressurterrain finden. Andernfalls macht er es sich und auch auch seinem Zögling nennenswert schwerer.

Es wird immer wieder nach dem empfohlenen Alter des Hundes für den Beginn seiner Dressur gefragt. Die Frage lässt sich konkret im Einzelfall nicht so einfach beantworten. Ein wichtiges Kriterium ist die genossene (oder weniger genossene) Jugendentwicklung des Hundes. Wie steht es um seine körperliche und geistige Reife? Hat man den Zögling als Welpen bereits bei sich, ist natürlich im Rahmen der Früherziehung (s. S. 30 ff.) schon vieles möglich! Da kann ich in der Regel spätestens mit meinem sieben Monate alten Junghund von der Erziehung (s. S. 58 ff.) zur Grunddressur wechseln. Ansonsten beginne ich mit dem etwa neun Monate alten Hund mit der Grunddressur. Wichtig ist die Anmerkung, dass der Dressurbeginn im Alter von mehr als 18 Monaten die Arbeit des Abrichters zu erschweren pflegt. Bei Hunden älter als 30 Monate zeitigt all unsere Mühe selten einen vollen Erfolg.

Es ist immer wieder zu betonen, dass von ausschlaggebender Bedeutung der Konnex zwischen Abrichter und Hund ist. Mangelt es an gegenseitigem Vertrauen, so ist alle Arbeit doppelt so schwer oder sogar umsonst. Es sei aber auch auf derart übernervöse, wesenslabile Hunde hingewiesen, deren Wesenszustand es nicht zulässt, bei geringster Zwangsanwendung positiv entgegenzukommen. Sie sind allen Einwirkungen unzugänglich, werfen sich auf den Rücken oder beißen in panischer Angst um sich. Sie sind glücklicherweise bei den Jagdhunderassen nur selten anzutreffen, als Jagdhunde selbstredend unbrauchbar. Hingegen ist uns noch kein schwer zu führender, aber wesensstabiler Hund vorgekommen, der sich nicht untergeordnet hätte, sich also als nicht abrichtungsfähig erwiesen hat. Diese Unterordnung des Hundes muss spätestens im *dressurfähigen Alter* erzielt werden. An einen *mehrjährigen* Hund, der sich mangels korrekter Durcharbeitung und Behandlung unumkehrbar zu einem »selbstherrlichen« Kopfhund entwickelt hat, die menschlichen Familienmitglieder tyrannisiert, sich nichts gefallen lässt, knurrt und ggf. sogar beißt, verwende man keine Mühe der Ausbildung zum brauchbaren Jagdhund mehr.

Je stabiler die unsichtbaren Fäden zwischen Herr und Hund, desto besser das Verhältnis der Zusammengehörigkeit zwischen beiden, je fester das gegenseitige Vertrauen, desto schneller begreift der Hund, was der Herr will. Zudem beeindruckt diesen Hund eine vorkommende Fehleinwirkung seines Meisters kaum. Der Ausbildungsfortschritt wird in jedem Falle beschleunigt.

Aber auch hier sei darauf hingewiesen, dass das schnelle Begreifen, das rasche Entgegenkommen gegenüber unseren Wünschen auch Gefahren in sich birgt. Ein Hund, der seinem Abrichter stets in allem entgegenkommt, nie Widersetzlichkeit zeigt, sämtliche Stadien der Grundabrichtung ohne ernste Auseinandersetzung mit dem Dresseur durchläuft, wird in 99% aller Fälle später bei anspruchsvolleren Umständen im Revier einmal Schwierigkeiten machen. Das fortwährend bereitwillige Entgegenkommen des Hundes

Glatthaariger Foxterrier

führt leicht dazu, dass ich bei den Ausbildungsstufen zu rasch vorangehe und dabei sinnvolle Zwangseinwirkungen vernachlässige. Somit lernt der Hund nicht, auch unter widrigen Umständen zuverlässig zu dienen. Der Hund, der »alles von selbst macht«, wird zweckmäßigerweise auf irgendeine Weise zum Versagen gebracht, um nunmehr zu dem von uns gewünschten Verhalten gezwungen zu werden. Geschieht das nicht, so kann er das genannte uneingeschränkte Durchsetzungsvermögen seines Herrn während der Abrichtung nicht kennenlernen und versagt dann angesichts anspruchsvoller Anforderungen.

Der Sinn und Zweck der Grundabrichtung ist nicht nur, dem Hund die Begriffe der Leinenführigkeit, des »Sitz«, »Apport«, »Halt« usw. beizubringen. Das sind nur notwendige und unentbehrliche Einzelanforderungen. Mindestens ebenso wichtig aber ist es, in dem Hund die Erkenntnis zu verankern, dass jeder Versuch, sich gegen den Willen seines Herrn aufzulehnen oder sich seinem Willen zu entziehen, völlig aussichtslos ist.

Der Hund muss also während der monatelangen Grundabrichtung einen Lehrgang durchmachen, dessen Ergebnis die bedingungslose Unterordnung und die Anerkennung der uneingeschränkten Autorität des Abrichters ist. Er nimmt diese Autorität durch Erfahrung aufgrund zahlloser Wiederholungen an.

Hier noch einige Worte zu »Was ist Gehorsam?«: *»Der Gehorsam ist Ausdruck einer sauberen und gründlichen Abrichtung und Voraussetzung für jede jagdliche Brauchbarkeit des Hundes«,* so heißt es in der Ordnung für Verbandsgebrauchsprüfungen (Stand 2017). Beim Gehorsam ist zweierlei zu unterscheiden: Der im Rahmen der Grundabrichtung unerlässlich zu vermittelnde »Zwangsgehorsam« muss schließlich zur »selbstverständlichen Unterordnung« des Hundes führen. Der Zwangsgehorsam darf also kein Dauerzustand sein, sondern muss vielmehr in die selbstverständliche Unterordnung übergehen. Die Lebensweise in strenger Hierarchie ist dem Hund als Rudeltier angeboren. Zunächst strebt ein Teil im Rudel nach mehr oder weniger hohem Rang. Wenn aber die Rangordnung hergestellt ist, fügt sich der zweite, dritte usw. dem Rudelführer mit Selbstverständlichkeit unter. Der Hundeführer muss von Anfang an mit allen kleinen und ggf. großen Mitteln eine Rangordnung herstellen, die keinen Zweifel an seiner überlegenen Führungsposition aufkommen lässt. Wird das mit aller Konsequenz durchgeführt, entsteht bei ständig fortgesetzten Wiederholungen aus dem Zwangsgehorsam die selbstverständliche Unterordnung. Das ist allerdings nicht in wenigen Wochen zu erreichen und macht bei einigen Hunden auch noch im zweiten Feld einige Mühe. Die selbstverständliche Unterordnung des Hundes ist das Ergebnis der Führungsqualität des Jägers sowie beider längere Gemeinsamkeit.

Wesen und »Persönlichkeit« des Hundes

Die Hunde sind in ihrer Empfindsamkeit außerordentlich verschieden (Wesensverschiedenheit): Vom übernervösen, geräusch- und sichtempfindlichen, immer ängstlichen, allem misstrauenden »Bauchrutscher« bis zum selbstsicheren, auch gegen körperliche Einwirkungen ziemlich gleichgültigen und robusten Burschen erleben wir alle Zwischenstationen mentaler Konstitutionen.

Die Dressurunfähigkeit der übernervösen Tiere wurde schon erwähnt. Bei dem nächsten Grad der mangelnden Wesensstabilität kann man den Hund mit einigem Geschick zwar abrichten, aber es entsteht die Frage, ob sich die Mühe im Hinblick auf die einst jagdliche Brauchbarkeit lohnt. Abgesehen davon, dass sich bei solchen Tieren eine ihrem Naturell nicht angepasste Einwirkung und Behandlung verheerend auswirkt, werden sie später in der Praxis vielfach versagen. Unser Jagdgebrauchshund muss oft harte Arbeit leisten, die große Selbstsicherheit und Belastbarkeit erfordert. Wir empfehlen daher, vor Beginn der Dressur die Wesensstabilität durchaus sorgfältig zu prüfen oder von einem Fachmann prüfen zu lassen.

Wie schon gesagt, macht eine ungewöhnlich harte Veranlagung – häufig gekoppelt mit Schwerführigkeit – einen Hund nicht dressurunfähig. Im Allgemeinen sind harte, wesensstabile Hunde den sensiblen vorzuziehen. Bei ihnen wirkt sich auch ein Fehler des Abrichters weniger stark aus. Sie können schon »einen Puff vertragen«, während bei einem weichen und sensiblen Hund eine einzige Fehleinwirkung zuweilen tage- und wochenlanger Korrektur bedarf. Ein Beispiel (ein Fehler, der häufig vorkommt): Der

Drahthaar-Foxterrier

Alpenländische Dachsbracke

Zögling lässt den ihm in den Fang geschobenen Apportierbock wiederholt fallen. Der (meist sich ärgernde!) Abrichter schiebt ihm nunmehr das Apportel nicht, wie es sich gehört, eben hinter die Fangzähne, sondern so weit nach hinten in den Fang, dass die Lefzen unangenehm berührt werden und er Schmerzen spürt. Der empfindliche Hund kann durch solche Fehlbehandlung derart beeindruckt werden, in solchem Maße Angst vor dieser Übung bekommen, dass an eine erfolgreiche Fortsetzung derselben in den nächsten 2 Wochen nicht zu denken ist. Bei härteren Hunden, bei denen es auch leicht zu härteren Auseinandersetzungen kommt, ist diese Gefahr nicht so groß. Außerdem pflegt das unter härterem Zwang Gelernte später auch besser zu »sitzen«.

Ideal ist der lebhaft-passionierte, selbstsichere Hund mit absoluter Nervenruhe, den auch Außergewöhnliches nicht erschüttert.

Aus dem Gesagten ergibt sich zwingend, dass jeder Hund seinem Naturell entsprechend bei der Abrichtung zu behandeln ist. Schon unsere Altmeister Diezel und Oberländer haben dies deutlich hervorgehoben. Wir zitieren Oberländers Ausführungen hierzu, die in ihrer erschöpfenden Kürze kaum prägnanter sein können: *»Die Kunst zu individualisieren, d.h. den Zögling seinen natürlichen Anlagen, seiner Eigenart entsprechend zu behandeln, ist eine Gabe, wovon in den meisten Fällen der Erfolg abhängt. Wer, ohne Rücksicht auf die Individualität, alles in eine Form gießen, alle Hunde bei der Dressur über einen*

Kamm scheren wollte, würde sich sicherlich keinen Ruf als Dresseur erwerben. Leider ist aber diese Gabe nicht jedem Dresseur eigentümlich, und noch weniger ist es möglich, ihren Mangel auf theoretischem Wege auszugleichen.«

Und damit sind wir schon bei der Persönlichkeit des Abrichters.

Charakter und »Persönlichkeit« des Abrichters
Auch wir Menschen sind unterschiedlich veranlagt. Nervosität und Jähzorn sind für einen Abrichter die übelsten Eigenschaften. Die Prügel, die im Jähzorn verteilt werden, verdient der Abrichter selbst, nicht der Hund. Menschen mit mangelnder Nervenruhe und mit Anlage zum Jähzorn sollen von weichen Hunden die Hand lassen. Meist verderben sie ängstliche Tiere nur noch mehr. Gute Abrichter werden sie nie sein, können aber immerhin mit härteren Hunden noch fertig werden. Ungeeignet sind auch ausgesprochene Phlegmatiker. Sie können sich aus ihrer Veranlagung heraus nicht durchsetzen, lassen vielmehr »fünfe gerade sein«. Ohne *absolute Konsequenz* ist eine erfolgreiche Dressur jedoch kaum möglich. In dem Zusammenhang pflegten wir bei Hundeführer-Lehrgängen in scherzhafter Weise zu erzählen: »Wenn der Abrichter dem Hund einen Befehl gibt, so gibt es drei Möglichkeiten, nämlich 1. der Hund kommt dem Befehl nach, oder 2. der Hund bleibt tot auf dem Platze, oder 3. der Abrichter bleibt tot auf dem Platze. Da aber bisher die beiden letztgenannten Möglichkeiten noch nie eingetreten sind, kam der Hund dem Befehl nach.«

Dieser *cum grano salis* (nicht genau wörtlich) aufzufassende Leitsatz besagt doch einprägsam, worauf es ankommt. Es ist meine (des Abrichters) Sache, keinen Befehl zu geben, dessen Ausführung dem Hund nicht zugemutet werden kann, weil sie etwa seine physischen Kräfte übersteigt oder er (während der Dressur) die Bedeutung des Befehls noch nicht kennen gelernt hat. Als grobes Beispiel: Es wäre sinnlos, einem rohen Hund einen Apportierbock mit einem »Apport« einfach hinzuwerfen. Der rohe Hund weiß natürlich nicht, was dieses »Apport« bedeutet. Das Aufnehmen von der Erde geschieht erst als eine der letzten Phasen beim Erlernen des Apportierens, und es besteht keine Sinnhaftigkeit, hier einen Zwang anzuwenden.

HINWEIS
Mein Hund vermag meine aktuelle mentale Befindlichkeit in unserem kleinen Rudel zweifelsfrei zu erkennen – unter anderem ob ich (negativ) verunsichert, verspannt, ungeduldig, verärgert oder (positiv) selbstsicher, entspannt, langmütig, gelassen bin. Die Gründe dürften meines Erachtens darin liegen, dass zum einen der Hund ein fantastischer Interpret meiner Körpersprache ist, die mit jeder meiner Befindlichkeit unkontrolliert einhergeht und zum anderen meine Befindlichkeit spezielle hormonelle Vorgänge in mir auslösen, die der Hund zu riechen vermag. Jedenfalls sollte ich bei jedweder Ausbildung und Führung meines Hundes meine positive Befindlichkeit pflegen, um sein Lernen zu erleichtern und zu beschleunigen und zugleich unsere Harmonie sicherzustellen!

Wer mit gutem Erfolg Hunde ausbilden will, muss über einen festen Willen, überlegene Ruhe, Geduld, Ausdauer und Zähigkeit verfügen. Bemerkenswert ist es, wie positiv der feste Wille und die überlegene Ruhe des Abrichters auf das Vertrauen des Hundes ausstrahlen. Der Hund spürt innerhalb von Minuten, ja in noch kürzerer Zeit die innere Verfassung des Abrichters. Wer Reiter ist, wird auf dem Rücken des Pferdes Gleiches erlebt haben, namentlich bei jeglichem Dressurreiten. Das Sicherheitsgefühl des Reiters überträgt sich auf das Verhalten des Pferdes ebenso wie seine eventuelle Unsicherheit oder Zerstreutheit. Eine in der Aufregung erteilte Strafeinwirkung erschreckt den Hund, eine mit ruhiger Überlegung verabfolgte flößt ihm Respekt ein. Man kommt nur mit Geduld und Zähigkeit zum Ziel, nicht mit ungezügelter Gewalt. Die Fähigkeit, sich selbst zu »verhundlichen«, d.h. die Situation vom Standpunkt des Hundes aus zu sehen, ist überaus wichtig, übrigens durch Belehrung und Erfahrung durchaus zu lernen. Auch hier möchten wir einen Satz unseres größten Lehrmeisters der Abrichtung des Jagdgebrauchshundes, Oberländer, zitieren: *»Im Übrigen muss der Dresseur mit bestimmten Eigenschaften ausgestattet sein, worunter die Gabe, sich dem Hunde leicht verständlich zu machen, sich völlig in die Auffassung des Schülers hineinzudenken, sich vorzustellen, wie der Hundeverstand eine Sache betrachtet, und danach zu verfahren, von größter Bedeutung erscheint. Ein Ausbilder, welchem diese eigentümliche Begabung abgeht, und der kein Verständnis für das Denken und Fühlen des Hundes besitzt, wird an diesem herumarbeiten wie an einem toten Holzklotz, ohne Erfolg, sich und dem bedauernswerten Schüler zur Qual. Es ist geradezu wunderbar, wie der geborene Dresseur eine schwierige Aufgabe, welche der Unbegabte wochenlang einzupauken versuchte, dem Hunde oft in wenigen Stunden beibringt, und wie der Zögling unter dessen Anleitung im Fluge begreift, als ob ihm plötzlich ein Licht aufgegangen wäre.«*

Von entscheidender Bedeutung sind die ständigen Wiederholungen aller Übungen. Der Hund schlussfolgert nicht aus abstrakten Überlegungen, sondern aus Erfahrungen. Nur aus vielfach wiederholten Erfahrungen lernt er die Bedeutung unserer Kommandos und kommt zu der Einsicht, dass auf ein bestimmtes Kommando ein ganz bestimmtes Verhalten für ihn vorteilhaft ist. Dieses von uns gewünschte Verhalten des Hundes basiert nicht »auf Liebe« zu uns, sondern erfolgt, weil er es als das für ihn günstigste aus der Erfahrung kennengelernt hat. Nur durch vielfache Wiederholung wird ihm dieses Verhalten zu einer so selbstverständlichen Gewohnheit, wie wir es für den praktischen Jagdgebrauch haben wollen. Er versteht unsere Worte zunächst gar nicht. Für ihn hat der Tonfall eine wesentlich größere Bedeutung. Wenn ich zu dem Hund in liebendem Ton sage: »Du verfluchtes Aas«, so wird er rutewedelnd und freudig dieses »Lob« quittieren. Rufe ich ihm aber drohend zu: »Du lieber Kerl«, reagiert er erschreckt mit eingekniffener Rute. Die Worte sind also zunächst gleichgültig. Bei ständiger Verwendung würde der Hund das Sichsetzen genauso gut auf das Wort »Schweinebraten« lernen wie auf »Sitz«. Erst nach ständigen und vielfachen Wiederholungen werden die einzelnen Worte für den Hund zu einem Begriff (»Sitz«, »Apport«, »Halt«).

Je schneller der Abrichter auf ein Wohlverhalten des Hundes (in unserem Sinne) mit Lob, auf ein unerwünschtes Verhalten mit Verleiden reagiert, desto schneller verknüpft der Hund, d.h. desto schneller lernt er. Dieses blitzschnelle Umschalten des Abrichters ist geradezu von entscheidender Bedeutung für den schnellen Erfolg. Beispiel: Bei den ersten Übungen zum Öffnen des Fanges für das Apportieren drücken die Finger der linken Hand auf die Lefzen des Hundes, um ihn zum Öffnen des Fanges zu veranlassen. Sobald der Schüler das allererste Anzeichen zum Öffnen des Fanges erkennen lässt, lockert sich der Fingerdruck und unter freundlich-lebhaftem »so brav, mein Hund« schiebt man das Apportel zwischen die Zähne. Es wäre falsch, den Fingerdruck fortzusetzen, bis sich das Apportel tief im Fang befindet. Es wäre auch nicht richtig, mit dem Lob bis zu diesem Moment zu warten. Sollte aber der Hund bei der Lockerung des Druckes sogleich den Fang wieder schließen, so müsste sich der Druck *sofort* wieder verstärken.

Der Hund ist ein hervorragender Bewegungsseher. Unsere bewussten und unbewussten Sichtzeichen sind von großer Bedeutung. Diese Fähigkeit des Bewegungssehens machen wir uns bei der Abrichtung und Führung zunutze und verbinden grundsätzlich jedes Kommando (Hörzeichen) mit einer Geste (Sichtzeichen). Wir schlagen auf diese Weise gleich zwei Fliegen mit einer Klappe und erreichen einmal Erleichterung im Begreifen des Hundes und zum andern eine möglichst lautlose Führung im Revier. (Hierüber s. auch unter »Die wichtigsten Kommandos«, Seite 100)

Deutsche Bracke

Das Ziel jeder Grundabrichtung ist – das kann nicht oft genug gepredigt werden – nicht nur das Erlernen einzelner Verhaltensweisen, sondern erst recht die *restlose Unterordnung*. Beides erreichen wir umso schneller, wenn wir die folgenden Grundsätze beachten:

- sich selbst »verhundlichen« und sich bei jeder Fehlleistung des Hundes fragen: »Welchen Fehler habe ich gemacht?«,
- *blitzschnell* mit Verannehmlichen bzw. Verunannehmlichen auf jedes erwünschte bzw. unerwünschte Verhalten reagieren,
- sich konsequent durchsetzen.

Die uns bei der Abrichtung und Führung zur Verfügung stehenden Disziplinierungsmittel sind von unterschiedlicher Intensität. Sie beginnen mit dem »Pfui« bei drohendem Tonfall und enden mit der aus der »Halt«-Dressur entwickelten Kriechübung. Prügel kennen wir weder bei der Grundabrichtung noch bei der Führung. Es gibt allenfalls zur Nachhilfe im konkreten Fall einen einzelnen Gertenhieb, dessen Stärke dem Naturell des Schülers angepasst sein muss. Wer seinen Hund prügelt, verdient diese Prügel selbst 10-fach, mit einer Ausnahme, nämlich wenn der Hund seinen eigenen Hundeführer tätlich angreift. In diesem Fall muss zwischen beiden eine Auseinandersetzung erfolgen, durch die die Rangordnung ein für allemal dahin festgelegt wird, dass nicht der Hund, sondern der Hundeführer dem kleinen Rudel als Rudelführer vorsteht. Das geht nur mit unnachgiebiger Konsequenz mit Hilfe von Halsung, Leine und fester Gerte. Erst wenn der Hund seine Unterwürfigkeit zum Ausdruck bringt, wird die Auseinandersetzung beendet. Beim Urhund, dem Wolf, bedeutet Auflehnung gegen den Rudelführer Kampf auf Leben und Tod, mindestens Kampf bis zur Unterwürfigkeitsgeste. Der Leitwolf, der sich nicht restlos durchsetzt, verliert das »Gesicht« und damit seine Stellung als Rudelführer. An die Stelle des Leitwolfes ist nun der Hundeführer als Rudelführer getreten. Eine offene Auflehnung gegen seine Person, auf die nicht sofort durch »Kampf« die notwendige Rangordnung hergestellt wird, bedeutet für ihn den Verlust der Rudelführereigenschaft. Er hat als Abrichter und Führer dieses Hundes ausgespielt.

Nicht minder wichtig als die Zwangsanwendung ist alles, was zum Auflockern und Verannehmlichen führt. Das Loben bei Wohlverhalten steht dabei im Vordergrund, welches der Ausbilder aber auch ehrlich meinen muss, das heißt er muss die entsprechende Freude zweifelsfrei selbst empfinden! Der Hund ist nicht zu täuschen. Wenn der Ausbilder lobende Worte nicht wirklich »lebt«, löst er beim Hund Misstrauen aus mit daraus folgenden Fehlverknüpfungen. Zudem muss das Lob nach einer Zwangseinwirkung reaktionsschnell bei Wohlverhalten des Hundes folgen, das heißt, der Ausbilder muss dann blitzschnell von der Zwangseinwirkung auf Lob umschalten. Es bedarf dabei nicht unbedingt vieler Worte als vielmehr des ehrlichen Lobes.

Der Grad der Auflockerung sollte dem der Einschüchterung angepasst sein. Das kann durch lobbegleitendes Kraulen oder liebevolles Klopfen erfolgen. Ein besonderes Glücksgefühl löse ich bei meinem Hunde aus, wenn ich mich selbst »erniedrige«, »körperlich verhundliche«, d.h. mich mit meinem Hund am Boden wälze und dabei mit ihm spiele, das Spiel aber nach kurzer

Westfälische Dachsbracke

Zeit selbst beende. Dieses Mittel ist allerdings nur selten und in Ausnahmefällen am Platz.

Schließlich gehört zu einer zielführenden Verständigung zwischen Mensch und Hund auch die vor Beginn einer Arbeit notwendige *innere Einstellung* des Hundes auf das Bevorstehende. Das geschieht nicht nur durch eine Art »Ankündigungskommando«, welches durchaus in einer Geste oder bestimmten Haltung bestehen kann, sondern auch in der Herbeiführung einer der Situation angepassten Gemütsstimmung. Wenn ich beispielsweise den Hund stöbern oder im Schilfwasser suchen lassen will, so versetze ich ihn vorher in eine aufgelockerte Hochstimmung, geht es aber ums heimliche und vorsichtige Pirschen in wenig übersichtlichem Gelände, wobei der Hund möglicherweise zwischenzeitlich abgelegt wird, so ist Ruhe und Disziplin des Hundes gefordert.

Es ist also wichtig, den Hund schon vor der eigentlichen Arbeit auf deren Besonderheit einzustellen. Beispiele: (1) Vor der Schweißarbeit Überstreifen der Schweißhalsung, Ablegen am abgedockten und ausgeworfenen Schweißriemen und Untersuchen des Anschusses bei Sichtkontakt mit dem Hund; (2) vor dem Verlorenbringen auf Spur, Geläuf oder Schleppe: Durchziehen einer Schnur (oder Riemens) durch die Halsung und damit an den Anschuss heranführen; (3) vor der Suche im Feld nach dem Ableinen ein korrektes »Sitz« und erst eine Zeitspanne später der Wink mit dem Unterarm als Aufforderung zum Suchen.

Häufige Abrichtungs- und Führungsfehler

Viele Hunde werden schon vor der Abrichtung nicht angemessen behandelt, sei es dass sie nicht genügend mit der Umwelt vertraut und daher nicht selbstständig gemacht sind, oder aber man hat sie zum »terrorisierenden Kopfhund« werden lassen. Durch konsequente Abrichtung und Führung lässt sich da manches wieder ausgleichen. Der unerfahrene Abrichter begeht trotz besten Willens immer wieder Fehler, zu deren Vermeidung die häufigsten nachstehend kurz zusammengefasst und gegenübergestellt werden sollen.

Einige der häufigen Abrichtungs- und Führungsfehler

Falsch	Richtig
Beim Heranlocken des nicht ausgebildeten, jungen Hundes (vor dem Anleinen) auf den Hund zugehen oder ihm nachlaufen, ihm drohen oder einschüchtern.	Weglaufen, sich verkleinern oder verstecken (hinlegen), freundlich rufen und ggf. freudig empfangen..
Welpen bzw. Junghund kommandomäßig herrufen, wenn er anderweitig abgelenkt ist.	Bis zur Grundabrichtung diplomatisch behandeln, nur herrufen, wenn er ohnehin kommen will.
Beginn von Dressurübungen mit dem nicht angeleinten Hund.	Jede Einzeldisziplin immer so lange nur an der Leine wiederholen, bis sie restlos »sitzt«, dann im umschlossenen Terrain ohne Leine üben, dann im Freien an der Feldleine und erst dann zur freien Arbeit übergehen.*)
Bei jeder Disziplin zu schnell vorgehen (zweiter Schritt vor dem ersten).	Viele Wiederholungen einer Stufe, nächste erst beginnen, wenn die vorhergehende beherrscht wird.
Einzelübungen bei Grundabrichtung zu lange ausdehnen.	Nach Übungsfortschritt aufhören und loben! Häufig abwechseln von Disziplin zu Disziplin, immer wieder auflockern. Täglich besser mehrmals ¼ Stunde als einmal eine ganze Stunde.
Bei Anfangsübungen Ablenkungen (Störungen) dulden.	Anfangsstörungen meiden, später Störungen suchen.
Mangelnde Konsequenz (Bequemlichkeit des Abrichters).	Der Abrichter darf nur vom Hund umsetzbare Kommandos geben und muss sich immer durchsetzen.
Zwangsanwendung bei Situationen, wo keine Durchsetzung möglich ist (z.B. nicht angeleinter Hund, Schweiß- oder Wasserarbeit).	Diplomatisch vorgehen, keine Ohnmacht gegenüber dem Hund empfinden.v
»Vermenschlichung« des Hundes.	Den Hund als andersartiges Wesen begreifen, sich selbst »verhundlichen«.

*) Grund für dritten Fall: Der Hund darf nie erfahren, dass er sich meiner Einwirkung entziehen kann. Er darf meine gelegentlich fehlende Durchsetzungsmöglichkeit nicht kennenlernen. Die Bedeutung der Leine ist viel größer, als viele ahnen und beugt nicht zuletzt der Handscheue vor.

Lautzeichen und Sichtzeichen – die wichtigsten Kommandos

Es ist schon oben zum Ausdruck gebracht, dass das einzelne Wort als Kommando vom Hund nicht im menschlichen Sinne verstanden wird. Er lernt erst durch zahlreiche Wiederholungen, dass auf ein bestimmtes Lautzeichen hin eine bestimmte Tätigkeit – die auch in einem Unterlassen bestehen kann – von ihm verlangt wird. Wichtig ist daher, dass bei jeder Übung das gleiche Lautzeichen gebraucht wird. Wenn ich 6 Wochen lang mit dem Kommando »Apport« üben würde und dann plötzlich stattdessen »Bring« sagen würde, muss der Hund diesem Kommando völlig verständnislos gegenüberstehen, weil er rein gedächtnismäßig den Sinn von »Apport«, nicht aber von »Bring« gelernt hat. Grundsätzlich ist daher immer das gleiche Kommando zu geben. Dieses »Lautzeichen« hat nicht nur im Unterschied zum »Sichtzeichen« seine Bedeutung. Es kommt dabei auch auf die stets gleiche Aussprache und gleiche Betonung an.

Zudem sollte jedes Lautzeichen so gewählt sein, dass es kurz ist, eindrucksvoll (für das Hundehirn) wirkt und sich im Klange von anderen Lautzeichen deutlich unterscheidet, damit keine Verwechslungen vorkommen. Ob man dem »Apport« oder dem »Bring« den Vorzug gibt, ist Geschmackssache. Ähnlich verhält es sich mit den Lautzeichen »Down!« oder »Halt!« für das blitzschnelle Hinlegen als Unterordnungsübung. Wir geben dem »Halt« den Vorzug. Es wirkt am kürzesten und ruckartig, namentlich wenn es unter halbem Verschlucken des »l« gesprochen

Brandlbracke

Die wichtigsten Laut- und Sichtzeichen

Anlass	Lautzeichen	Sichtzeichen
Bei-Fuß-Gehen, mit und ohne Leine	»Fuß!«	stehen bleiben oder wenden
Sitzen	»Sitz!«	Zeigefinger anheben, stehen bleiben
Halt-Lage	»Halt!« oder Trillerpfiff	Arm senkrecht hoch bei offener Handfläche
Ablegen	»Platz!«	Arm leicht anheben
Bleiben	»Bleib!«	mit flacher Hand schräg abwärts weisen
Apportieren	»Apport!«	in Richtung Objekt zeigen
Ausgeben	»La-aass!«	**kein Sichtzeichen**, Ausgeben nur auf Lautzeichen (!)
Hereinkommen	»Hier!« oder feiner Doppelpfiff	herein winken mit gesenktem Arm, rückwärtsgehen
Achtungspfiff bei der Suche	Lang gezogener Pfiff	in gewünschte Richtung gehen
Bringen auf Rückfährte	»Zurück-Apport!«	Armbewegung in Suchrichtung
Bringen auf der Schleppe	»Verloren-Apport!«	Hund bringt: Bewegung seitwärts Hund kommt ohne: Arme gewinkelt in Hüften
Frei-Verloren-Bringen	»Langsam-Verloren!«	Langsame Horizontalbewegung
Feld-Suche	»Such voran!«	Wink mit Unterarm
Vorstehen	»Hü-üüt!«	sich verhalten zum Hund bewegen
Stöbern	»Hetz-hetz!«	Einwinke-Bewegung mit dem Arm
Buschieren	»Langsam voran!«	verhaltenes Einwinken
Schweißarbeit	»Such-verwundt!«	Anschuss bzw. Fährte zeigen
Bringselverweisen, Hund kommt zurück	»Wo ist der Bock?«	gesenkte Arme bei Handflächen nach vorn
Verbellen	»Gib Laut!«	Kopf leicht zurückwerfen
Wasserarbeit ..., vor Verloren-Suche Stöbern	»Pa-aak-pa-aak...!« »Langsam-Verloren!« »hetz-hetz!«	jeweils Armbewegung in Arbeitsrichtung

wird. Ebenso ist der Trillerpfiff ein vorzügliches, schlagartig wirkendes Lautzeichen für diese Übung, namentlich auf größere Entfernungen.

Zu fast jedem mündlichen Befehl = Lautzeichen gehört auch ein Sichtzeichen. Jeder Abrichter hat seine individuelle Körpersprache und arbeitet insofern unbewusst mit Sichtzeichen, d.h. er nimmt bei bestimmter Übung unkontrolliert die gleiche Körperhaltung und Bewegung an, auf die der Hund ebenso gut reagiert wie auf das Lautzeichen. Wie fein die Hunde uns in dieser Hinsicht beobachten, erleben wir vielfach im Umgang mit ihnen. Ein Beispiel: Ich sitze am Schreibtisch, und der Hund liegt auf seinem Platz in der Zimmerecke. Stehe ich auf, um die Toilette aufzusuchen, bleibt der Hund ruhig liegen, will ich aber ins Revier oder zu einem Spaziergang aufbrechen, zeigt er sich sogleich erwartungsfroh. Er erkennt aufgrund vielfacher Wiederholungen aus unseren uns selbst unbewussten Bewegungen, dass es nach draußen geht, wo er erfahrungsgemäß mitgenommen wird. Diese Beobachtungsgabe des Hundes machen wir uns zunutze und geben bei der Dressur und Führung, soweit das möglich ist, bewusst zu jedem Lautzeichen ein Sichtzeichen und lassen allmählich das letztere allein wirken.

Wir empfehlen dringend, für jede Ausbildungsdisziplin und bei der Führung für jede spezielle Anforderung ein jeweils eigenes Kommando zu verwenden; das erleichtert dem Hund die Verständigung erheblich. Im Laufe der Jahrzehnte sind wir bei der Ausbildung und Führung unserer Jagdhunde beispielsweise zu folgenden Zeichen (Laut- und Sichtzeichen) gekommen (siehe Tabelle links).

In sehr vielen Fällen sollte man schließlich nur per Sichtzeichen führen, insbesondere wenn es die Jagdausübung erfordert. So ist beispielsweise während der Morgenpirsch im Wald anstelle von den Lautzeichen »Sitz!« oder »Platz!« allein das jeweilige Sichtzeichen angebracht, um störungsfrei jagen zu können. Im Übrigen macht die nonverbale Kommunikation mit dem Hund besonderen Eindruck bei Mitmenschen.

Neben diesen Kommandos haben wir noch verschiedene Zusprüche, namentlich bei der Schweißarbeit, die in den zugehörigen Kapiteln genannt sind.

Grundausstattung an Geräten und Hilfsmitteln

Zweckmäßige Geräte sind für die Abrichtung der Jagdgebrauchshunde unabdingbar. Wir bemühen uns dabei, alles möglichst einfach zu gestalten und alles Überflüssige fortzulassen.

Die **Leine** ist das wichtigste Gerät.
Sie darf bei allen Grundübungen zu Beginn niemals fehlen, weil von Anfang an bei dem Hund der Gedanke an die Möglichkeit, sich der Einwirkung seines Herrn entziehen zu können, unterbunden werden muss. Wir gebrauchen einmal eine kurze etwa 2 m lange Leine, wozu auch die übliche Führungsleine verwendet werden kann, und eine etwa 15 m lange Feldleine. Als recht gut haben sich für letztere glatte Kunststoffleinen erwiesen.

Geräte-Grundausstattung (v. l.): Führleine, Halsung, Doppelpfeife, Strohbock, Holzbock, ausgestopfter Kaninchenbalg, Feldleine, gewichtsvariabler Oberländer-Apportierbock, ausgestopfter Fuchsbalg...

...sowie Schweißriemen, Schweißhalsung mit anhängendem Bringsel, Rehdecke

Als **Hundepfeife** ist besonders die Doppelpfeife aus Horn empfehlenswert, die auf der einen Seite den feinen Pfiff, auf der entgegengesetzten Seite den Trillerpfiff hat. Man achte beim Einkauf darauf, dass sie bei geringem Druck einen ganz feinen Ton abgibt, der beim Gebrauch mit stärkerem Druck zu einem gellenden Ton gesteigert werden kann.

Je feiner und leiser der Ton bei der Dressur gegeben wird, desto mehr beugen wir der Harthörigkeit vor.

Der **Strohbock** wird für die ersten Übungen zum Bringen benötigt. Jeder Abrichter stellt ihn sich selbst her, indem er aus einem Stroh- oder Schilfbund eine Walze von etwa 3 bis 5 cm Dicke herstellt, die in der Mitte und an den Enden fest mit Bindfaden umwickelt wird. Etwa 6 bis 8 cm von jedem Ende entfernt steckt man kreuzweise etwa 12 bis 15 cm lange, leicht angespitzte Holzstäbchen durch das Stroh, die den Bock auf der Erde hohl liegen lassen und ein Fortrollen verhindern.

Der **leichte hölzerne Bock**, 250 bis 500 Gramm leicht, erleichtert gewichtsbezogen den Übergang vom Strohbock zum Oberländer-Apportierbock. Man kann ihn einfach selbst herstellen, indem man ein leichtes Vierkantholz von etwa 30 cm Länge in der Mitte auf eine Stärke von 3 bis 5 cm Durchmesser verdünnt. Für kleine Rassen (Teckel bis Spaniel) ist er besonders hilfreich.

Der **Oberländer-Apportierbock** ist für größere Hunde unentbehrlich. Das in allen Fachhandlungen erhältliche Gerät ist mit auswechselbaren

Holz- und Metallscheiben versehen, die es ermöglichen, das Gewicht des Bockes zwischen 1½ und ca. 18 Pfund zu halten.

Der **Schweißriemen** aus nahtlosem Leder oder Kunststoff wird bereits bei der Welpen-Früherziehung auf der Futterschleppe gebraucht und gehört für die Prüfungs- und Jagdpraxis zur unentbehrlichen Ausrüstung des Jägers. Mindestlänge 8 bis 10 m.

Die **ausgestopften Bälge** von Kaninchen, Fuchs u.Ä. machen die Apportierübungen nicht nur abwechslungsreich, sondern gewöhnen den Hund auch an vielfach verschiedene Bringgegenstände. Zur Herstellung füllt man einen in seiner Länge und Stärke der Größe des Balges angepassten Teil eines Fahrrad- oder Motorradschlauches mit Sand, bindet die Enden gut zu, zieht den Balg darüber und umwickelt die ausbalancierte Mitte fest mit Bindfaden, sodass die Mitte - die Stelle, an der der Hund fassen soll - etwas eingeschnürt wird. Die Gewichte solcher Bälge können je nach Größe und Füllung von etwa 2–12 Pfund variiert werden. Die Gewichte lassen sich - z.B. mit Blei - erheblich steigern.

Sehr zweckmäßig ist es, von dem vorderen Ende der Gummirolle durch die vordere Öffnung des Balges (Kopf) eine ca. 15 cm lange Schlaufe aus starkem Bindfaden zu führen. Daran kann der Apportiergegenstand sauber aufgehängt werden, und bei der Herstellung von Schleppen wird die Schleppschnur durch diese Schlaufe gezogen.

Die Leder- oder Haselgerte dient als verlängerte Hand, einem verstandenen Kommando unverzüglich Nachdruck zu verleihen.

Die Reizangel als weiteres Hilfsmittel

Sie ist ein außerordentlich zweckmäßiges Hilfsgerät, das ursprünglich nur geschaffen war, um den Jungtieren regelmäßig Bewegung bieten zu können, wenn das im Revier nicht täglich möglich ist. Erst im Laufe der Erfahrungen wurden dann eine Reihe von weiteren Anwendungsmöglichkeiten gefunden. Der eine Teil des Namens ist von der angelähnlichen Form (s. Seite 106) abgeleitet, der andere Teil von seiner Verwendungsart. Beim Welpen kann ich - bei richtiger Vorgehensweise - damit einen für sein ganzes Leben prägenden Reiz zum sehr lustbetonten »Beutehetzen« auslösen, deshalb der Name Reizangel. Erst auf dieser Grundlage der Prägung ergibt sich die außerordentliche Wirksamkeit als Dressurhilfe, nämlich dann als Dressurangel.

Angesichts ihrer vielfältigen Einsatzmöglichkeiten soll auf die Reiz-/Dressurangel näher eingegangen werden.

Die Reizangel besteht aus einem etwa 2 m langen, wenig biegsamen Stock, einer gleichlangen Schnur. Die Schnur endet mit einer Schlaufe (wegen Verletzungsgefahr kein Metallhaken!), an welcher der »Köder« als Hetz-, und Greifgegenstand befestigt wird.

Durch gezielte Benutzung dieses primitiv erscheinenden Gerätes ist mit den Welpen bis zum jagdgebrauchsfertigen Althund eine Vielzahl attraktiver, spezieller Übungen nahezu im Vorbeigehen möglich. Unter dem Abschnitt »Die Früherziehung« (s. Seite 28) ist bei der Förderung jagdlicher Anlagen bereits auf die Reizangel eingegangen. Als Beutestück dient zunächst ein Stück aus festem Tuch, welches der Welpe auch wirklich festhalten kann. Man beginne damit, den Greifgegenstand auf dem Boden unmittelbar vor dem Welpen bei aufmunternden Worten von ihm weg zu bewegen. Die »fliehende Beute« löst dann den Hetz- und Greiftrieb aus. Zu beachten ist aber, dass die Übung an der Reizangel stets beendet wird, solange der Welpe noch lustbetont hetzt, nicht erst, wenn sein Interesse durch Ermüdung nachlässt. Zudem sollte der Welpe unmittelbar zuvor nicht gefüttert, sondern eher hungrig und somit zum »Beutemachen« motiviert sein. Schließlich muss der Zögling die Beute immer wieder dem »Chef« überlassen, wobei für das Ausgeben der Griff über den Fang mit leichtem Lefzendruck in der ersten Zeit notwendig ist. Ein so angeleiteter Welpe behält das Interesse an der Dressurangel bis zum Lebensende als alter Hund.

Die Reiz- oder Dressurangel

Mit der Reizangel ist für den heranwachsenden und älteren Hund tägliches Konditionstraining auf dem Hof, auf kleinem Raum, mit hohem Nutzeffekt möglich. Gerade die andauernde Motivation des erwachsenen Jagdhundes (bis zu seinem Lebensende) zum ausgeprägt lustvollen Jagen an der Reizangel eröffnet vielfältige Möglichkeiten bei seiner Ausbildung und Führung. Zudem dient sie dem Hund zur psychischen Entspannung und Erhaltung seiner körperlichen Leistungsfähigkeit.

Beispielhaft sollen einige Anwendungsmöglichkeiten beschrieben werden:

- Wenn der Ausbilder das an der Schnur befestigte Beutestück kreisen lässt, lernt der Welpe in wenigen Minuten das Verfolgen. Das macht ihm riesigen Spaß. Das Beutestück kann weit vor der Hundenase hergezogen, ihm dann wieder nähergebracht, plötzlich im rechten Winkel seitlich oder auch in Gegenrichtung gebracht werden. Der Hund läuft nicht nur, sondern wird auch wendig, springt, bremst, ist also ununterbrochen in unterschiedlicher Bewegung. Gelingt es ihm, den Balg zu ergreifen, wozu natürlich nach einer gewissen Zeit Gelegenheit gegeben werden muss, so darf er

sich zunächst in ihm verbeißen, ihn sich um die Behänge schlagen. Namentlich bei zaghaften Welpen kann man durch Aufmunterung motivieren, anhetzen und durch Ziehen und Zerren an der Beute deren Wehrhaftigkeit vortäuschen. »Sieger« muss hierbei immer der Hund bleiben. Dadurch wird das Selbstvertrauen außerordentlich gestärkt.
Die Übung sollte man mit den 7 bis 10 Wochen alten Welpen beginnen. Es lassen sich rasch aufschlussreiche Verhaltensbeobachtungen machen, ob der Welpe nur greifen möchte oder beim ruhig liegenden Köder zum »Vorstehen« neigt.

- Hat der Welpe die Beute ergriffen und eine kurze Zeit geschüttelt, so wird sie ihm mit einem »Laass« oder »Aus« abgenommen. Dabei entfällt jeder Gegenzug, i.d.R. muss aber mit leichtem Zwang (Lefzendruck) nachgeholfen werden – eine der ersten Unterordnungsübungen. Später, d.h. mit der Abrichtung im Apportieren, hat er den Fang ohne Nachhilfe zu öffnen und die Beute herzugeben.
- Kennt der Welpe die Freude des Hetzens hinter der Beute an der Reizangel, stellt sie ein prachtvolles Mittel zur Überwindung eventuell vorhandener Wasserängstlichkeit dar (s. Weiteres darüber Seite 232 ff.).

Der Welpe jagt passioniert an der Reizangel

Dieser Welpe kommt bei plötzlichen Stillstand des Köders zum Vorstehen. Wir loben behutsam Hü-ü-ü-t!

- Das Vertrautmachen des Hundes in seiner frühesten Jugend mit vielfach verschiedenen Wildwittrungen kann von nachhaltiger Bedeutung sein. Wenn man bei dem auf die Reizangel geprägten Welpen dann als Köder einen Iltis oder Jungfuchs anbietet, überwindet er schnell eine möglicherweise vorhandene Abneigung gegen die Raubwildwittrung. Er wird »fuchsfreudig«, was die spätere Abrichtung enorm erleichtern kann.
- Auch die spezielle Prägung auf bestimmte Wildarten ist möglich. So hat es sich beispielsweise sehr bewährt, den für die Schwarzwildbejagung vorgesehenen Terrier-Welpen allein mit einem frischen (auch zuvor eingefrorenen) Schwartenstück an der Reizangel einzuarbeiten. Man achte zudem darauf, dass vom Welpen leicht festzuhaltende, d.h. etwa 20 cm lange und 3 cm breite Schwartenstücke verwendet werden. So wird das Schwarzwild für ihn zum Mittelpunkt, während er alle anderen Wildarten demgegenüber vernachlässigt.
- Das Springen lernen die meisten Hunde zwar auch ohne besondere Hilfsmittel, weil dem Lauftier Hund der Sprung von Natur aus Freude macht. Sicher aber wird das noch erleichtert, wenn die ihn reizende Beute in oder über das Hindernis geschleudert wird, wobei die Sprunghöhe allmählich gesteigert werden kann. Hierbei sollte man allerdings bei Junghunden Maß halten, damit sie körperlich nicht überfordert werden.
- Ab dem Alter von etwa 8 Monaten können weitere Gehorsamsübungen eingeschaltet werden, wie etwa das Sitzenbleiben trotz Bewegung des Reizgegenstandes: Der Hund sitzt (anfangs angeleint) neben dem Abrichter. Dieser oder besser noch eine Hilfskraft lässt den Reizgegenstand tanzen. Der Zögling darf seinen Platz nicht verlassen. Das erfordert schon einen hohen Grad an Beherrschung und Gehorsam, und diese Übung ist gerade deshalb sehr wichtig. Auf »Hetz« darf er wieder losstürmen und bekommt so seine Belohnung.
- Sobald der Hund das »Halt« kennt, lernt er aus vollem Lauf auf Zuruf, Trillerpfiff und schließlich Armhochheben das Zubodengehen (s. Weiteres darüber Seite 169 ff.).
- Im Laufe der Abrichtung ist eine gelegentlich starke Einschüchterung des Zöglings unvermeidbar. Nach allen Übungen, die ein Verunannehmlichen erforderten, ist das Hetzen an der Reizangel eine ideale Auflockerungsübung. Der phantasiebegabte Abrichter wird noch andere Abwechslungen finden, durch die der Gehorsam des bereits geschulten Hundes mit der Dressurangel gefördert und gefestigt wird.
- So kann z.B. bei der Schleppenarbeit der bringende Hund dadurch abgelenkt werden, dass eine Hilfsperson für ihn sichtbar (mehr oder weniger nahe) die Dressurangel in Bewegung setzt. Der unter solchen Verleitungen eingearbeitete Hund wird beim Bringen auch später in der Praxis viel weniger leicht versagen.
- Edwin Zwick hat im Verbandsorgan »Der Jagdgebrauchshund« in Heft 5/74 die Dressurangel als Hilfsmittel bei der Ausbildung des Totverbellers beschrieben.

Verbotene Hilfsmittel

Elektroreizgerät

Das Bundesverwaltungsgericht urteilte am 23. Februar 2006 – AZ 3 C 14.05: **»Der Einsatz von Elektroreizgeräten, die erhebliche Leiden oder Schmerzen verursachen können, für Zwecke der Hundeausbildung ist gemäß § 3 Nr. 11 TierSchG verboten …«.** Demnach käme es zwar nicht auf die konkrete Verwendung des Gerätes an, sondern auf dessen Bauart und Funktionsweise, aber nach richterlicher Abwägung führte das Urteil zum Verbot. Das Missbrauchsrisiko schwingt bei dem Verbots-Urteil deutlich mit.

Die im Vorfeld zur Thematik erstellten Gutachten kamen zu unterschiedlichen Folgerungen. Genannt sei hier zum einen das Gutachten von Dr. Dorit Urd Feddersen-Petersen, welches der VDH in Auftrag gab und als Broschüre »Grundlagen einer tierschutzgerechten Ausbildung von Hunden« 1999 veröffentlichte. Dort wird die Anwendung des E-Gerätes ausnahmslos abgelehnt.

Feddersen-Petersen widmet in ihrem umfassenden Werk »Hundepsychologie« dem Elektroreizgerät in der Auflage von 2013, also sieben Jahre nach dem oben genannten BVerwG Urteil, noch sechs Seiten (417–423). Darin heißt es unter anderem: *»Die Problematik der Anwendung von Elektroreizgeräten ist überwiegend das schwer lösbare Problem ihrer missbräuchlichen Anwendung«* sowie *»Nur zuverlässige und verantwortungsbewusste Personen dürfen in Ausnahmefällen mit Elektroreizgeräten arbeiten!«*.

Dem kann aus fachlicher Sicht nicht widersprochen werden.

Die seinerzeit bestehende »Kynologische Arbeitsgemeinschaft« erarbeitete unter Einbeziehung von acht namhaften Persönlichkeiten, Wissenschaftlern und Fachleuten die »Gutachterliche Stellungnahme über die tierschutzgerechte Anwendung von Stromreizgeräten bei Hunden«, veröffentlicht im Jahr 2000. Vorbehaltlich differenzierter Voraussetzungen, die ein Missbrauchsrisiko ausschließen, wird darin die Anwendung des Elektroreizgerätes befürwortet.

Stachelhalsband

Auf vergleichbarer Ebene liegt das mit der Tierschutz-Hundeverordnung vom 1. Januar 2022 unter § 2 (5) formulierte Verbot: **»Es ist verboten, bei der Ausbildung, bei der Erziehung oder beim Training von Hunden Stachelhalsbänder oder andere für die Hunde schmerzhafte Mittel zu verwenden.«**

Auch hier dürfte das Missbrauchsrisiko bei der Anwendung des Stachelhalsbandes entscheidend gewesen sein.

Bemerkenswerterweise wurde die Formulierung der Verordnung, »… *oder andere für die Hunde schmerzhafte Mittel* …« vom Bundesministerium für Ernährung und Landwirtschaft mit dortigem Schreiben vom 20. Dezember 2021, Geschäftszeichen 321-343C1/0041, dahingegen relativiert, dass die mit dem Stachelhalsband vergleichbare Schmerzhaftigkeit gemeint sei!

Die Verbote sind rechtskräftig und dementsprechend zu respektieren. Die Themen aber bleiben

Beispiel »KWS Dummywerfer«, mit speziellem Einstecklauf

in der Fachwelt existent und werden deshalb in diesem Fachbuch auch angesprochen.

Attrappenwerfer

Wir verfügen über recht gut handhabbare Attrappenwerfer. Zwei Beispiele werden durch die beiden Abbildungen veranschaulicht. Mit den Geräten können sogenannte Attrappen (Dummys), die in der Regel aus Hartschaum bestehen, schwimmfähig und als Bringgegenstände dienlich sind, weit über die Schrotschussentfernung hinaus geschossen bzw. geworfen werden. Um eine zusätzliche Orientierung für die Hundenase zu geben und die Attraktivität zu erhöhen, kann die Attrappe mit wildspezifischen Duftstoffen präpariert werden, die gleichermaßen im Handel erhältlich sind. Es tut aber auch die selbst gewonnene Duftsubstanz (z.B. Pürzelsekret) von dem eben erlegten Fasan, der Ente oder anderen Wildarten. Wir nutzen den Attrappenwerfer in der Regel allerdings ohne solche Zusatzpräparation.

Wenngleich dieses Hilfsmittel für die Ausbildung unserer Jagdhunde nicht zwingend erforderlich ist, dürfen wir es dennoch durchaus empfehlen. Bei sachgerechter Anwendung ist es hilfreich.

Positive Wirksamkeiten:

- Der Hund gewöhnt sich an den Knall, dessen Stärke jedoch in der Regel nennenswert hinter der eines Flintenschusses bleibt. Ggf. kann ein Flintenschuss die Übung zeitgleich begleiten.
- Der Hund lernt, das Flugobjekt unter Wahrung der Schussruhe gelassen im Auge zu behalten, was vor allem als vorbereitende Übung für den notwendigen Gehorsam am Wild während der Feld- und Wasserjagd zielführend wirkt.
- Der Hund lernt rasch und sicher das Orten des »Anschusses«, wo das Dummy herunterfiel.
- Der Hund lernt zu verinnerlichen, dass wenn etwas heruntergefallen ist, kann und muss ich es unbedingt finden und bringen. Er lernt also das Dranbleiben, das ausdauernde Suchen im relativ nahen Bereich. Auf diese Weise wird er vor Aufgang der Enten- oder Fasanenjagd auf die Anforderung der Nachsuche gezielt eingestellt.

Diese Übungen mit dem Attrappenwerfer können sowohl an Land wie im deckungsreichen Gewässer durchgeführt werden. Die Wechsel der Übungsörtlichkeiten und die kontinuierliche Steigerung der Schwierigkeitsgrade für das Dummy-Finden sind selbstverständlich. Übt man anfangs beispielsweise auf einem Stoppelacker, so geht man bald auf Kartoffel, hohe Rüben, Weidengestrüpp, Aufwuchs aus Brombeere, Schilf usw. über.

Speziell zum Einarbeiten für das Stöbern ohne Ente im deckungsreichen Gewässer ist der Attrappenwerfer gut geeignet, wenn der Hund die Attraktivität der Dummy-Suche für sich erfahren hat. In zunehmend weite Entfernung wird das Dummy in der Gewässerdeckung deponiert, sodass der Hund lernt, die Deckung in größerem Umkreis intensiv abzusuchen.

Nicht zu unterschätzen ist beim Einsatz des Attrappenwerfers aber auch die Gefahr, dass sich der Hund zu sehr an die Augenarbeit gewöhnt und das intensive Suchen vernachlässigt, auch wenn er das »Wild« nicht fallen sieht. Aber gerade dann brauchen wir den ausdauernden Finderwillen sowohl auf Prüfungen (»Bringen eines frisch herabgeschossenen Huhns/Fasans, dessen Fallen der Hund nicht eräugte« oder »Verlorensuchen und -bringen aus tiefem Schilfwasser«) und erst recht beim praktischen Jagen. Um dieser Gefahr zu begegnen, ist es notwendig, zum einen bei allen Übungen ein bestimmtes Kommando (etwa »Such verlo-ooren«) zu gebrauchen, damit der Hund neben dem Sichtzeichen auch ein bestimmtes Hörzeichen für dieses sorgfältige und ausdauernde Suchen im relativen Nahbereich kennenlernt. Zum andern

Beispiel »Röhm Rapid Launcher«

sollte man den Hund, sobald er soweit eingearbeitet ist, das Fliegen und Fallen der Attrappe nicht mehr sehen lassen. Schließlich soll der Hund auch das Schießen nicht mehr miterleben, sondern ohne die Motivation durch den Knall und nur aufgrund meines Kommandos (»Such verlo-ooren«) den Gegenstand intensiv suchen, finden und bringen.

Abschließend sei darauf hingewiesen, dass anstelle des Attrappenwerfers auch eine Hilfsperson – zumindest für einige Sonderfälle – in ähnlicher Weise unterstützen kann, indem sie den Bringgegenstand in die Luft wirft, während der Hundeführer gleichzeitig einen Schuss abgibt. Damit erreichen wir das Ziel genauso gut (vgl. die Ausführungen Seite 271). Wir haben durch den Helfer sogar einen Vorteil, nämlich den Bringgegenstand wechseln zu können.

Disziplinen der Grundabrichtung

Das »Sitz«

Die Übung »Sitz« kann bereits als Teil der Welpen-Früherziehung im Rahmen des Zielbereiches Unterordnung (s. Seite 37) eine sehr gute Grundlage gefunden haben. Sie ist die einfachste aller Dressurübungen und demzufolge am schnellsten umzusetzen. Sie steht in engem Zusammenhang mit den Übungen der »Leinenführigkeit« (s. Seite 124 ff.), kann mit dieser gleichzeitig begonnen werden, sei hier aber als erste behandelt.

Stichwortartige Aufgliederung des Lehrstoffes für die praktischen Übungen:
Übungsort: im geschlossenen Dressurterrain, im Freien mit Ablenkungen
Geräte: normale Halsung, kurze Führungsleine, lange Leine, Gerte

Schrittweiser Ablauf der Übungen:
1. »Sitz« durch Niederdrücken der Hinterhand
2. »Sitz« mit Hilfe der Gerte
3. »Sitz« und Sitzenbleiben bei Bewegungen des Abrichters
4. Selbstständiges »Sitz« aus der Bewegung beim Stehenbleiben
5. »Sitz« und Hereinkommen auf »Hier« oder feinen Doppelpfiff
6. Vorstehende Übungen im Revier und bei Ablenkungen

ÜBUNG 1
»Sitz« durch Niederdrücken der Hinterhand

Der Hund ist mit der kurzen Führungsleine angeleint. Der Abrichter fasst mit der einen Hand die Leine dicht über der Halsung und hält die Hand über dem Kopf des Hundes. Die andere Hand greift mit gespreizten Fingern über die hintere Nierenpartie des Hundes und drückt den Hund bei gleichzeitigem Kommando »Sitz« in die Sitzstellung hinunter, während die erste Hand die Leine vorsichtig etwas rückwärtszieht und gleichzeitig durch Hochhalten ein etwaiges Niedergehen des Hundes verhindert. Unsere Bewegungen und Einwirkungen sollen hier ruhig und anfangs nicht mit schmerzhaftem Zwang verbunden sein, andererseits aber so fest und sicher, dass dem Hund nichts anderes übrig bleibt, als sich zu setzen. Widersetzt er sich unserer Einwirkung nicht und hat die Sitzstellung eingenommen, so wird sofort gelobt. Neigt der Hund nicht dazu sich niederzulegen, so kann die erste Hand jetzt auch liebkosend den Kopf streicheln.

Macht der Hund den Versuch, die Hinterhand zu heben, so wird diese unter drohendem »Sitz« und unter verstärktem Druck am Boden gehalten. Nach etwa 30 bis 60 Sekunden erfolgt der Befehl »Hier«, und der Abrichter macht mit dem Hund einige auflockernde Gänge.

Nach 3- bis 5-maliger Wiederholung wird der Hund kaum noch Widerstand leisten, wenn er in die Sitzstellung gedrückt wird. Der Abrichter löst nunmehr langsam seine Hand von der Hinterhand des Hundes und richtet sich vorsichtig mit mahnend erhobenem Zeigefinger auf, dem Hund scharf in die Augen sehend und mit dem mehrfachen Zuruf »Sitz«. Sollte der Hund Miene machen, seine Hinterhand zu erheben, erfolgt blitzschnell unter schärferem »Sitz« ein erneutes Niederdrücken bei gleichzeitigem leichten Ruck an der Leine nach rückwärts. Dies wird so lange geübt, bis der Hund eine Minute vor dem aufrecht stehenden Abrichter sitzen bleibt, ohne sich

Sitz!« mit Niederdrücken der Hinterhand; während die Linke für die bleibende Aufrichtung der Vorderhand sorgt, drückt die Rechte auf die Kruppe.

erheben zu wollen. In der Regel hat der Hund die Sache innerhalb von 10 Minuten begriffen. Mit einer Rückwärtsbewegung und kurzem Klopfen auf den Oberschenkel sowie dem deutlichen Kommando »Hier« wird der Hund dann zum Aufstehen und Herankommen veranlasst - notfalls durch Anziehen der Leine - und gelobt.

Bei zaghaften Hunden ist das Lob ausgiebig und lebhaft und von liebkosendem Klopfen begleitet, bei anderen genügt ein in freundlichem Ton gehaltenes »so ist's brav« oder »so recht, mein Hund«, und bei spielerisch veranlagten Hunden muss man mit dem Lob u.U. noch sparsamer sein.

INFO

Bei allem Loben des Hundes bei Wohlverhalten kommt es in erster Linie darauf an, dass es zum einen situationsgerecht blitzschnell erfolgt und zum anderen man es uneingeschränkt ehrlich zum Ausdruck bringt, es selbst gewissermaßen lebt. Nur dann erreicht es den Hund auch wirklich als Auslöser für sein Wohlverhalten! Das Loben muss stets aus meinem Innern kommen, ich darf es nicht auf eine Pflichtreaktion reduzieren. Lebhaftigkeit in Wort und Gestik beim Loben passe ich dem individuellen Wesen des Hundes an, das heißt der eine nimmt nach seinem Wohlverhalten meinen ruhigen, von einfacher Geste begleiteten lobenden Zuspruch als starke Motivation an, während der andere dafür lebhaftere Ausdrucksweisen benötigt. In jedem Falle vermeide ich Überschwänglichkeit.

ÜBUNG 2

»Sitz« mit Hilfe der Gerte

Als Gerät kommt die leichte Gerte (meine »verlängerte Hand«) hinzu. Der Hund weiß nun, dass er sich auf »Sitz« hinsetzen soll, kommt diesem Befehl aber ohne den Druck auf die Nierenpartie nur langsam und zögernd nach. An die Stelle des Niederdrückens tritt jetzt der kurze Hieb mit der Gerte auf die Kruppe des Hundes. Unmittelbar nach dem Kommando »Sitz«, verbunden mit leichtem Zurückziehen der Leine, trifft ihn der Hieb blitzschnell. Geht er nur langsam in die Sitzstellung, erfolgt sofort ein nachdrucksvollerer Hieb unter Wiederholung des Kommandos »Sitz«. Kommt er dem Befehl schnell nach, wird er umgehend gelobt.

Es sei stets daran gedacht: Meine Fähigkeit, mich dem Hund verständlich zu machen, hängt in höchstem Grade davon ab, dass ich auf jedes Fehlverhalten in Bruchteilen von Sekunden mit korrigierender bzw. (strafender) Einwirkung, auf jedes erwünschte Verhalten ebenso schnell mit Lob und Liebkosungen reagiere. Die Fähigkeit des Abrichters zum blitzschnellen Umschalten ist von allergrößter Bedeutung für das rasche Lernen des Hundes.

Bei konsequenter Einhaltung dieser Grundsätze lernt der Hund nach wenigen Übungen und innerhalb weniger Minuten, dass ihm nach dem Befehl »Sitz« nur das ruckartig schnelle Hinsetzen zum Vorteil gereicht. Selbstverständlich muss der Einsatz der Gerte, meiner verlängerten Hand, dem Naturell des einzelnen Hundes angepasst werden. Wenn der Hund nachlässig oder unbeeindruckt reagiert, was bei Jagdhunden nicht selten der Fall ist, bedarf es eines entschlossen härteren Hiebes. Umgekehrt kommt es bei sehr sensiblen Hunden vor, dass er sich bereits bei einfacher Berührung mit der Gerte hinlegen will. Das wird stets durch die hochgehaltene Leine verhindert. Nach Durchsetzung des »Sitz!«-Befehls ist das blitzschnelle, einfühlsame Lob selbstverständlich.

Im Allgemeinen wird auch die Übung 2 noch am ersten Übungstag mit Erfolg absolviert werden können. Im Übrigen ist es weniger wichtig, ob

Sitzenbleiben, der Hundeführer hat sich nach vorn vom Hund wegbewegt.

eine Übung am ersten oder am dritten Tage begriffen wird. Wichtig aber ist, dass die Übung vom Hund wirklich verinnerlicht ist, bevor man zur nächsten übergeht.

ÜBUNG 3

»Sitz« und Sitzenbleiben bei Bewegungen des Abrichters

Der Hund befindet sich in der Sitzstellung. Der Abrichter steht vor ihm. Er hält in der einen Hand die Gerte. Die andere Hand fasst die Leine mit erhobenem Zeigefinger. Der Abrichter blickt den Hund konzentriert an. Bei gleichzeitigem Kommando »Sitz« macht der Abrichter einen Schritt nach rechts, dann einen nach links. Jeder Versuch des Aufstehens wird sofort und bei erneutem Kommando »Sitz« mit einem Hieb auf die Kruppe geahndet. Bleibt der Hund sitzen, vergrößere man die Entfernung auf 2 bis 3 Schritte, gehe auch ebenso weit nach vorn vom Hund weg, und schließlich trete man hinter den Hund. Hierbei neigt dieser besonders leicht zum Aufstehen, weil der konzentrierte Blickkontakt mit dem Abrichter entfällt. Es ist deshalb zweckmäßig, bei den ersten Malen des Umkreisens die Gerte für den Hund sichtbar drohend über seinem Kopf zu halten.

Normalerweise hat der Zögling spätestens am nächsten Tag begriffen, dass er auch dann sitzenzubleiben hat, wenn der Führer sich einige Schritte entfernt. Allmählich wird die Dauer des Sitzenbleibens bis auf 5 Minuten verlängert und die Entfernung des Abrichters zum Hund vergrößert. Jede erfolgreiche Einzelübung endet mit dem Kommando »Hier« und Lob für den Hund.

ÜBUNG 4

Selbstständiges »Sitz« aus der Bewegung beim Stehenbleiben des Herrn

Der Hund soll lernen, dass das Stehenbleiben des Abrichters für ihn zugleich ein Befehl ist, sich rasch hinzusetzen. Diese Übung ist ein hervorragender Einstieg für das Erlernen der Leinenführigkeit, die im folgenden Abschnitt behandelt wird.

Der Abrichter hat die Führerleine umgehängt. Der Hund geht links neben ihm. Die Gerte trägt er in der rechten Hand auf dem Rücken so, dass er mit ihr das Hinterteil des Hundes treffen kann.

Sitzenbleiben, der Hundeführer bewegt sich zur Seite.

Das Halten der Gerte hinter dem Rücken bei Übung 4.

Das »Sitz« ist für den Hund selbstverständlich geworden, wenn der Hundeführer steht (Übung 4).

Plötzlich bleibt er stehen, zeitgleich befiehlt er »Sitz« und versetzt dem Schüler einen leichten Hieb auf die Kruppe. Der Hund wird sich in der Regel setzen, wie er das schon gelernt hat. Möglicherweise geht der Hieb sogar ins Leere, weil der Hund unverzüglich dem Befehl nachkam. Setzt er sich trotz Gertenhieb nicht, so trifft ihn sofort ein zweiter, härterer Schlag, und gleichzeitig zieht die Linke die Leine etwas rückwärts. Wenn die Übungen 1 bis 3 korrekt durchgeführt wurden, wird die zweite Einwirkung meistens nicht mehr nötig sein. Mit »Hier« geht es weiter, um nach wenigen Schritten wieder stehenzubleiben und das Manöver zu wiederholen. Bei jeder Wiederholung wird der notwendig werdende Hieb zunehmend kräftiger, sofern der Hund es überhaupt dazu kommen lässt und sich nicht bereits ohne Einwirkung rasch selbstständig setzt, sobald der Führer stehenbleibt. In der Regel begreift der Hund diese Übung in wenigen Minuten. Man achte bei allen Übungen besonders auf eine rasche Ausführung, was wir durch den schnellen Gertenhieb nach dem Stehenbleiben erreichen.

Man übe dies recht oft und immer wieder, auch bei Gängen im Revier oder bei sonstiger Gelegenheit außerhalb der Unterrichtsstunden. Dabei wird das Bewegungstempo vom zügigen Schreiten bis zum sehr langsamen, verhaltenen Gang in vielfacher Variation gewechselt, aus dem dann jeweils das plötzliche Stehenbleiben erfolgt. Der Hund soll sich ohne jedes Hörzeichen aus jeder Bewegungsart heraus sofort setzen, wenn ich stehen bleibe.

Falls er infolge einer Verunsicherung und in Erwartung meines plötzlichen Stehenbleibens nicht mehr zügig und frei folgt, klopfe ich auflockernd mit der linken Hand an meinen Oberschenkel und liebkose den Fang des Hundes, ohne allerdings in der Vorwärtsbewegung innezuhalten. In den meisten Fällen legt sich dann die Einschüchterung. Bei gar zu starker Verunsicherung des Hundes gehe man zu Auflockerungsübungen über, beispielsweise zum Jagen an der Reizangel oder gemeinsamen Spielen oder einfach freien Lauf. So wird das Vertrauen rasch wieder hergestellt und die nächste Übungsphase erfolgreicher sein. Diese Übung hat unter anderem den großen Wert, dass der *Hund lernt, sich auf seinen Herrn zu konzentrieren* und sich nicht anderen Ablenkungen zu widmen!

ÜBUNG 5

»Sitz« und Hereinkommen auf »Hier« oder feinen Doppelpfiff

Der Hund ist mit der langen Leine verbunden und sitzt. Der Abrichter fasst in ca. 5 m Entfernung die Leine, ruft »Hier«, winkt gleichzeitig mit dem rechten Arm von oben nach unten, sodass die Hand zuletzt den Oberschenkel berührt (Sichtzeichen), und zieht mit der anderen

»Hier!« oder feiner Doppelpfiff – zügiges Hereinkommen aus dem »Sitz« an der langen Leine (Übung 5) und ...

Hand unter mäßigem Ruck die Leine an. Der herankommende Hund macht »Sitz« und wird gelobt. Nach 3 bis 5 Übungen bleibt das Hörzeichen »Hier« weg und stattdessen ertönt - bei gleichzeitigem Sichtzeichen – mit der Pfeife ganz leise ein Doppelpfiff. Der Abrichter achte hierbei darauf, nicht laut zu pfeifen, weil dadurch der Hund zur Harthörigkeit erzogen würde. Harthörigkeit ist keine Eigenart des Hundes, sondern eine Folge falscher Abrichtung. Schon hier wird der Hund an den Pfiff gewöhnt, der ihn später zum unmittelbaren Herankommen veranlassen soll. Das ist der feine Doppelpfiff. Ein langer Pfiff bedeutet im Falle der Suche »Achtung! Herumholen!«, der kürzere Doppelpfiff das Herankommen.

Um übrigens den Hund an diesen Pfiff zum Herankommen schon früher zu gewöhnen und ihn zu einer freudigen Ausführung zu veranlassen, ist es zweckmäßig, diesen Pfiff stets unmittelbar vor dem Füttern zu geben.

Mit kurzem, leisem Doppelpfiff, einem Wink des rechten Armes und evtl. dem Zug an der Leine wird der Hund nunmehr aus zunehmender Entfernung von bis 10 oder 12 m vielmals herein gepfiffen. Der Leinenzug wird sich bald erübrigen und auch der Wink mit dem Arm kann allmählich fortbleiben, sodass der Hund allein auf den Doppelpfiff flott und freudig zu seinem Abrichter kommt, um sich dort ohne Hörzeichen auf das Sichtzeichen des erhobenen Zeigefingers zu setzen und seine Liebkosung in Empfang zu nehmen.

Es wäre falsch, den Hund bei jeder Übung abzupfeifen. Er würde dann gar zu leicht veranlasst werden, schon beim Stehenbleiben des Herrn zu ihm zu eilen, ohne den Pfiff abzuwarten. Das darf unter keinen Umständen geduldet werden, vielmehr ist dann die Übung 3 sorgfältig zu wiederholen. Um aber jegliche Fehlverknüpfung beim Hund zu vermeiden und ihm klar zu machen, dass er nur auf den Pfiff (oder Wink) hin seinen Platz verlassen darf, wechselt man bei den Übungen derart ab, dass man ihn ein oder einige Male abpfeift, dann wieder einige Male abholt. Wenn wir bei dieser Abholübung unser Fortgehen von dem sitzenden Hund jedes Mal mit dem Kommando »Bleib« verbinden, so ist das gleichzeitig eine gute Vorübung für das Ablegen.

... »Sitz!« und ruhig loben.

Vorrangiges Ziel dieser Übung ist, dass der *Hund lernt, auf den leisen Doppelpfiff freudig zum Hundeführer zu kommen.*

ÜBUNG 6

»Sitz« gemäß den Übungen 2–5 im Revier und bei Ablenkungen

Der Hund hat nunmehr die Bedeutung des Lautzeichens »Sitz« sowie der Sichtzeichen des erhobenen Zeigefingers und des plötzlichen Stehenbleibens seines Herrn beim Gehen an der Leine begriffen: Alle drei Zeichen sollen ihn zum sofortigen Hinsetzen veranlassen. Die Übungen werden bei täglicher Übung normalerweise nach 3 bis 4 Tagen klappen. Der Zögling hat zudem gelernt, sich (gleichzeitig mit den Leinenführigkeitsübungen) auf seinen Herrn zu konzentrieren. Diese Konzentration ist - das muss man sich immer wieder vor Augen halten - von großer Bedeutung. Sie wird nunmehr außerhalb des Dressurterrains neu auf die Probe gestellt. Draußen im Revier lenken den Junghund alle möglichen Dinge ab: ein fliegender Vogel, ein fremder Mensch, ein im Winde sich bewegendes Stück Papier oder gar Wild.

Sämtliche Übungen (»Sitz«, »Halt«, »Apport«) werden beim Übergang von dem umschlossenen Dressurterrain ins Freie zunächst stets an der Leine durchgeführt. Dieser Grundsatz ist wesentlich. Wenn der Hund nur einmal die Machtlosigkeit seines Herrn erkennt - und das tritt meist ein, wenn er sich durch Fortlaufen der Einwirkung entzieht –, so ist damit das hierarchisch-harmonische Verhältnis zwischen beiden (»Der Abrichter befiehlt, der Hund gehorcht«) stark erschüttert, und kann bis zur Handscheue ausarten.

Zunächst werden also im Freien die Übungen 2 bis 5 alle genauso wiederholt wie im umschlossenen Terrain. Nach einem Dutzend Wiederholungen in ein bis zwei Übungsstunden schaltet der Abrichter bewusst Ablenkungen ein. Er führt beispielsweise den Unterricht ganz in der Nähe von Federvieh durch oder lässt plötzlich in einer Entfernung von 10 oder 20 m einen Gehilfen vorbeilaufen, der Steine wirft oder schreit oder gar anhetzende Rufe ausstößt oder was unsere Fantasie sonst noch hergibt. Grundsätzlich lasse man zudem bei jeder sich bietenden Gelegenheit den Hund sich setzen, wenn dieser seine Aufmerksamkeit gerade irgendeinem ablenkenden Vorgang zuwendet (fremder Hund, Wild, in der Ferne fahrendes Auto etc.). Falls der Hund auf den »Sitz«-Befehl sich nicht unverzüglich setzt, zögere man keine Sekunde mit einer angemessen starken Einwirkung mittels der Gerte. Wir müssen uns vergegenwärtigen, dass die Einwirkung stärker sein muss als die durch die Ablenkung hervorgerufene Befindlichkeit, letztere überlagern muss, um in der Wahrnehmung des Hundes überhaupt anzukommen. Bei Wohlverhalten folgt wie immer das Lob.

Nach jeder Übungsstunde biete man dem Hund die Möglichkeit zu entspannender Auflockerung, indem man ihn beispielsweise einige Minuten ungehindert frei laufen, spielen, tollen oder an der Reizangel jagen lässt.

Künftig wird bei jedem Reviergang, bei jedem Ab- und Anleinen, vor jeder Futtergabe, beim Herausholen aus dem Zwinger, beim Ein- und Aussteigen am Auto, beim gemeinsamen Verlassen des Hauses und bei jeder sonstigen

Gelegenheit möglichst oft das schnelle »Sitz« eingefordert. Allein auf Befehl darf der Hund sich danach wieder erheben. Über das im Grunde sehr einfach zu lehrende »Sitz« erreichen wir somit eine wichtige Stufe im Rahmen der gesamten Ausbildung, dass nämlich der Hund lernt, sich auch unter widrigen Umständen in unsere Gemeinsamkeit diszipliniert einzuordnen.

Die Leinenführigkeit

Das disziplinierte Begleiten des Jägers an der Leine, die Leinenführigkeit, gehört zum selbstverständlichen Leben des ausgebildeten Jagdgebrauchshundes. Der nicht leinenführige Hund bildet ein unverantwortbares Sicherheitsrisiko, wenn er den eine geladene Waffe führenden Jäger im Revier begleitet. Wenn der Hund nicht einmal diese einfache Disziplin beherrscht, wie wird er sich bei plötzlichem Anblick von Wild verhalten? Gegebenenfalls springt er in die Leine, bringt den Jäger aus dem Gleichgewicht und beraubt ihn damit der sicheren Waffenführung. In jedem Falle stört er beim Pirschgang und macht zudem einen schlechten Eindruck auf Dritte.

Mit den Ausbildungs-Disziplinen »Sitz« und »Leinenführigkeit« wird der Grundstein für die weiterführende Beziehung zwischen Herr und Hund gelegt. Beiden Disziplinen liegen die wichtigen Wirksamkeiten zugrunde, dass sie zum einen erste Stufen der Unterordnung beinhalten und zum anderen die volle Konzentration des Hundes auf den Hundeführer erreichen können. Zudem soll der Hund die Erfahrung machen, dass es hier keine Kompromisse gibt, seine Unterordnung ihm vielmehr arteigene Geborgenheit unter seinem »Rudelführer« garantiert.

Deshalb ist bei beiden Disziplinen mit aller Sorgfalt vorzugehen, Schritt für Schritt, wobei nichts verlangt wird, was aufgrund des jeweils aktuellen Ausbildungsstandes nicht durchgesetzt werden kann!
Die Leinenführigkeit zeigt sich darin, dass der Hund bei locker durchhängender Leine mit dem Kopf nahe am Knie des Führers (in der Regel links – beim Rechtshänder) folgt. Die tadellose Leinenführigkeit ist im Übrigen die Vorübung für das einwandfreie » Folgen frei bei Fuß« (siehe späteres Kapitel), welches im Revier, namentlich beim Pirschen, den Jäger hilfreich unterstützt.

Stichwortartige Aufgliederung des Lehrstoffes für die praktischen Übungen:
Übungsorte: im Raum bzw. geschlossenen Terrain, im Freien, im Revier
Geräte: normale Halsung, kurze Führungsleine, Gerte

Schrittweiser Ablauf der Übungen:

1. Leinenführigkeit in Verbindung mit »Sitz« nach dortiger Übung 4
2. Wechsel der Übungsorte
   - Im Freien entlang eines Hindernisses (Zaun, Graben, Hecken, Bäume, Pfähle).
   - Ohne Hindernis.
   - In wechselnder Gangart.
   - Mit Wendung nach links und rechts.
3. Unter Ablenkungen im Revier

Stehenbleiben des Führers ist zugleich ein Sichtkommando für »Sitz!«.

Folgen des Hundes bei wechselnder Gangart, hier verhalten langsam, …

…dann zügig schneller usf., dann zwischendrin stehenbleiben

ÜBUNG 1

Leinenführigkeit in Verbindung mit »Sitz« nach dortiger Übung 4

Die auf Seite 118 ff. beschriebene Übung 4 »Selbstständiges Sitz« aus der Bewegung beim Stehenbleiben des Herrn«, wenn sie denn vom Hund beherrscht wird, ist ein sehr guter Einstieg, den Hund die Leinenführigkeit zu lehren. Der Hund sitzt an der kurzen Führungsleine. Nach dem Kommando »Fuß« geht der Abrichter weiter, falls der Hund zögert mit einem leichten

Bei Einschüchterung des Hundes lockert der Führer mit liebelnder Hand auf.

Leinenruck nach vorn sowie lockendem Oberschenkelklopfen mit der linken Hand. In der Regel begreift der Hund rasch das Kommando zum Weitergehen. Der Abrichter variiert zwischen sehr zügigem und sehr langsamem Gehen. In dem Moment aber, wenn der Hund den Abrichter überholen will, das heißt sein Kopf sich an dessen Knie vorbei bewegt, folgt erneutes Stehenbleiben mit blitzschnell folgendem Gertenhieb auf die Kruppe, sodass der Hund sich setzt. Nach wenigen Wiederholungen mit dem Kommando »Fuß« hat der Hund das begriffen, konzentriert sich zunehmend auf seinen Herrn und bleibt beim Folgen mit seinem Kopf neben oder hinter dessen Knie.

Es ist zwar nicht der Regelfall, aber mancher Hund wird bei dieser Übung vorübergehend verunsichert, bleibt zurück oder legt sich gar hin. In solchem Falle geht der Abrichter ohne jegliches Zögern langsam und ruhig weiter, klopft aufmunternd mit seiner linken Hand auf den Oberschenkel und zieht gegebenenfalls den Hund hinter sich her. In keinem Falle darf er stehenbleiben oder gar die Übung abbrechen. Der Hund wird seinen passiven Widerstand mehr oder weniger schnell aufgeben, um einerseits dem unangenehmen Leinenzug zu entgehen und andererseits die einfühlsam schmeichelnde Hand am Oberschenkel des Herrn zu erreichen. Danach werden Pausen mit vertrauensbildenden, auflockernden Maßnahmen wie gemeinsames Spielen oder Jagen an der Reizangel eingelegt.

Die Übungsdauer für diesen Teil betrage höchstens 10 Minuten je Übungseinheit. Bei der Grundausbildung gilt der Grundsatz: Besser mehrere kurze Übungseinheiten je Tag, als nur eine lange Übungsstunde! Später, wenn weitere Disziplinen wie »Halt«, »Apport« und andere hinzukommen, werden 10 Minuten je Übungszeiteinheit natürlich nicht ausreichen.

Unter der Voraussetzung, dass die Übung zur Leinenführigkeit auf der Grundlage des »Sitz« beim Stehenbleiben täglich und auch unter Ablenkungsreizen durchgeführt wird, wird sie in der Regel für den Hund zur Selbstverständlichkeit. Und wenn außergewöhnliche Ablenkungen ihn einmal alles andere vergessen lassen, genügen wenige Korrekturübungen zur Wiederherstellung der Selbstverständlichkeit.

ÜBUNG 2

Wechsel der Übungsorte

Nachdem der Hund die Bedeutung des Kommandos »Fuß« begriffen und die Erfahrung gemacht hat, dass jedes Vorlaufen, Zurückbleiben oder seitliches Ausweichen Unannehmlichkeiten verursacht, ein ständiges Verbleiben am linken Knie des Herrn von Vorteil ist, wechsele ich den Übungsort.

Wir begeben uns ins Freie und setzen dort die Übungen fort. Aus abwechselnden Gangarten, von betont verhalten bis sehr zügig, bleibe ich abrupt stehen, wobei der Hund sich dann unverzüglich zu setzen hat. Gegebenenfalls helfe ich mit kurzem Gertehieb nach. Wie bereits angesprochen, lernt der Hund auf diese Weise sehr rasch, auch am bisher unbekannten Übungsort sich auf mich und meine Bewegungen zu konzentrieren. Im nächsten Schritt suche ich Hindernisse, wie beispielsweise Wäschepfähle, Zäune, Bäume jeder Größe und andere mehr, an denen ich sehr nahe rechts oder auch links vorbeigehe. Folgt der Hund nicht unmittelbar, sondern versucht einen anderen Weg zu nehmen, so verzögere ich meine Gangart nicht. Vielmehr ziehe ich die Leine wieder etwas ruckartig an, sodass der Hund in die Leine läuft und sich selbst durch sein Fehlverhalten straft. Auch diese Übungen sollten in ständig wechselndem Tempo und vor allem an immer wieder verschiedenen Orten durchgeführt werden. Der Hund kennt nämlich spätestens nach dem dritten Mal jedes zuvor erlebte Hindernis. Es passiert ihm kaum, mehr als dreimal am gleichen Hindernis in die Leine zu laufen, nicht weil er sich stets vorschriftsmäßig bewegt, sondern weil er sich gerade auf dieses Hindernis einstellt. Deshalb ist der ständige Wechsel von Übungsorten und Hindernissen notwendig.

Schließlich werden auch das Gehen in engen Stangenhölzern und Dickungen sowie das Durchkriechen tief beasteter Bäume und anderer Hindernisse geübt. Gerade dabei lernt der Hund in der Regel sehr schnell, sich auf den Weg seines Herrn zu konzentrieren und ihm reibungslos zu folgen.

ÜBUNG 3

Unter Ablenkungen und im Revier

Der Jagdhund ist aufgrund seines anlagebedingten Beutetriebes für vielerlei Ablenkungen anfällig, angesichts derer er sich dennoch

Leinenführigkeit im Gestänge, der Hund geht noch seinen eigenen Weg.

Leinenführigkeit im Gestänge, der Hund konzentriert sich auf den Weg des Hundeführers.

unterordnen muss, so auch bei der Leinenführigkeit. Es ist deshalb zielführend, ihn während des Gehens an der Leine mit diversen Ablenkungen zu konfrontieren, die ihn die Konzentration auf seinen Herrn bzw. das korrekte Bei-Fuß-Gehen vergessen lassen. Als Ablenkung kann beispielsweise ein dem Hund wohlbekannter Gehilfe aufreizend laut vorbeilaufen oder sich auffallend mit einem anderen Tier beschäftigen, einen Federball wegschlagen oder einen Ball wegrollen. Im wildreichen Revier sind die Ablenkungen natürlich besonders wirksam und können bewusst aufgesucht werden. Im Falle seines Fehlverhaltens wird der Hund dann in der beschriebenen Weise korrigiert, seine Konzentration wieder auf seinen Herrn erzwungen.

Nach etwa 8 Tagen regelmäßiger Übung unter solchen Ablenkungen wird der Hund eine gute Leinenführigkeit zeigen, solange der Abrichter sich selbst auf seinen Zögling konzentriert. Er wird aber sehr schnell wieder Fehler machen, wenn sein Herr sich anderweitig selbst ablenken lässt, sich etwa mit einem anderen Menschen unterhält oder seine Aufmerksamkeit auf andere Dinge richtet. Das merkt der Hund sehr schnell und neigt dann zur Oberflächlichkeit. Wir müssen uns daher stets bemühen, auch außerhalb der eigentlichen Übungsstunden, auf eine korrekte Leinenführigkeit zu achten. Nur stete Konsequenz unter jedweden Umständen führen dazu, dass der Hund das Erlernte fest verinnerlicht, es ihm zur Selbstverständlichkeit wird.

Vielleicht wundert sich der Leser, dass wir auf scheinbar so nebensächliche Sachen wie das »Sitz« und die Leinenführigkeit derartigen Wert legen und diese Übungen so ausführlich behandeln. Der gute Grund dafür sei hier wiederholt:

Mit »Sitz« und »Leinenführigkeit« wird der Grundstein für die hierarchisch-harmonische Beziehung zwischen mir und dem Hund gelegt, deshalb muss ich bei beiden Disziplinen mit aller Sorgfalt vorgehen. In diesem Ausbildungsabschnitt lernt der Hund, dass es keine Kompromisse gibt, seine Unterordnung ihm vielmehr seine arteigene Geborgenheit unter meiner Autorität garantiert. Zudem kann bei keiner Übung die Konzentration des Schülers auf den Lehrer in derart ausgeprägtem Maße erzwungen werden wie bei dem Üben der »Leinenführigkeit« und dem später zu erörterten »Gehen frei bei Fuß«, wenn diese Übungen in der beschriebenen Weise durchgeführt werden.

Darüber hinaus wird damit der Grundstein für wesentlich leichteres Erlernen aller Folgedisziplinen, wie Apportieren, »Halt«, Ablegen und anderes mehr, gelegt. Jedem Jäger, der sich in der Ausbildung und Führung des Jagdhundes vervollkommnen will, sei empfohlen, diese Gedankengänge sorgfältig zu verinnerlichen, sie nicht nur bei den Übungen der »Leinenführigkeit«, sondern für die gesamte Abrichtung und Führung seines Jagdhundes zur eigenen Richtschnur zu nehmen.

Das Apportieren

Vorbemerkung

Es gibt immer noch Jäger, die glauben, ihren Hund das zuverlässige Bringen spielend und ohne Zwang lehren zu können. Sie sind stolz, wenn der 6 Monate alte Jüngling einen weggeworfenen Ball oder Stock oder auch ein Stück Wild heranschleppt. Oder es kommt ein Lehrgangsteilnehmer mit den Worten »meiner bringt den achtpfündigen Hasen« und will damit zum Ausdruck bringen, dass er wegen der Bringdressur eigentlich nicht mehr zum Lehrgang kommen brauche. Wenn sie damit nur die natürliche Bringfreude hervorheben wollten, wäre alles in Ordnung, aber sie glauben, einen Apporteur für die Jagd zu haben. Welch ein Irrtum! Unter tausend Hunden gibt es kaum einen einzigen zuverlässigen Bringer allen Wildes, wenn das Apportieren bei der Ausbildung nicht erzwungen wurde. Ohne Zwang ist die Zuverlässigkeit schlicht nicht zu erreichen. Er ist auch nicht durch tausend Wiederholungen, nicht durch liebevolle Konsequenz zu ersetzen. Gewiss gibt es Hunde, die, spielend ausgebildet, den Fasan und das Kaninchen und auch anderes Wild ohne Ablenkung herantragen. Bei Störungen aber stellen sich mit Sicherheit Fehlleistungen ein, wenn etwa abstreichendes Federwild, flüchtendes Haarwild oder das Fallen von Schüssen den Beutetrieb überlagernd stimulieren, sodass der Hund alles Bringen vergisst und dem neuen Triebauslöser nachgibt. Und die Fehlleistungen werden zur Regel, wenn der Hund an Wild kommt, welches zu apportieren ihm wenig angenehm ist, wie beispielsweise Krähe, Marder oder Fuchs. Auf die ausführliche Begründung notwendiger Zwangsanwendungen zu Beginn des Abschnitts »Die Grundabrichtung« (Seite 84 ff.) sei verwiesen.

Wir befinden uns inzwischen in einer Ausbildungsphase unseres Jagdhundes, in welcher ihn bereits mehrere Dressurdisziplinen zeitlich parallel gelehrt werden können bzw. sollten. Neben »Sitz«, »Leinenführigkeit« und »Apportieren« betrifft das auch die hier anschließend behandelte »Halt«-Dressur, die gegebenenfalls sogar etwas früher beginnen kann, wenn es die individuelle Wesensstabilität (Wesensfestigkeit) und damit verbundene Belastbarkeit des Hundes zulässt. Das »Halt« bewirkt eine besonders straffe Unterordnung, was sich auf das Erlernen aller anderen Disziplinen positiv auswirkt. Aber dazu später mehr. Ist hingegen mein Hund deutlich sensibel, unterliegt er einer (begrenzten) Wesenslabilität, kann ich daran denken, den Beginn der »Halt«-Dressur hinauszuzögern. Es sei aber vorweg an dieser Stelle betont, dass jeder von seinem Wesen her brauchbare Jagdhund auch die »Halt«-Dressur als straffe Unterordnung durchläuft, wenn es auch meines besonderen Einfühlungsvermögens als Abrichter bedarf.

Übungsorte: im Raum bzw. geschlossenen Terrain, im Freien, im Revier
Geräte: Kurze Führungsleine und lange Leine, normale Halsung, Strohbock, leichter Holzbock, ausgestopfte Bälge von Kanin, Fuchs usw., gewichtsvariierbarer »Oberländer«-Apportierbock

Merke: *Keine Gerte! Diese bleibt bei allen Apport-Grundübungen beiseite.*

INFO

zum Strohbock (s. Abb. Seite 104)
Sein Vorteil liegt zunächst in seiner Leichtigkeit, d.h. der Hund spürt mit ihm im Fang so gut wie kein Gewicht. Zudem lässt er sich sehr einfach herstellen. Als Material eignet sich u. a. nicht geknicktes Weizenstroh, als 3 bis 4 cm starke Rolle auf ca. 40 cm Länge zugeschnitten sowie an beiden Enden und in der Mitte mit stabilem Bindfaden fest umwickelt. Kreuzweise durchgesteckte Stifte an beiden Enden dienen als Abstandshalter vom Boden. Der Strohbock ist jedem »Dummy« vorzuziehen.

Wenn ich dem Hund als Welpen im Rahmen der Früherziehung bereits die ersten Lektionen zur Unterordnung (vom »Sitz« über das »Dulden der Hand« bis zum »Tragen des Strohbockes«, s. Seite 38) vermittelt habe, kann ich mit einem erheblichen Vorteil in die Apport-Dressur einsteigen. Ansonsten beginne ich damit in der Regel nach Erfüllung der ersten beiden »Sitz«-Übungsabschnitte (s. Seite 86 ff.).

Wie alle Ausbildungsfächer wird auch das Apportieren schrittweise gelehrt. Es ist sorgfältig darauf zu achten, dass jeder Ausbildungsschritt vom Zögling beherrscht sein muss, bevor zum nächsten übergegangen wird! Schritt für Schritt lernt der Hund, kontinuierlich ansteigende Anforderungen zu erfüllen. Nur unter dieser Voraussetzung sind die Zwangseinwirkungen sinnvoll. Zudem kann im Falle zwischenzeitlichen Versagens problemlos auf diejenige Stufe zurückgegangen werden, die der Hund bereits beherrscht.

Aufgliederung der schrittweisen Apportier-Übungen:

1. »Apport« – Der Hund duldet die Hand des Abrichters im Fang
2. »Apport« – Der Hund duldet den Strohbock und Kaninchenbalg im Fang
3. »Apport« – Der Hund hält den Strohbock und Kaninchenbalg
4. »Apport« – Der Hund trägt den Strohbock und andere leichte Gegenstände
5. »Apport« – Der Hund öffnet selbstständig den Fang, um den Strohbock zu ergreifen
6. »Apport« – Der Hund ergreift den Strohbock in einiger Entfernung vor dem Fang
7. »Apport« – Der Hund nimmt vom Boden auf
8. »Apport« – Der Hund holt den Bringgegenstand
9. »Hopp« – Das Springen ohne und mit Bringgegenstand
10. »Zurück apport« – Vorübung zum Bringen auf der Führerrückspur
11. »Zurück apport« – Bringen auf der Rückspur. Anleitung zum Bringen in schneller Gangart.
12. »Apport« – Bringen diverser Gegenstände von unterschiedlichen Gewichten, Bringen von Wild verschiedener Art
13. Das Bringen ohne Kommando »Apport«
14. Das Bringen bei Störungen

ÜBUNG 1

»Apport« – Der Hund duldet die Hand des Abrichters im Fang

Der Hund sitzt angeleint links neben dem Abrichter. Dieser lässt die Leine fallen oder klemmt sie zwischen seine Knie und greift ruhig und sicher mit der linken Hand so über den Fang des Hundes, dass linksseitig der Mittelfinger und rechtsseitig der Daumen auf den oberen Lefzen zu liegen kommt. Mit dem Kommando »Apport« drücken Mittelfinger und Daumen gleichzeitig die Lefzen gegen die oberen Zähne, sodass der entstehende, leichte Schmerz den Hund zum Öffnen des Fanges veranlasst. Blitzschnell schaltet der Abrichter um, indem er die Zwangseinwirkung sofort löst und seine (eventuell mit einem Lederhandschuh bekleidete) rechte Hand mit der Kleinfingerseite voran und der Handinnenfläche nach oben in den Fang des Hundes schiebt. Zugleich wird der schmerzhafte Druck aufgelöst, und mit unaufgeregt lobendem »so recht, apport« versucht der Abrichter, die Hand einige Sekunden im Fang zu belassen. Das wird in der Weise unterstützt, dass der Daumen der rechten Hand über den Nasenrücken greift und die linke Hand zum Hinterkopf gleitet, um ein Zurückweichen zu verhindern. Bei Wohlverhalten verstärkt ruhig-liebkosendes Kraulen der Hand am Hinterkopf das Loben. Jede Schmerzerzeugung ist jetzt peinlichst zu vermeiden.
Vor allem hüte man sich, die Hand so weit in den Fang zu schieben, dass die Lefzen schmerzhaft nach hinten gedrückt werden. Je nach Größe des Hundes sollen nicht mehr als 1 bis 3 Finger, hinter die Fangzähne reichen.

Bei den ersten Übungen kommt es weniger auf langes Dulden der Hand an, als vielmehr darauf, dass der Hund sich grundsätzlich nicht sträubt. Nach einigen Sekunden wird die Hand mit einem gedehnten »La-ass« aus dem Fang gezogen. Dann folgt ruhiges Lob. Diese Übung wird so lange wiederholt, bis der Hund die Hand seines Herrn ohne Widerstreben etwa 30 Sekunden im Fang duldet.

Daumen und Zeige- bzw. Mittelfinger drücken auf die Lefzen, Hund öffnet den Fang, der Druck wird gelöst, die andere Hand hineingeschoben.

Hand im Fang, Handfläche nach oben, kleiner Finger hinter Fangzähnen, Daumen über Nasenrücken – richtig!

Hand im Fang, aber Handrücken nach oben – falsch!

Freies Dulden der Hand des Abrichters

Die Übung ist zum einen sinnvoll, weil fast jeder Hund die Hand des eigenen Herrn im Fang lieber duldet als irgendeinen anderen Gegenstand. Die folgende Übung wird dadurch erleichtert. Zum anderen, und das ist von besonderer Bedeutung, gewöhnt sich der Hund gleich zu Beginn an ein behutsames Zufassen und Festhalten. Das andernfalls vielfach zu beobachtende »Verlegenheitsknautschen« kommt gar nicht erst auf.

ÜBUNG 2

»Apport« – Der Hund duldet den Strohbock und Kaninchenbalg im Fang

Ausgangsstellung wie bei Übung 1. Statt der Hand wird der Strohbock so weit in den Fang geschoben, dass er gerade eben hinter den Fangzähnen ruht. Sofortiges Lob bei jedem Wohlverhalten oder Entgegenkommen des Hundes! Die rechte Hand greift unter den Unterkiefer und verhindert das Herausfallen oder Hinauswerfen des Bockes. Duldet der Hund nach mehr oder weniger Wiederholungen (normalerweise 6 bis 15) auch den Strohbock etwa 30 Sekunden, so machen wir die gleiche Übung mit dem Kaninchenbalg. Klappt auch das, so schreiten wir sogleich zu Übung 3.

ÜBUNG 3

»Apport« – Der Hund hält den Strohbock und Kaninchenbalg

Sobald der Hund Hand, Bock oder Balg duldet, gleitet die Linke unter leisem Lob liebkosend über sein Haupt. Im Fortgang der Dressur verlässt nun auch die Rechte vorsichtig den Fang, evtl. unter drohendem »Apport«. Durch mein strenges In-die-Augen-Blicken konzentriert sich der Hund auf mich und zeigt zunehmendes

Bei angedeutetem Lefzendruck wird der Strohbock in den Fang geschoben.

Hier ist der Strohbock zu weit in den Fang geschoben.

Hier liegt der Strohbock richtig im Fang.

Der Hund hält den Strohbock noch unsicher (rechte Hand unter dem Unterkiefer, linke Hand zum Liebkosen bereit).

Wohlverhalten. Jeder Versuch, das Apportel fallen zu lassen, wird durch blitzschnelles Vorgreifen der rechten Hand verhindert, jeweils verbunden mit dem scharfen Kommando »Apport«.

5 bis 20 Wiederholungen sind normalerweise nötig, um den Hund dahin zu bringen, dass er Bock oder Balg annähernd eine Minute hält. Jedes Mal wird der Gegenstand unter gedehntem »La-ass« aus dem Fang gezogen und der Hund ausgiebig gelobt. Zwischen den Wiederholungen Gänge, Sitz- und evtl. Haltübungen einschalten! Ständige Abwechslung wirkt entspannend!

Für diese drei Apport-Übungen werden höchstens 3 Tage benötigt. In der Regel begreift der Hund schon am ersten Tage das Halten des Strohbocks.

Bei allen drei Übungen ist jede Einschüchterung zu vermeiden. Der Zwang sei ruhig, bestimmt und »unausweichlich«, aber ohne große Härte. Dagegen soll mit Lob nicht gespart werden, sobald der Hund sich entsprechend unseren Wünschen verhält.

Allerdings ist besonders darauf zu achten, dass der Hund das Apportel nur auf das Hörzeichen

»La-ass« ausgibt. Das Vorgreifen der Hand darf für ihn nicht zum Sichtzeichen für das Ausgeben werden. Aus diesem Grunde empfehlen wir dringend, während der gesamten Apport-Dressur grundsätzlich das Kommando »La-ass« nicht bei oder nach dem ersten Zugreifen zu geben, sondern die Hand abwechselnd ein oder einige Male zurückzuziehen und erst beim 2., 3. oder 4. Male das »La-ass« zu befehlen. Angesichts seiner grundsätzlichen Bedeutung wird das Thema nachstehend eingeschoben und näher erörtert.

Selbstständiges Halten des Strohbockes, konzentrierter Augenkontakt

Zwischenausführungen zum Abnehmen des Bringgegenstandes

Sobald der Hund gelernt hat, einen Bringgegenstand zu halten, gewöhnen wir ihn daran, diesen ausschließlich auf Hörzeichen auszugeben. Wie oben bereits dargelegt, ist der Hund ein ausgezeichneter Bewegungsseher, was in vielen Bereichen die Ausbildung und Führung erleichtert. Beim Abnehmen des Bringgegenstandes wird diese Eigenschaft zu einer Gefahr. Wenn der Abrichter nämlich mit dem Anfassen des Gegenstandes den Befehl »La-ass« verbindet, verknüpft der Hund sehr schnell dahin, dass das Anfassen des Apportels, ja schon das Ausstrecken der Hand, gleichbedeutend mit dem Befehl »La-ass« sei. Die Folge ist vorzeitiges Öffnen des Fanges und Fallenlassen des Apportiergegenstandes. Der Schritt bis zum Vor-die-Füße-Werfen des Gebrachten nach dem Herankommen ist nur klein, also schnell getan.

Dieser Gefahr wirken wir von Anfang an wie folgt entgegen: Während der gesamten Abrichtungszeit ertönt das »La-ass« nie zusammen mit oder unmittelbar nach dem ersten Anfassen des Bringgegenstandes durch den Abrichter.

Vielmehr wird der herangekommene Hund nach korrektem Sich-Setzen zunächst lobend am Kopf gestreichelt. Sodann fasst der Abrichter mit der rechten Hand den gebrachten Gegenstand an, berührt ihn nicht nur, zieht die Hand aber wieder zurück, wiederholt dies noch weitere zwei bis drei Male und erst danach ertönt das »La-ass« mit Herausnehmen des Apportiergegenstandes aus dem Fang. Diese Einarbeitung ist von großer Bedeutung für das spätere saubere Bringen und

Abgeben. Sie erzieht den Hund auch zur Konzentration. Zeigt der Hund beim Herankommen mit dem Bock, Wild usw. ein unentschlossenes, zaghaftes Benehmen, so gehe man unter keinen Umständen auf ihn zu, trete vielmehr unter lebhaftem Loben einige Schritte zurück.

Manche Hunde – und das sind gewöhnlich die freudigsten Apporteure – umkreisen stolz und rutewedelnd mit der Beute im Fang ihren Führer und vergessen in ihrer freudigen Erregung das sofortige Setzen. Das kommt zwar erst ab der Übung 8 (s. Seite 144) zum Tragen, darauf soll aber hier schon hingewiesen werden. Gewiss ist eine »Ehrenrunde« kein Fehler, werden es aber mehrere und muss der Führer erst mit energischen Maßnahmen eingreifen, um den Hund zum Setzen zu bringen, so verschlechtert sich das allgemeine Bild; solches Verhalten kann sogar dazu beitragen, dass der Hund seine Aufgabe ganz vergisst. Man gewöhne daher den mit dem Bringgegenstand herangekommenen Hund an ein schnelles »Sitz«, das man durch den leichten Gertenhieb auf die Kruppe am besten erreicht. Man unterlasse bei den zu »Ehrenrunden« neigenden Hunden jegliches Loben vor dem Ausgeben des Wildes.

Um das korrekte Ausgeben allein auf Lautzeichen zu üben und schließlich zuverlässig zu erreichen, sei die nachstehend skizzierte, schrittweise Handlungsabfolge zur sorgfältigen Beachtung dringend empfohlen. Ein Zuviel an Sorgfalt gibt es nicht, ein Zuwenig kann üble Folgen haben:

1. Der Hund sitzt nach meinem Sichtzeichen (erhobener Zeigefinger) mit dem Apportiergegenstand vor mir, ich stehe aufrecht.
2. Einige Sekunden Pause (anfangs bis zu einer halben Minute)
3. Ein- oder zweimaliges leichtes Streicheln des Kopfes
4. Einige Sekunden Pause
5. Anfassen, nicht nur berühren, des Apportiergegenstandes mit der Hand
6. Einige Sekunden Pause
7. Zurückziehen der Hand
8. Einige Sekunden Pause
9. Erneutes Anfassen des Apportiergegenstandes
10. Einige Sekunden Pause
11. »La-ass« mit Abnahme des Apportiergegenstandes
12. Loben des Hundes

Man lächle nicht über diese Kleinigkeit. Insbesondere die Pausen sind zu beachten, denn sie erziehen den Hund zur sauberen Arbeit. Ganz besonders wichtig sind die Phasen 5 bis 10. Nie darf der Befehl »La-ass« mit dem Zugreifen zusammenfallen. Auch bei älteren fertigen Hunden soll man es an einer gewissen Umständlichkeit und einem betont langsamen Abnehmen des Wildes nicht fehlen lassen. Besondere Aufmerksamkeit verdient im späteren Ausbildungsverlauf das Bringen aus tiefem Wasser, weil fast jeder Hund bemüht ist, sich das Wasser bald abzuschütteln und dabei die Ente gern hinlegt. Das eben genannte Verfahren wirkt dem frühzeitig entgegen. Im Übrigen gehe man bei der Wasserarbeit in dem Augenblick, in dem der Hund das Ufer erreicht hat, zügig einige Schritte zurück. Wenn der Hund nahe herangekommen ist, erfolgt ein rascher Schritt nach vorn, sodass der Hund nicht vorbeilaufen kann und sich sofort setzt.

ÜBUNG 4

»Apport« – Der Hund trägt den Strohbock und andere leichte Gegenstände

Der Hund sitzt mit dem Bock im Fang. Der Abrichter tritt vor ihn, fasst mit der Linken die Leine nur wenige Zentimeter vor dem Fang des Hundes und hält die Rechte unter den Fang. Mit »Hier-Apport« wird der Hund langsam herangezogen, und gleichzeitig tritt der Abrichter etwas zurück. Meist wird der Hund versuchen, den Strohbock fallen zu lassen, bevor er aufsteht und herankommt. Das verhindere man mit der rechten Hand und ziehe den Hund mit sanftem Zwang unter freundlichem Zuspruch zu sich heran. Als erste Stufe genügt, wenn der Hund die Hinterhand hebt und mit dem Strohbock im Fang nur einen Schritt macht. Bei weiterhin schrittweisem Vorgehen folgt das Tragen des Strohbockes bis über mehrere Meter. Sollte er den Bock dabei doch wieder verlieren oder fortwerfen, so wird er deswegen zunächst nicht gestraft, sondern man schiebt ihm mit Ruhe und Geduld den Bock wie oben beschrieben wieder in den Fang und versucht erneut, ihn zum Tragen in der Bewegung zu veranlassen. In der Regel klappt das nach 6 bis 10 Wiederholungen. Wenn nicht, so muss man mehr Geduld aufbringen. Nur nicht ärgerlich werden!

Nach »Sitz« wird der Bock ordnungsgemäß abgenommen. Der Ton bei dieser Übung sei ausgesprochen freundlich. Klappt das Tragen des Strohbockes, so wiederhole man die gleichen Übungen mit dem Kaninchenbalg, Holzbock usw. Dabei wird sich herausstellen – wenn das nicht schon früher erfolgte –, dass der Hund das eine oder andere Apportel weniger gern nimmt, aber gerade durch anhaltende Übung wird der Widerwille binnen sehr kurzer Zeit abebben.

»La-a-ass!«, Ausgeben nur auf Lautzeichen, nicht beim Ergreifen durch die Abrichterin!

Es wird vorkommen, dass bei dem Gehen mit dem Apportiergegenstand im Fang das Apportel aus dem Fang herausfällt, sei es, dass dem Hund der richtige Haltegriff noch fehlt, sei es, dass er bei längerer Tragezeit keine Lust mehr hat. In solchem Fall ist es wichtig, sofort nach dem Herunterfallen des Apportels, dieses unter schärferem »Pfui« dem Hund schnell und mit gelindem, aber unausweichlichem Zwang wieder in den Fang zu schieben.

Nach einigen Wiederholungen an 1 bis 3 Tagen wird der Hund die verschiedenen leichten Bringgegenstände sicher neben seinem Herrn 1 bis 2 Minuten tragen.

Erste Übung zum Tragen in der Bewegung; der Abrichter geht nur 1-2 Schritt rückwärts, ...

...lässt den Hund sich wieder setzen, ...

...und wieder korrekt ausgeben.

Der Hund trägt bereits über mehrere Meter selbstständig zum Hundeführer.

Fangöffnen unter Zwang durch Drehen der Halsung.

Die linke Hand des Abrichters noch an der Halsung, der Hund öffnet den Fang ...

....und der Abrichter schiebt den Strohbock unter ruhigem Lob hinein.

ÜBUNG 5

»Apport« - Der Hund öffnet selbstständig den Fang, um den Strohbock zu ergreifen

Während der Hund bisher aufgrund einer Zwangseinwirkung seinen Fang zum Annehmen des Apportels gewissermaßen passiv öffnete, soll er nunmehr selbstständig den Fang öffnen und den Gegenstand aktiv ergreifen. Bei allen vorangehenden Übungen zum Bringen treten kaum ernste Schwierigkeiten auf, und auch ein wenig erfahrener Abrichter muss bei täglicher Übung binnen etwa einer Woche erreichen, dass der Hund das Apportel trägt. Nunmehr werden etwas höhere Anforderungen an ihn gestellt. Wir gehen weiterhin schrittweise vor, vermeiden jede härtere Einwirkung und bleiben selbst gelassen. Ruhe, Geduld und unausweichliche (keine harten) Zwangseinwirkungen sind oberstes Gebot.

Der Abrichter steht rechts vor dem sitzenden Hund. Die Leine wird fallengelassen oder zwischen die Knie geklemmt. Der Strohbock liegt auf dem Handteller der rechten Hand, deren Fingerspitzen den Unterkiefer des Hundes berühren. Die Linke fasst in der üblichen Weise über den Oberkiefer und veranlasst unter »Apport« und Lefzendruck den Hund zum Öffnen des Fanges. Dabei schiebt sie den Kopf des Hundes mäßig nach vorn und gleichzeitig wird die rechte Hand so angehoben, dass der Bock nach vorn, in den geöffneten Fang rollt. Der Hund muss hierbei erfahren, dass er dem Lefzendruck nur dadurch entgehen kann, dass er unter Vorwärtsstrecken des Kopfes den Bock ergreift. Nur die ersten Male kommt man ihm durch das Rollenlassen des Bockes entgegen und wirkt von Mal zu Mal mehr auf eine Vorwärtsbewegung des Kopfes hin. Bei jedem Entgegenkommen des Hundes – das ist als erstes immer das freiwillige Öffnen des Fanges – hört sofort jede schmerzhafte Einwirkung auf, und ebenso schnell schaltet der Abrichter auf Lob um. Der Erfolg hängt in höchstem Maße von der Fähigkeit des Abrichters ab, den ersten Ansatz von Entgegenkommen des Hundes blitzschnell zu erkennen und demgemäß auf Lob umzuschalten. Der erste Schritt ist der schwerste, aber er wird schneller gemacht, wenn der Hund verknüpft: Passivität »tut weh«, Zugreifen lässt den Schmerz aufhören.

Anstelle des Lefzendrucks mit Vorwärtsschieben des Kopfes kann man auch in die Halsung greifen und durch Drehen der Hand eine leicht schmerzhafte Einengung der Halsung mit gleichzeitigem Ziehen nach vorne herbeiführen.

Es hat sich bewährt, nach dem ersten erfolgreichen Zugreifen mit viel Lob abzubrechen, mit dem Hund jetzt nicht länger zu üben, und erst in der nächsten Übungsstunde (die durchaus am gleichen Tage sein kann), zu wiederholen. Ergreift der Hund den Strohbock mehrmals, übe man dasselbe auch mit dem Kaninchenbalg und leichten Holzbock.

Es kann ausnahmsweise bei einem sehr harten Hund vorkommen, dass er auch bei ca. 20 Versuchen nicht zum selbstständigen Ergreifen des Strohbockes zu bewegen ist, sodass stärkere Zwangseinwirkungen notwendig sind.

In solchem Fall lässt sich das Öffnen des Fanges durch kurzes Kneifen in den Behang erreichen, woraufhin der Strohbock blitzschnell und unter Lob in den Fang geschoben wird. Rasch

Erste Übung zum Ergreifen des Strohbockes unter Zwangsanwendung: Der Fang ist noch geschlossen, die Leine straff ...

verknüpft der Hund dahingegen, allein beim Berühren des Behanges seinen Fang zu öffnen und das Apportel zu ergreifen.

ÜBUNG 6

»Apport« – Der Hund ergreift den Strohbock in einiger Entfernung vor dem Fang

Hat der Hund den Strohbock etwa ein Dutzend Mal ergriffen, indem er ohne wesentliche zwangsweise Einwirkung des Abrichters den Fang von sich aus öffnete, gehen wir dazu über, den Apportiergegenstand etwas weiter von seinem Fang entfernt zu halten. Dazu fassen wir den Bock nunmehr an einem Ende. Die Entfernung zwischen Fang und Bock sei zu Anfang nur wenige

Zentimeter und wird allmählich vergrößert. Die linke Hand fasst die Leine und zieht den Hund auf »Apport« zu dem Bock hin, sofern der Zögling sich nicht von selbst hin bewegt. Auch hier ist das blitzschnelle Umschalten von Zwang auf Lob in dem Augenblick des Wohlverhaltens des Hundes von größter Bedeutung.

Mit der Entfernung halte man den Bock allmählich auch etwas tiefer und schließlich so tief, dass er nahezu den Boden berührt. Es bedarf in der Regel ziemlich vieler Übungen, bis der Hund sich regelmäßig zum in Bodennähe gehaltenen Strohbock auf »Apport« vorwärts bewegt und diesen ergreift. Bei jedem Zögern wird er durch einen Ruck an der Leine gemahnt. Nach jedem Ergreifen, was ich mit ausgeprägtem Loben begleite, hat er den Bock einige Meter zu tragen, sich auf Befehl vorschriftsmäßig zu setzen und auf »La-ass« auszugeben.

Es wird gelegentlich einmal vorkommen, dass der Hund nach anfänglich zufriedenstellender Arbeit die Hinwendung und das Ergreifen des Apportierbockes verweigert. In diesem Falle befleißige sich der Abrichter souveräner Selbstbeherrschung und ruhiger Überlegenheit. Gegebenenfalls greife er auf die letzte Übung (Nr. 5) zurück. In der Regel ist der Abrichter zu schnell vorgegangen und hat »den zweiten Schritt vor dem ersten getan«.

Wird die Übung zum Ergreifen des Strohbockes aus Bodennähe 8 bis 10 Mal zur Zufriedenheit mit den verschiedenen leichten Apportiergegenständen erledigt, schreiten wir zur nächsten Übung.

Der Hund öffnet den Fang, der Abrichter lockert die Leine, lobt ruhig ...

...und kommt mit dem Strohbock entgegen, schiebt ihn in den Fang.

ÜBUNG 7

»Apport« – Der Hund nimmt den Strohbock vom Boden auf

Der Strohbock ist bereits zuvor durch beidseitig kreuzweise durchgesteckte Stöckchen (Abstandshalter) ausgestattet.

Wie bei allen Übungen wird auch hier schrittweise vorgegangen. Der Hund hat gelernt, den dicht über dem Boden gehaltenen Bock zu ergreifen, danach zu tragen und korrekt abzugeben. Im nächsten kleinen Schritt halte ich ein Ende des Strohbockes nahe über dem Boden, während das andere Ende unmittelbar auf dem Boden liegt. Die Situation ist also dem letzten Schritt aus der vorangegangenen Übung 6 sehr nahe, sodass der Hund rasch begreift. Alsdann berührt meine Hand den vollends auf dem Boden liegenden Bock nur noch leicht. Im Folgenden bleibt die Hand noch nahe am Strohbock, entfernt sich aber schrittweise von Übung zu Übung zunehmend nach oben, sodass ich aus der gebückten Haltung schließlich aufrecht stehe. Es handelt sich hier um viele Teilübungen, wobei jede für sich sorgfältig zu absolvieren ist, um schließlich das tadellose Aufnehmen des Strohbockes vom Boden zu erreichen. Diese Übung gehört zu den schwierigsten Teilen der Apport-Dressur. Dennoch darf ich mir dabei keine Oberflächlichkeit erlauben.

Im Übrigen hat sich auch bewährt, den Strohbock in erhöhter Position ergreifen zu lassen, indem man ihn beispielsweise auf zwei etwa 30 cm nebeneinander längsseitig-hochkant gestellte Ziegelsteine legt. Angesichts der damit erreichten Verkürzung der Entfernung in Richtung Boden lernt der Hund das Aufnehmen

Der Hund ergreift den wenige Zentimeter vor ihm gehaltenen Strohbock.

Nach stufenweisem Hinunterhalten nimmt der Hund vom Boden auf, die Abrichterhand bleibt noch am Strohbock.

Der Führer zeigt auf halbem Weg, ...

...dann steht er aufrecht, während der Hund vom Boden aufnimmt.

des Strohbockes übergangsweise von erhöhter Position. In den nächsten Schritten liegen die Ziegelsteine flach auf dem Boden und bleiben schließlich ganz weg, sodass der Strohbock vollends auf dem Boden liegt. Auch bei diesen Teilschritten berührt meine Hand zunächst den Strohbock und entfernt sich wie beschrieben von Übung zu Übung nach oben.

Nimmt der angeleinte Hund den unmittelbar vor ihm liegenden Strohbock vom Boden auf, verlängere ich die Entfernung dezimeterweise, fordere ihn mit »Apport!« zum Aufnehmen auf und bewege mich gleichsam dorthin. Wenn der Zögling bei weiteren Übungen sich nicht ohne weiteres zum Bock begeben will, was zwischendurch immer wieder vorkommt, dann ist zum einen der Entfernungsschritt zu verringern, zum anderen bedarf es eines mehr oder weniger intensiven Leinenrucks. Klappt die Übung mit dem Strohbock, kann sie mit dem ihm bereits bekannten leichten Holzbock oder/und Kaninchenbalg wiederholt werden.

Nachdem der Hund das Aufnehmen begriffen hat, muss ich mich auch bei jedem anderen Apportiergegenstand unter allen Umständen durchsetzen und darf die Unterrichtsstunde nicht beenden, bevor der Schüler der Anforderung Folge leistet. Der Hund muss zunächst lernen, die Übungen zu machen, weil ich es will, nicht weil es ihm Freude macht (letztere bleibt zuletzt nie aus!). Sind wir bisher noch mit zurückhaltender Zwangsanwendung vorgegangen, so hat das nun in allen Fällen ein Ende, in denen sich der Zögling renitent zeigt. Das »Apport« hat der Hund nun als Kommando verinnerlicht, dem er unbedingt nachkommen muss. Er hat gelernt, dass es das Aufnehmen und Bringen eines ihm bekannten Gegenstandes bedeutet. Verweigert er jetzt noch den Gehorsam, muss er entsprechend gezwungen werden. Wohlverhalten wird stets mit ausgiebigem Lob belohnt! Das Apportieren ist zunächst ein Müssen, kein Dürfen. Die Apportierfreude stellt sich bei allen Jagdhunden im Verlauf der fortschreitenden Ausbildung zunehmend ein und wird vollkommen, wenn die

Die veränderbare Sprunghürde ist nach den übrigen 3 Seiten geschlossen.

Der Hund an der langen Leine holt den Strohbock.

Ausbildung in der hier beschriebenen Weise abgeschlossen ist.

ÜBUNG 8

»Apport« – Der Hund holt den Bringgegenstand

Bisher standen wir nahe am Apportiergegenstand beziehungsweise haben den Hund dorthin geführt. Jetzt soll er lernen, allein dorthin zu gehen, ihn aufzunehmen und zurück zu seinem Herrn zu bringen. Der Hund sitzt – wie immer angeleint – neben mir. Ich werfe den Strohbock (Holzbock, Balg usw.) ca. drei Meter fort, sodass der Hund ihn fallen und liegen sieht. Dabei hat der Hund ruhig sitzen zu bleiben (!). Nach einigen Sekunden gehe ich mit »Apport!« in Richtung des Bockes. Während der Hund sich zum Aufnehmen anschickt, trete ich unter lobenden Worten (»so recht, mein Hund«) sogleich wieder einige Schritte zurück, lasse den ankommenden Hund sich setzen und nehme ihm unter ruhigem Lob den Bock ab. Nach einigen Wiederholungen wird meine Begleitung abgekürzt, und im weiteren Stadium besteht sie nur noch in einer Andeutung der Vorwärtsbewegung. Schließlich bleibe ich ganz stehen und mache nur noch eine Armbewegung zum Apportiergegenstand hin. Nimmt der Hund auf, spare ich nicht mit Lob und bewege mich einige Schritte rückwärts, gehe dann dem herangekommenen Hund einen halben Schritt entgegen, lasse ihn sich setzen und ruhig ausgeben. Beim unwilligen Zögling helfe ich per Leinenruck nach, schalte beim Aufnehmen aber schnell auf Lob um.

Hat der Hund in dieser Übung einige Sicherheit, so wechseln wir die kurze Leine gegen die lange Feldleine und lassen die verschiedenen Gegenstände auf 3, 5, 8 und 10 m Entfernung holen. Der Hund beginnt in der Regel bei dieser Übung zunehmend freudig zu arbeiten. Wir wechseln jetzt häufig den Ort, üben vor allem bei Reviergängen beziehungsweise im Freien außerhalb des gewohnten Dressurterrains. Der Bann ist gebrochen! Mit jedem neuen Bringgegenstand sind vorab im Kurzdurchgang die Ausbildungsschritte »Dulden«, »Tragen«, »Ergreifen« und »vom Boden aufnehmen« vorzunehmen, bevor er »holen« soll.

MERKE

Der Ausbildung des Jagdhundes zum zuverlässigen Apportieren in »allen Lebenslagen« liegen unabdingbar Zwangsanwendungen zugrunde. Alle Bemühungen, das anspruchsvolle Ziel auf spielerische Weise und mit »positiven Verstärkern« zu erreichen, führen in eine Sackgasse. Hier spielt das schrittweise Vorgehen eine zentrale Rolle, sodass bei Fehlergebnissen stets auf den vorangegangenen Schritt zurückgegriffen werden kann. Alle auf die hier beschriebene Weise ausgebildeten Jagdhunde arbeiten schließlich zuverlässig und ausgeprägt freudig.

ÜBUNG 9

»Hopp« – Das Springen ohne und mit Bringgegenstand

Jagdhunde pflegen gern zu springen. Sie haben Freude daran, angeleint oder frei zusammen mit ihrem Herrn auf »Hopp« über einen Graben oder eine Hürde zu setzen. Das übe man mit seinem Zögling ein halbes Dutzend Mal, und man wird feststellen, dass er auf das Kommando »Hopp« hin freudig zum Sprung ansetzt. Bei der Apport-Dressur nutzen wir diese Freude aus.
Im Gegensatz zu den bisher eintönigen Vorübungen zum Apportieren verleiht die Kombination mit dem Sprung über die Hürde dem Hund nunmehr eine motivierende innere Spannkraft. Es liegt in diesem Stadium auch im Interesse der Ausbildung, dass der Schüler sich nicht langweilt oder gar eingeschüchtert ist, sondern

Teckel bringt mit Unterstützung den Strohbock über die Hürde.

Sprung mit dem Fuchs über die Hürde

Über die lange Leine lernt der Hund, unverzüglich aufzunehmen, herzutragen ...

...und korrekt auszugeben.

motiviert mitarbeitet. Die Apportierübungen verbinden wir deshalb jetzt mit kleinen Sprungübungen.

Dazu wählen wir zunächst einen schmalen, nur schrittbreiten Graben oder eine etwa 30 cm hohe Hürde, dann nach etwa 5 oder 6 Übungen einen etwas breiteren Graben oder eine auf 50 oder 60 cm erhöhte Hürde. Der Hund lernt hierbei überraschend schnell das richtige Festhalten des Apportiergegenstandes. Während er bei den ermüdenden Trageübungen häufig den Griff gar zu lose lässt, passt er sich beim Springen rasch den Verhältnissen an. Die ganze Sache wird für ihn interessanter. Deshalb empfehlen wir sehr, solche Möglichkeiten zu nutzen. Die Apportierausbildung wird damit unterstützt und schreitet sehr viel schneller voran.

Eine bis auf etwa 1,10 m erhöhbare Hürde braucht man für die weitere Ausbildung großer Hunde ohnehin (für die kleineren entsprechend niedriger). Der Eigenbau ist sehr einfach: In einer Hof- oder Gartenecke oder im Revier wird ein Rechteck in Größe von etwa 2 × 4 m (notfalls genügt auch 3 × 1,50 m) bis zur Höhe von etwa 1,10 m durch Geflecht oder Latten abgegrenzt. An die eine Schmalseite kommen je zwei Pfähle, die von unten nach oben in Abständen von etwa 20 cm mit kleinen Querleisten derart verbunden werden, dass auf diese Leisten gestellte Bretter die Schmalseite abschließen. Durch einfaches Hineinschieben oder Herausnehmen kann ich von etwa 0,25 bis 1,10 m die Höhe bestimmen.

Im Übrigen sind die Trageübungen nunmehr auch im Freien und im Revier vorzunehmen. Meist wird man beobachten, dass die Fortschritte nach solchen Übungen im Revier dann zu Hause wesentlich zügiger ausfallen. Der Hund bleibt während der Übungen immer noch stets angeleint.

ÜBUNG 10

»Zurück apport« – Vorübung zum Bringen auf der Führerrückspur

Der Hund befindet sich an der langen Leine. Wir gehen miteinander und in der Bewegung legen wir den Apportierbock so zu Boden, dass der Hund den Vorgang beobachtet. Nach 5 Schritten bleiben wir stehen, lassen den Hund sich setzen und schicken ihn mit »Zurück apport!« und hinweisender Armbewegung auf den Bringgegenstand zurück. Meist wird der Hund ohne weiteres bringen, da der Vorgang der Übung 8 sehr ähnlich ist. Notfalls gehe man anfangs einige Schritte mit ihm zurück. Nach 2 bis 3 Wiederholungen wird die Entfernung auf 8, 10, 15 m vergrößert. Schließlich wird der Hund die Übung zuverlässig und zunehmend freudig ausführen.

Als nächster Schritt erfolgt das freie Bringen. Zunächst übe man im umschlossenen Dressur-

Jagdterrier bringt die Rabenkrähe, ...

...der Deutsch Kurzhaar den Fuchs.

Terrain, wie Hof oder umzäunten Garten oder Ähnlichem, sodass der von der Leine gelöste Hund sich nicht entziehen kann.

Man sei mit dem Arbeiten ohne Leine ohnehin nicht voreilig. Die Leine ist unser bestes Hilfsmittel, damit der Hund die Überzeugung verinnerlicht, dass der Herr sich immer durchsetzen kann, dass er allmächtig ist. Solange der Hund noch versucht, sich der Ausführung des Befehls zu entziehen, solange er also beim Bringen noch Nachhilfen benötigt, darf er bei Übungen unter keinen Umständen im Freien geschnallt werden. Arbeitet er aber unter den kontrollierten Bedingungen auch ohne Leine wiederholt zuverlässig und erkennbar freudig, wird die Übung auch im freien Gelände fortgeführt.

ÜBUNG 11

»Zurück apport« – Bringen auf der Rückspur. Anleitung zum Bringen in schneller Gangart.

Neben dem Sprung über die Hürde oder den Graben ist das Bringen auf der Führerrückspur eines der besten Mittel, dem Hund die Freude am Bringen zu vermitteln. Zudem erzieht diese Übung den Hund in besonderer Weise zum zuverlässigen und zügigen Bringen. Zunächst üben wir auf einem Weg, einer Schneise oder dergleichen. Der Hund beherrscht gemäß Übung 10 das Holen des Bockes, dessen Fallenlassen er beobachtet hat. Nunmehr lassen wir den Bock so fallen, dass der Hund den Vorgang nicht beobachtet. Nach 10 m bleiben wir stehen, lassen den Hund sich setzen und schicken ihn mit »Zurück apport« und der ihm schon bekannten

Bringen des leichten Holzbockes auf der Rückfährte.

Auch der Terrier kann zu starker Leistung, hier 5 kg, trainiert werden.

Armbewegung zurück. In der Regel erblickt der Hund den Bock, eilt hin und bringt ihn. Notfalls geht man eine kurze Strecke mit ihm zurück unter Wiederholung des Kommandos »Zurück apport« in aufmunterndem Tonfall. Normalerweise bedarf es nur weniger Übungen, um beim Hund die erwünschte Verknüpfung zu erzielen. Er wird künftig den bisher genommenen Weg zurücklaufen, um den Apportierbock zu suchen. Sobald er den Bock gefunden hat und sich anschickt, ihn aufzunehmen, gehe der Abrichter schnell weiter. Noch besser ist es, wenn er läuft. Der Hund hat dann das größte Bestreben, seinen Herrn zu erreichen und kommt in gestrecktem Galopp an. Je häufiger wir dies üben, desto sicherer wird ihm das Bringen in schneller Gangart zur Gewohnheit, und je größer die Entfernung, desto flüchtiger wird er kommen.

Allmählich vergrößern wir die Entfernung auf 40, 50, 100 und mehr Meter und üben zudem nicht nur auf vorgegebenen Wegen, sondern vermehrt im freien Feld- und Waldgelände. Es macht kaum Schwierigkeiten, den Hund zum kilometerlangen Rückverfolgen des Weges seines Herrn zu bringen. Natürlich wechseln wir die Bringgegenstände, üben auch einmal mit dem Handschuh, dem Handstock oder dergleichen. Schließlich ist die Übung mit dem gewichtsvariablen Oberländer-Bock ein ausgezeichnetes Krafttraining für den Hund, wobei die schrittweise kontinuierliche Gewichtssteigerung für den Vorstehhund durchaus 10 kg erreichen kann.

Bei der weiteren Ausbildung in diesem Fach werden auch der Gebrauch der Nase und die Konzentration auf die Spur des Herrn gefördert.

Man sieht dem Hund die Anstrengung beim Tragen des 9 kg schweren Apportierbockes an.

ÜBUNG 12

»Apport«– Bringen diverser Gegenstände unterschiedlicher Gewichte, Bringen von Wild verschiedener Art

Der Hund soll lernen, leichte und schwere Gegenstände, alle Niederwildarten (außer Reh), Gebrauchsgegenstände des Hundeführers wie Schlüsselbund, Taschenmesser, Hundeleine, Hut, Brillenetui und anderes mehr zuverlässig zu bringen.

Dabei geht es nicht allein darum, dass der Hund mit den Apport-Übungen die diversen Gegenstände kennenlernt, sondern zugleich lernt, die Art und Stärke seines Griffes, das heißt die Tragetechnik dem jeweiligen Apportiergegenstand anzupassen. Das Herantragen eines 15-pfündigen Fuchses erfordert einen anderen Griff als das Bringen einer Taube oder einer Ente. Zum Schwerapportieren gehört schließlich auch eine entsprechend ausgebildete Muskulatur des Hundes. Selbstverständlich müssen die gewichtsmäßigen, schrittweise zu steigernden Anforderungen der körperlichen Leistungsfähigkeit, insbesondere der Größe des Hundes entsprechen. In jedem Falle setzen vielseitige Ansprüche ausgiebiges Training voraus.

Der Oberländer-Apportierbock – kann zügig und einfach durch Einsetzen von Holz- und Eisenscheiben bis zu einem Gewicht von 20 Pfund gebracht werden. Wir lassen zunächst nur den mit Holzscheiben beschwerten Bock vom Hund bringen, was selten Schwierigkeiten macht, da er ja einen ähnlichen Holzbock bereits vielfach brachte. Sollte der Bock dem Hund anfangs noch zu schwer erscheinen, was bei schwächeren oder

Apportierübungen mit diversen Wildarten, hier z.B. mit der Rabenkrähe ...

...oder mit dem Marder ...

sehr zaghaften Tieren vorkommen kann, so lasse man die ersten 2 bis 5 Male auch noch die Holzscheiben fort. Wir haben es für gut befunden, die Mitte des Bockes, d.h. die Stelle, an der der Hund fasst, recht fest mit einem Streifen Kaninchen- oder Fuchsbalg zu umwickeln. Abgesehen davon, dass dieser Balg doch irgendwie an Wild erinnert, pflegt der Hund einen so behandelten Bock auch deswegen lieber zu nehmen, weil er nicht ganz so hart ist.

Hat der Hund den so hergerichteten Bock aufgenommen und einige Zeit getragen, wechseln wir auf beiden Seiten je eine Holzscheibe gegen eine Eisenscheibe aus. Eine weitere Beschwerung erfolgt immer erst dann, wenn der Hund das bisherige Gewicht aus mehreren hundert Metern herangetragen hat, z.B. auf unserer Rückspur. Es wäre sinnlos, von beispielsweise 3 Pfund gleich auf 10 Pfund zu gehen. Das würde eine dem Hund unzumutbare Steigerung bedeuten. Gerade anfangs, d.h. bis zum Gewicht von etwa 6 Pfund, empfiehlt es sich, die jeweilige

... oder mit der Ringeltaube.

Erhöhung des Gewichtes in kleinen Schritten vorzunehmen. Man berücksichtige die relative Steigerung, die beispielsweise von zwei auf drei Pfund 50 %, von sieben auf acht Pfund nur 15 % beträgt. Am besten lernt der Hund die Technik des Aufnehmens und Tragens in schneller Gangart durch das Bringen auf der Führerrückfährte. In dem Bestreben, schnell zu seinem Herrn zurückzukommen, vergisst er alles Unangenehme. Er verzagt auch nicht so leicht beim Aufnehmen, welches ihm etwa nach einer Gewichtserhöhung kurz Mühe macht. Natürlich lässt man ihn den Bock bei der ersten Übung nach einer Gewichtserhöhung nicht gleich auf 300 m holen, sondern auf eine kürzere Entfernung (30 bis 50 Schritt) und vergrößert diese Entfernung erst dann, wenn er den Bock ohne ernste Schwierigkeiten tragen kann. Wir lassen uns bei diesen Übungen grundsätzlich Zeit. Da die Dressur normalerweise im Frühjahr beginnt, haben wir zur Ausbildung der Muskulatur und Tragetechnik im Schwerapportieren 5 bis 6 Monate zur Verfügung. Wir erhöhen das Gewicht immer erst dann, nachdem der Hund den Bock mehrere Minuten lang ohne allzu große Ermüdungserscheinungen und in flottem Tempo trägt.

Eine vorzügliche Schulung für den richtigen Griff (nicht nur beim Schwerapportieren) ist das Bringen über Hindernisse (Gräben, Bäche, gefällte Stämme, Treppen!!, auch dichtes Unterholz). Beim Zurückschicken des Zöglings zum Bringen auf der Rückspur richte man es so ein, dass er gelegentlich solche Hindernisse überwinden muss.

Weiterhin ist der Sprung über Hindernis (s. Übung 9) zu üben, jedoch lasse man diesen Sprung mit dem schweren Apportierbock über die oberen Höhen der Hürde jeweils täglich nicht mehr als einmal machen, um eine Überanstrengung des Hundes zu vermeiden. Bei diesem Sprung wird es häufig vorkommen, dass dem Hund beim Landen der Bock aus dem Fang fällt. Er ist anzuhalten, ihn sofort von selbst wieder aufzunehmen. Dazu bequemt er sich weitaus leichter, wenn der Abrichter nicht unmittelbar daneben steht. Aus diesem Grunde läuft der Abrichter zweckmäßigerweise, sobald er sieht, dass der Hund nach dem Einsprung aufgenommen hat, schleunigst 5 bis 15 Schritte zurück. Das gilt für alle Übungen des Hürdensprungs, nicht nur mit dem schweren Bock.

Das Training wird mit den größeren Hunden so lange fortgesetzt, bis der kräftige Hund mindestens 18 Pfund, der schwächere (Kleiner Münsterländer oder Wachtel) wenigstens etwa 14 Pfund aus mindestens 300 m Entfernung heranträgt, ohne ernste Ermüdungserscheinungen zu zeigen. Nur auf diese Weise steigern wir seine Leistungsfähigkeit so, dass er später im anspruchsvollen Jagdbetrieb an Fuchs, Hase und Gans nicht versagt.

Der schwere Fuchsbalg – Zwischen dem Tragen des Oberländer-Apportierbockes und dem eines stärkeren Stück Niederwildes (Fuchs, Hase) besteht insofern ein erheblicher Unterschied, als der Bock ausbalanciert und an der Griffstelle absolut fest ist. Fuchs und Hase erfordern nicht nur eine andere Grifftechnik, sondern der Hund muss von sich aus die gewichtsmäßige Mitte finden und ergreifen, um die Balance halten zu können. Den Übergang erleichtern wir dem Hund erheblich durch Üben mit dem etwa 12 bis 15-pfündigen Fuchsbalg. Die Herstellung des Balges ist bereits auf Seite 105 beschrieben. An dem Balg soll die Lunte nicht fehlen, die den Hund beim Tragen (durch Drauftreten) leicht behindern kann. Er soll sich an die natürliche Form gewöhnen. In der Mitte (nicht nach Zentimetern, sondern nach Gewicht) dieses Apportiergegenstandes wird der Balg in ca. 12 cm Breite mit festem Bindfaden derart umschnürt, dass die Rolle hier nur eine Stärke von etwa 8 cm hat. Durch diese Maßnahme wird der Hund veranlasst, sich an die richtige Griffstelle zu gewöhnen.

Das Bringen dieses Balges wird meist keine Schwierigkeiten machen, weil der Hund an solches Gewicht schon gewöhnt ist, es sei denn, dass ihm der Geruch des Fuchsbalges unangenehm sein sollte. In diesem Fall nehme ich zunächst einen leeren, getrockneten Fuchsbalg und übe gemäß Schrittfolgen (Übungen 3 bis 9) zunächst das Halten und Tragen, sodann das Aufnehmen und Bringen (auch auf größere Entfernungen). Insgesamt dauern diese Übungen in der Regel nicht länger als etwa 20 Minuten. Als nächsten Zwischenschritt kann ich die Übungen in gleicher Folge noch mit einem leichteren, ausgestopften Fuchsbalg durchführen. Wichtig ist, dass ich mich stets absolut konsequent durchsetze. Eine Auseinandersetzung zwischen Herr und Schüler, die unter allen Umständen immer zugunsten des Herrn enden muss, ist stets von größter Bedeutung. Irgendwann erfolgt sie im Laufe der Apport-Dressur, notfalls müssen wir eine Gelegenheit dazu suchen (s. Übung 14). Im Übrigen weisen wir auf unsere vielfältigen Erfahrungen hin, dass jeder konsequent am Fuchs durchgearbeitet Hund zum freudigen, zuverlässigen Fuchs-Bringer in der jagdlichen Praxis geworden ist.

Wild – (Taube, Rebhuhn, Kanin, Krähe, Elster, Ente, Gans, Marder, Fuchs). Das Üben mit vielen verschiedenen Wildarten hat nicht nur das Erlernen der unterschiedlichen Grifftechniken zum Ziel, sondern muss zudem die mögliche Abneigung oder Vorliebe des Zöglings gegen oder für die eine oder andere Wildart berücksichtigen. Es kann auch die übergroße Vorliebe zum Nachteil sein, weil mancher Hund sich in so freudiger Erregung auf diese Wildart stürzt, dass er es mit zu hartem Griff packt. Bemerkt der Abrichter beim Hund eine derart überschäumende Vorliebe, so achte er mit besonderer Sorgfalt und Strenge auf ein korrektes, beherrschtes Bringen.

Relativ häufig tritt der Fall ein, dass der Hund das Aufnehmen von Rabenvögeln (Krähe und Elster) oder von Raubwild anfangs verweigert, mindestens dabei zögert. In allen Fällen, in denen dem Zögling erstmals eine neue Wildart zum Bringen vorgesetzt wird, üben wir mit dem angeleinten Hund in zügiger Schrittfolge vom Dulden im Fang bis zum Herantragen. Jedem erfolgreichen Schritt folgt das angemessene Loben. Sollte der Hund sich bei einem Schritt sträuben, so gehe ich einen Übungsschritt zurück, setze mich schließlich aber immer durch

Federwild wird dabei so gehalten, dass die Schwingen sich geschlossen im Fang befinden und die Bauchseite nach vorn zeigt, Haarwild derart, dass der Hund das Rückgrat fasst. Letzteres ist – namentlich bei schwerem Wilde wie Fuchs und Hase – unerlässlich.

Erst nachdem der Hund das Stück Wild richtig tragen gelernt hat, legen wir es einige Schritte weiter weg und lassen es mit »Apport« von dem angeleinten Hund aufnehmen und bringen. In diesem Ausbildungsstadium darf nicht geduldet werden, dass er ohne Bring-Befehl zum Stück eilt.

Besondere Schwierigkeiten bereitet oft das erste Aufnehmen des frisch geschossenen Hasen, weil dieser wegen des außerordentlich locker sitzenden Balges gar zu leicht dem Fang entgleitet. Ehe man den Hund den warmen Hasen bringen lässt, soll er durch das Bringen warmer Kaninchen und kalter Hasen möglichst schon eine Vorübung haben. Den ersten warmen Hasen lege man so, dass der Hund ihn mit dem Rückengriff fassen kann, gehe mit dem angeleinten Hund auf ihn zu und lasse den Hasen schnell aufnehmen. Erst nachdem der Zögling auf diese Weise den warmen Hasen einwandfrei und ohne Zögern aufzunehmen gelernt hat, übe man das Bringen auf der Führerrückfährte.

Die größten Schwierigkeiten pflegt das Bringen des Fuchses bei nicht ausgesprochen fuchsfreudigen Hunden zu machen. Haben wir mit dem Hund das Bringen des 18-pfündigen Apportierbockes und des 15-pfündigen Fuchsbalges hinreichend geübt, so kann das Aufnehmen und Tragen des Fuchses ihm wegen des Gewichts nicht mehr schwerfallen. Wir empfehlen daher, die Vorübungen im Schwerapportieren recht ausgiebig vorzunehmen. Beim ersten Mal nehme man einen kalten Fuchs, jedenfalls dann, wenn er von mehr als mittlerer Größe ist. Der Abrichter setze sich unter allen Umständen durch, das heißt die Übung darf nicht abgebrochen werden, ohne dass der Lehrling den Fuchs aufnahm und brachte.

Von besonderem Wert ist der Sprung über die Hürde, Gräben und andere Hindernisse mit dem Fuchs. Er lernt hierbei den richtigen Griff und das Balancehalten und vergisst seinen möglicherweise vorhandenen Widerwillen gegen den Fuchs.

Im Übrigen ist das beste Mittel die Abneigung des Hundes gegenüber dem Fuchs zu beheben, indem man in den Monaten Juli/August im Beisein des Hundes einen Jungfuchs erlegt und unmittelbar nach dem Erlegen den Hund auf diesen anhetzt. Wenn das gelingt, soll der Hund den Jungfuchs auch ruhig beuteln. Denn nicht das Apportieren steht hier zunächst im Vordergrund, sondern das Schlüsselerlebnis des Hundes, über welches der Fuchs für ihn zu einem begehrten Beutetier wird. Die Apport-Dressur mit dem Fuchs wird somit erheblich erleichtert.

Hier empfehlen wir, sich zunächst 20 bis 40 Schritte zurückzuziehen, sobald der Hund den roten Freibeuter beutelt, und ihn hierbei nicht zu stören. Wenn er sein Mütchen an dem Gegner gekühlt hat, wird er sich wahrscheinlich bei der Beute stehend nach seinem Herrn umsehen, der in diesem Augenblick weitere Schritte rückwärts macht, als wolle er sich entfernen. Oft nimmt der Hund nunmehr den Fuchs von selbst auf und eilt auf seinen Herrn zu. Ausgiebiges Loben und korrektes Abnehmen sind selbstverständlich. Solche Hunde werden später einen Fuchs kaum liegenlassen. Bringt der Hund den Fuchs nicht von sich aus, so gebe der Hundeführer kein »Apport«-Kommando, sondern hole den Fuchs selbst. Er lasse mindestens eine Viertelstunde vergehen und übt sodann an der Leine ein ordnungsmäßiges Aufnehmen, Tragen und

Ausgeben. Erst wenn der Hund sich hierbei willig und zuverlässig erwiesen hat, lasse man ihn den Fuchs auf der Führerrückfährte bringen.

Jede Gelegenheit zum Bringen eines Fuchses ist auszunutzen. Jeder Fuchs kann – je nach Witterung – tage- oder wochenlang zum Üben benutzt werden. Dazu ist er an einem luftigen Ort aufzuhängen. Der Hund hat auch das Bringen des nicht frischen Raubwildes zu lernen.

Taube und Ei – sind Gegenstände, mit denen wir üben sollten, wenn der Hund ständig oder gelegentlich einen zu harten Griff zeigt. Der saubere Apporteur soll nicht verendetes Federwild lebend bringen und muss die Stärke seines Griffes dem jeweiligen Objekt anpassen. Bei spielender Abrichtung ist das Drücken oder gar Knautschen von zartem Wild sehr häufig. Wenn ein nach unserer hier geschilderten Methode abgerichteter Hund Wild noch zu hart anfassen sollte, so ist der Grund in der Regel in seiner Nervosität zu finden. Der aufgeregte, unruhige, manchmal auch verunsicherte Hund neigt viel mehr zu einem harten Griff als der ruhige und beherrschte Zögling. In manchen Fällen waren auch die ersten Apport-Grundübungen zu rasch bzw. zu oberflächlich abgehandelt. Fasst der Hund also den Strohbock, das Huhn, das Kanin usw. zu fest an, so übe man – zunächst im Dressurterrain, später im Freien – mit einem hartgekochten Hühnerei und einer frisch getöteten Taube. Die Eischale splittert bei relativ geringem Druck, die Taube (gleichgültig, ob Wild- oder Haustaube) erfordert einen besonders losen Griff, um nicht unzählige Federn zu lassen. Selbstverständlich befindet sich der Hund hierbei an der Leine. Mit jedem der beiden Gegenstände werden

Apport« das Ei

nun die ersten Apport-Grundübungen wiederholt, vom Dulden im Fang bis zum Aufnehmen vom Boden und Tragen über einige Meter.

Eine alternative Methode ist, eine frisch getötete Taube mit einem 2 mm starken Draht spiralförmig zu umwickeln, so vorbereitet hoch in die Luft zu werfen, gleichzeitig zu schießen und »Apport!« zu befehlen. Der Hund wird sich draufstürzen, zupacken und angesichts des unangenehmen Drahtes wieder fallen lassen. In aller Ruhe wird der Hund danach angeleint. Auf der Grundlage der vorangegangenen Übungen wird er die drahtumwickelte Taube in unmittelbarer Folge im Fang dulden, tragen und ergreifen und schließlich vom Boden aufnehmen und holen. Eventuell kann man die Prozedur wiederholen. Es ist im Übrigen eine bewährte Methode, dem Hund das Knautschen abzugewöhnen.
(s. auch Seite 300 ff.)

Hat er die Aufgabe 2- oder 3-mal zur Zufriedenheit gelöst, so übe man gleich anschließend mehrfach abwechselnd auch mit dem schweren Fuchsbalg bzw. Fuchs und lasse den Hund alle Gegenstände über die 1 m hohe Hürde bringen. Er lernt hierbei nach einigen Wiederholungen mit Sicherheit, je nach Bedürfnis, lose oder fest zuzufassen. Ein recht gutes Mittel ist auch das Apportieren von:

Schlüsselbund und Taschenmesser – Beide Gegenstände wird der Hund immer recht lose fassen, weil das Metall ihm weniger angenehm ist. Diese Übung hat außerdem den Vorteil, dass unser Jagdgefährte dadurch an das Bringen verlorener Gegenstände seines Herrn gewöhnt wird. Ein gelegentliches Üben mit Hut, Mütze, Leine (zusammengebunden), Brieftasche, Stock usw. kann nur nützlich sein.

ÜBUNG 13

Das Bringen ohne Kommando »Apport«

Die Bringtreue – richtiger wäre es, »Bring-Zuver lässigkeit« zu sagen – ist eine wertvolle Eigenschaft. Der fertig ausgebildete Jagdgebrauchshund soll seinem Hundeführer alles gefundene Wild, sei es auch kalt oder anbrüchig, bringen. Abgesehen davon, dass wir nach Treibjagden im eigenen oder fremden Revier in den Besitz von noch verwertbarem Wild kommen, geben uns solche Funde Aufschluss über besondere Vorkommnisse im Revier, beispielsweise über durch Wildkrankheiten verendetes Wild (zum Beispiel EBHS am Hasen). Auch bei Bringtreue wollen wir unseren Anspruch der Zuverlässigkeit obenan stellen. Wir beginnen die Übung damit, dass wir irgendein Stück Wild (oder auch mehrere an verschiedenen Stellen) möglichst weit von unserer eigenen Fährte weg in eine Deckung werfen, sodass wir den an der betreffenden Stelle revierenden Hund gut beobachten können. Einige Stunden später oder am nächsten Tag lassen wir den Hund die Deckung mit gutem Wind absuchen und beobachten, ob er das gefundene Stück ohne Befehl aufnimmt und bringt. Sollte er das gefundene Stück unbeachtet oder nach Bewinden liegen lassen, so ist er sofort mit »Apport« zum Bringen anzuhalten. Kommt er dem Befehl nach, wird er lebhaft gelobt. Nur ausnahmsweise wird es vorkommen, dass ein durchgearbeiteter Hund unserem Befehl zum Bringen nicht unverzüglich nachkommt. Es ist selbstverständlich, dass er in einem solchen Ausnahmefalle zum Aufnehmen an der Leine gezwungen wird. Im Allgemeinen kann der ansonsten im Apportieren sorgfältig ausgebildete Hund bei diesen Übungen mehr durch ausgeprägtes Lob als durch Zwang motiviert werden. In diesem Zusammenhang ist zur Förderung der Bringtreue viel Lob die beste Hilfe.

Nach einem halben Dutzend Wiederholungen nimmt der Hund regelmäßig auch ohne Kommando jedes gefundene Stück Wild auf und bringt es. Wir üben nunmehr auch in Dickungen, in denen der Hund sich unbeobachtet fühlt.

Wir steigern seine Sicherheit, indem wir gelegentlich von einer Schneise aus eine Krähe, ein Kaninchen, eine Taube oder jedes andere beliebige Stück Wild erlegen, es unberührt liegen lassen, damit an ihm keinerlei menschlicher Duft haftet, um am nächsten Tag die Übung an dem erlegten Stück zu wiederholen.

Besonders wichtig ist die Übung mit dem kalten Fuchs. Bringt er auch den regelmäßig, können wir mit Zuversicht sagen, einen bringtreuen Hund zu besitzen.

ÜBUNG 14

Das Bringen bei Störungen

Nachdem der Hund in systematischer Schrittfolge zunächst im Dressurterrain, danach im Freien bzw. im Revier gelernt hat, alle möglichen verschiedenen Gegenstände seinem Herrn getreulich zu bringen, gewöhnen wir ihn daran, auch bei stärksten Störungen das Gleiche zu tun. Bei allen Gesellschaftsjagden sind solche Störungen insbesondere durch Schüsse an der Tagesordnung, und deshalb muss er vorher lernen, dass er den aufgenommenen Gegenstand unter keinen Umständen fallen- oder liegenlassen darf. Wir führen also möglichst viele verschiedene Störungen bewusst in dem Augenblick herbei, wo der Hund mit dem Apportiergegenstand unterwegs ist, und zwar anfangs in unserer unmittelbaren Nähe, später auch bei größerer Entfernung (mehrere 100 m). Beispielhafte Störungen: das Anhetzen eines oder mehrerer anderer Hunde durch einen Gehilfen, aufgeregt rufende Treiber, das Nachahmen des Klagens eines Hasen durch einen Gehilfen, Schüsse und nicht zuletzt das in seiner Nähe an der Reizangel kreisende Greifstück oder gar flüchtendes Wild. Erblickt man einen fest im Lager sitzenden Hasen, so kann man, nachdem der Hund ein Stück Wild aufgenommen hat, den Hasen von einer anderen Person aus seiner Sasse stoßen lassen. Noch größer wird natürlich die Versuchung, wenn dabei gleichzeitig in die Luft geschossen wird.

Wir empfehlen, die Übungen erst dann vorzunehmen, wenn der Hund auch im »Halt« und im »Kriechen« ausgebildet ist und den Gehorsam am Hasen gelernt hat. Dann können wir ihn im Fall seines Fehlverhaltens nach seiner Rückkehr von der Hasenhetze an der Leine bis zum liegengelassenen Apportel kriechen und das Apportel erneut aufnehmen lassen (s. Seite 174).

Zur Festigung der Zuverlässigkeit des Bringens bei Störungen sind meiner Fantasie für weitere Ab lenkungen natürlich keine Grenzen gesetzt. Entscheidend bleibt dabei aber, dass ich als Hundeführer meine Konzentration voll und ganz dem Hund widme, das heißt die Durchführung der Ablenkung gegebenenfalls einer Hilfsperson übertrage.

Die Auseinandersetzung zwischen Herr und Hund während der Apport-Dressur

Wer die bisherigen Ausführungen aufmerksam gelesen hat, wird feststellen, dass jedes dem Abrichter erwünschte Verhalten des Hundes erzwungen, jede spielerische Gewöhnung vermieden wurde. Jede Spielerei ist Gift bei der Abrichtung. Unter ablenkungs- oder stressbeladenen Umständen wird der spielerisch ausgebildete Hund in der rauen Praxis versagen. Sinn und Zweck unserer Grundabrichtung ist aber – das ist schon mehrfach dargelegt – nicht nur das Lehren einzelner Verhaltensweisen, sondern darüber hinaus dem Jagdhund die zweifelsfreie Erkenntnis zu vermitteln, dass jegliche Verweigerung oder gar Auflehnung gegenüber seinem Meister aussichtslos ist.

Diese Verinnerlichung des Hundes ist für die spätere Führung in der Praxis von ausschlaggebender Bedeutung.

Damit der Hund zu dieser Erkenntnis kommt, bedarf es gelegentlicher ernster Auseinandersetzungen zwischen mir und meinem Jagdhund, wenn der sich meiner Forderung verweigert. Der Ausgang solcher Auseinandersetzung muss stets mit der kompromisslosen Unterordnung des Hundes enden. Im normalen Verlauf der Abrichtung ergeben sich immer Gelegenheiten zu solcher Demonstration des Durchsetzungsvermögens des Abrichters. Danach wird der Hund für sein Wohlverhalten unmittelbar und ehrlich gelobt.

Als deutlichstes Zeichen der Auflehnung des Hundes gilt sein aktiver Angriff gegen den Herrn, bei dem der Hund ihn anknurrt oder gar anfällt. Der Fall ist zwar selten, aber keineswegs ausgeschlossen. Wir haben ihn vor allem während unserer Lehrgangstätigkeiten etwa ein Dutzend Mal erlebt. Sollte es also einmal zu so einem aktiven Widerstand kommen, so ist er nach dem im Abschnitt »Charakter und Persönlichkeit des Abrichters« genannten Verfahren (s. Seite 98) zu bereinigen. Selbstsicherheit und Selbstbeherrschung des Abrichters setzen den Erfolg voraus. Wer etwa selbst verunsichert ist oder gar Angst hat, wird scheitern. Der feste Wille des Abrichters und seine Selbstsicherheit sind von entscheidender Bedeutung.

Im Allgemeinen ist bei unseren Jagdgebrauchshunden deren Lernfähigkeit ziemlich ausgeprägt und oft kommen sie unseren Wünschen in derartigem Maße entgegen, dass sich kaum eine Gelegenheit zu einer ernsten Auseinandersetzung einstellt. Darin liegt allerdings auch eine Gefahr, weil der Hund das kompromisslose Durchsetzungsvermögen seines Abrichters nicht erfährt. In solchen Fällen raten wir dringend, ein Versagen des Hundes bewusst herbeizuführen, um ihn zu der geforderten Handlung zwingen zu können.

Dazu bieten sich bei den Apportierübungen gute Gelegenheiten. Insbesondere bei apportierfreudigen Hunden sind solche Gelegenheiten zu suchen. Es lohnt sich bestimmt für das ganze spätere Leben des Hundes. Sobald der Hund das Aufnehmen vom Boden auf den Befehl »Apport« beherrscht, wird die Übung mit demjenigen Apportier-Gegenstand, den er am wenigsten gern nimmt, so oft hintereinander wiederholt, bis er keine Lust mehr hat und das Aufnehmen verweigert. Danach wird das Aufnehmen in der beschriebenen Weise einige Male erzwungen, bei Wohlverhalten stets wieder ruhig und ehrlich gelobt. wird. Nach fortgeschrittenem Ausbildungsstand kann man fast bei jedem Hund ein Verweigern provozieren, indem man einen frisch geschossenen, noch warmen Fuchs für 12 bis 14 Stunden entweder flach eingräbt oder fest mit frischem Gras bedeckt, um diesen danach bringen zu lassen. Das so behandelte Raubtier nimmt einen Duft an, der fast allen Hunden zuwider ist. Durch diese Übung erziehen wir uns den zuverlässigen, nie versagenden Bringer allen Wildes.

Der oberste Grundsatz bei der Apportierdressur ist und bleibt: Der Hund bringt zunächst, weil er muss, nicht weil es ihm Freude bereitet. Die Freude am Apportieren stellt sich ganz von selbst ein, sobald er es richtig beherrscht und das verbindende Miteinander beim Jagen verinnerlicht hat. Alsdann bedeutet für ihn das Bringen ein Dürfen.

Das »Halt« (Down)

Das »Halt« ist das A und O der Unterordnung des Jagdgebrauchshundes. Den Hund dahin zu bringen, dass er in allen Lebenslagen und auf jede die Wahrnehmung des Befehls ermöglichende Entfernung todsicher »Halt« macht, ist eine sehr anspruchsvolle Aufgabe. Sie gelingt nicht jedem. Zuweilen fehlt es am Fleiß und der Bereitschaft, die notwendigen Maßnahmen durchzuführen.

Das Entscheidende für die erfolgreiche Führung des vielseitigen Jagdgebrauchshundes ist aber seine absolute Unterordnung, sein Gehorsam gegenüber seinem Hundeführer. Die Art und Weise, wie und mit welcher Sicherheit er in allen Lebenslagen »Halt« macht, ist der Maßstab für seine Folgsamkeit. Durch »Halt« beherrscht der Jäger seinen Hund und kann ihn vor allen durch die Jagdleidenschaft hervorgerufenen Fehlern bewahren. Durch »Halt« bekommt er seinen Hund restlos in die Hand. Hat der Hund diese Übung wirklich verinnerlicht, so lernt er alles andere wesentlich leichter. Denn eines ist ein für allemal erreicht: Der Hund hat gelernt, sich auf Wunsch seines Herrn dessen Willen unterzuordnen, und seine Widersetzlichkeit, die sonst – gerade bei charaktervollen Hunden – bei jeder dressurmäßigen Leistung leicht durchbricht, ist, wenn sie sich überhaupt noch zeigt, jetzt leicht zu überwinden. Die Autorität des Herrn ist anerkannt.

Der Hund muss in »Halt«-Lage den Kopf fest auf dem Boden bzw. zwischen den Vorderläufen zu liegen haben So erreichen wir sein Unterordnungsgefühl, welches aller Widersetzlichkeit von vornherein den Boden nimmt. Deshalb ist bei der Abrichtung in Haus, Hof und Garten der allergrößte Wert gerade auf diese Übung zu legen; stets ist dabei mit *größter Peinlichkeit*

Die korrekte »Halt«-Lage von Deutscher Wachtelhund, Deutsch Kurzhaar, Deutsch Drahthaar.

und Genauigkeit zu verfahren. *Das allergrößte Gewicht ist bei den Halt-Übungen auf vorschriftsmäßige Kopfhaltung zu legen.* Der Hund muss zu der Überzeugung kommen, dass es das Wichtigste in seinem Dasein ist, auf »Halt« nicht nur blitzartig zu Boden zu gehen, sondern auch den Kopf fest auf die Erde zwischen die Vorderläufe zu pressen.

Dem Außenstehenden ist es nicht einfach zu vermitteln, von welcher überaus großen Wichtigkeit gerade diese »Kleinigkeit« für den Gehorsam des Hundes ist.

Nirgends rächt sich eine nachlässige oder gar spielerische Dressur und ein inkonsequentes Verhalten des Abrichters so sehr wie bei der Übung »Halt«. Nach unseren Erfahrungen scheitern viele Führer an dieser Übung. Nicht das Lehren des Apportierens macht dem durchschnittlichen Abrichter Schwierigkeiten, sondern das korrekte, kompromisslos festsitzende »Halt« beim Hund. Und gerade dieses ist für eine saubere und erfolgreiche Führung in der jagdlichen Praxis so sehr hilfreich.

Im Bewusstsein, dass mancher Leser diese Art der Hundeausbildung nicht akzeptieren will, sei nochmals darauf hingewiesen, dass der arteigene, jagdliche Antrieb des Jagdhundes in Konkurrenz zu seiner Unterordnungs-Bereitschaft steht, wobei zunächst ersterer stets die Oberhand behält. Die Unterordnung des Hundes »in allen Lebenslagen« ist aber die Voraussetzung für kontrolliertes, erfolgreiches, gemeinsames Jagen und zudem angesichts der zunehmenden Straßenverkehrsdichte eine Lebensversicherung für den Hund! Nach abgeschlossener Ausbildung wird der Hund im Rahmen gelernter Unterordnung, ohne jegliche Einschüchterung, passioniert und in harmonischer Zweisamkeit mit dem Hundeführer jagen.

Stichwortartige Aufgliederung des Lehrstoffes für die praktischen Übungen:

1. Haltlage ohne starken Zwang, aber unter körperlicher Einwirkung
2. Halt und Liegenbleiben
3. Halt, der Hund geht auf Hör- und Sichtzeichen blitzartig zu Boden
4. Halt, der Abrichter entfernt sich vom Hund
5. Halt aus dem Stand und der Bewegung
6. Halt in Entfernung vom Abrichter und bei Ablenkung
7. Halt-vorwärts, das Kriechen

Geräte: kurze Führungsleine, lange Leine und Gerte

Wir geben dem Kommando »Halt« den Vorzug vor dem zum Teil üblichen »Down« (»Daun«), weil es sich kürzer spricht – namentlich beim Verschlucken des »l« – und deshalb ruckartiger wirkt.

INFO

Die Gerte ist als Ausbildungshilfsmittel kein Prügelinstrument! Sie ist vielmehr die »verlängerte Hand« des Ausbilders, mit der kurz und wohlbedacht nachgeholfen wird, wenn der Hund dem gegebenen und verstandenen Kommando (z.B. »Sitz«, »Halt«) nicht unverzüglich Folge leistet. Je konsequenter die Gerte situationsgerecht eingesetzt wird, desto weniger kommt sie zum Einsatz, weil der Hund umso schneller lernt.

»Halt!« auch für den Jagdgebrauchs-Teckel

ÜBUNG 1

»Halt« ohne starken Zwang, aber unter körperlicher Einwirkung

Der angeleinte Hund sitzt. Der Abrichter steht an seiner rechten Seite, lässt die Leine fallen, fasst mit der einen Hand über den Hals und drückt den Hund, während die andere Hand die Vorderläufe nach vorn zieht, mit dem »Halt«-Kommando zu Boden sowie seinen Kopf zwischen die Vorderläufe. Oft wird der Hund den Versuch machen, sich in der Hinterhand aufzurichten. Das verhindert der Abrichter mit der linken Hand, die mit gespreizten Fingern so über die Nierenpartie greift, dass die Finger auch einen Druck ausüben können. Gebückt stehend und den Hund festhaltend, lobt der Abrichter den Hund mäßig mit »so brav, mein Hund« und verharrt etwa 30 bis 40 Sekunden in dieser Stellung.

Bei den ersten Übungen kommt es auf eine korrekte Lage noch nicht an, aber mit peinlicher Sorgfalt achte man von Anfang an auf die Kopfhaltung am Boden, gestatte also unter keinen Umständen ein Hochnehmen des Kopfes. Dieser hat vielmehr stets fest auf dem Boden zu liegen. Es ist unsere Aufgabe, dem Hund begreiflich zu machen, dass ihm bei korrekter Kopflage nichts geschieht, er in dieser Lage allen unangenehmen Einwirkungen entgeht, dass aber das Hochnehmen des Kopfes oder gar das Aufstehen ohne Befehl empfindlich »weh tut«.

Mit »Hier« veranlasst der Abrichter den Hund zum Aufstehen, lässt ihn sich setzen und lobt unter Kopf-Streicheln und Halskraulen.

ÜBUNG 2

»Halt« und Liegenbleiben

Sobald der Zögling beim Liegen keinen Versuch zum Aufstehen mehr macht, was meist schon nach 5 bis 10 Übungen der Fall ist, lockert der Abrichter langsam seine Hände, drückt aber die Rechte sofort ruckartig wieder auf den Hals, wenn der Hund Miene macht, den Kopf zu heben oder gar aufzustehen. Wiederholungen sind so lange nötig, bis der Hund beim Fortnehmen der Hände ruhig liegenbleibt. Jede Übung endet mit »Hier« und kurzem Lob. Dieses sei aber nicht zu reichlich. Im Allgemeinen hat bei dem gesamten »Halt«-Unterricht eine strenge Luft zu wehen, und stärkeres Lob ist nur dann angebracht, wenn der Hund so eingeschüchtert sein sollte, dass er auf ein geringes Lob nicht mehr deutlich reagiert.

Allmählich geht der Abrichter dazu über, sich aufzurichten und bis zu einer Minute neben dem liegenden Hund zu stehen. Dabei empfiehlt es sich, die Gerte drohend über dem Kopf des Zöglings zu halten und jeden Versuch, den Kopf zu bewegen, durch einen leichten Hieb zu ahnden. Nach längstens 20 bis 30 Übungen an höchstens 2 bis 3 Tagen – häufig schon am ersten Tage – hat der Hund begriffen, dass er auf »Halt« zu Boden zu gehen und mit heruntergenommenem Kopf liegen zu bleiben hat.

Niederdrücken des sitzenden Hundes in die »Halt«-Lage, wobei die Vorderhand nach vorn gezogen wird.

Niederdrücken des sitzenden Hundes in die »Halt«-Lage, wobei die eine Hand auf den Halsansatz drückt und die andere die Hinterhand am Boden hält.

Verharren in der »Halt!«-Lage unter unmittelbarer, ursprünglicher Einwirkung ...

ÜBUNG 3

»Halt«, der Hund geht auf Hör- und Sichtzeichen blitzartig zu Boden

Der angeleinte Hund sitzt neben dem Abrichter, der die Gerte in die Hand nimmt. Die Leine wird unter dem linken Fuß hindurch gezogen und mit der freien Hand festgehalten. Mit dem Kommando »Halt« verbindet der Abrichter jetzt ein senkrechtes Heben des »stockbewaffneten« Armes und gleichzeitig zieht die andere Hand die Leine mit scharfem Ruck an. Durch dieses Anziehen wird das Vorderteil des Hundes zu Boden gezwungen. Stärkeren Widerstand oder Erhebungsversuche ahnde man sofort mit einem Gertenhieb, dessen Stärke der Eigenart und der Härte des Hundes angepasst sein muss.

...und ohne unmittelbaren Zwang.

»Halt!« oderTrillerpfiff, mit der Leine unter dem linken Fuß wird der Hund ruckartig zu Boden gezogen (Übung 3).

»Halt!« oderTrillerpfiff, mit der Leine unter dem linken Fuß – der Hund hat begriffen.

Wenn aber der Schüler die Bedeutung des Kommandos »Halt« sicher kennt, darf man mit der Zwangsanwendung nicht zu ängstlich sein. Ein schneller, der Situation angepasster Hieb fördert die Bereitwilligkeit zum blitzschnellen Niederfallen außerordentlich. Wir müssen und wollen von vornherein dem Lehrling die Notwendigkeit des *ruckartigen* Zu-Boden-Gehens vermitteln. Nie darf ihm der Gedanke kommen, dass eine Auflehnung dagegen möglich ist, vielmehr muss er von der Nutzlosigkeit jeden Versuches der Auflehnung oder auch nur der Nachlässigkeit überzeugt werden.

Von nun an achte man auch auf die korrekte Lage: Der Hund soll gerade auf den Hinterläufen (nicht auf einer Keule) liegen, die Vorderläufe nebeneinander nach vorn ausstrecken und den Kopf zwischen ihnen fest auflegen. Alle diese »Kleinigkeiten« sind wesentlich, keinesfalls nebensächlich. Primär bleibt jedoch immer das blitzschnelle Sich-auf-den-Boden-Drücken. Ein Schüler, der wahrhaft platt auf dem Boden liegt, neigt kaum mehr zur Auflehnung.

Da wir später bei der Führung im Revier auf weite Entfernungen mit dem Ruf »Halt« nicht immer genügend durchdringen und das Sichtzeichen naturgemäß nur dann angewendet werden kann, wenn der Hund zu seinem Führer hinäugt – was z.B. bei der Hetze nicht der Fall ist –, brauchen wir neben dem Sichtzeichen (Armhochheben) und dem Lautzeichen »Halt« ein weiteres Lautzeichen. Als solches benutzen wir den Trillerpfiff. Er dringt auch auf weite Entfernung durch und wirkt schlagartiger als jedes andere Hörzeichen.

Der Hund erlernt die Bedeutung des Trillerns in längstens 2 Tagen auf folgende Weise: Sobald er auf Armhochheben zu Boden zu gehen gelernt hat, verbindet der Abrichter mit dieser Geste nicht mehr den Ruf »Halt«, sondern wendet stattdessen den Trillerpfiff an. Wenn dieser Pfiff ab der dritten oder vierten Wiederholung bei nachlässigem Verhalten des Zöglings mit einem kurzen schnellen Gertenhieb begleitet wird, pflegt der Hund schon jetzt richtig zu verknüpfen. Mit dem Erfassen dessen, was wir wollen, ist es aber noch keineswegs getan. Es muss sehr fleißig weiter geübt werden, damit dem Zögling die Ausführung der Übung zur selbstverständlichen Gewohnheit wird.

ÜBUNG 4

»Halt«, der Abrichter entfernt sich vom Hund

Der Hund liegt in vorschriftsmäßiger Halt-Lage. Der Abrichter hält die Gerte mit der rechten Hand, gewissermaßen drohend über dem Kopf des Hundes. Bleibt der Hund korrekt liegen, tritt er einen, sodann einen zweiten Schritt vor den Hund, danach ein oder zwei Schritte nach links und dann nach rechts. Es kommt also darauf an, dass der Hund auch bei Bewegungen seines Herrn korrekt in der »Halt«-Lage bleibt. Auf jeden Versuch zum Erheben bzw. Bewegen des Kopfes oder gar zum Aufstehen reagiert er sofort mit einem kurzen scharfen »Halt« und einem angemessenen Gertenhieb. Verharrt der Hund einigermaßen sicher in seiner Lage, trete man hinter ihn. Wahrscheinlich wird er jetzt versuchen, den Kopf wenigstens zu drehen, um seinen Herrn nicht aus den Augen zu verlieren. Dem wirkt man dadurch entgegen, dass man, wenn man aus seinem Gesichtsfeld kommt, die Gerte so weit vorstreckt, dass sie von hinten etwa über die Nase des Hundes hinausragt. Da er die Bedeutung der drohenden Gerte bereits kennenlernte, belässt er in der Regel auch jetzt den Kopf auf der Erde.

Allmählich vergrößert der Abrichter die Entfernung vom Hund, umkreist ihn, springt auch einmal über den liegenden Hund oder führt durch einen Gehilfen irgendwelche Störungen herbei (Rufen, Anhetzen, Werfen von Gegenständen usw.). Immer noch bleibt der Hund angeleint. Mit der kontinuierlich vergrößerten Entfernung zum Hund wird anstelle der kurzen Führungsleine die lange Feldleine genommen. Bei jedem Erhebungsversuch erfolgt sofort die Korrektur bei gleichzeitigem »Halt«-Kommando per Gertenhieb oder Leinenruck. Sollte der Hund aufstehen und sich der Einwirkung seines Abrichters zu entziehen versuchen, so lasse man ihn ruhig in die Leine laufen, ziehe diese im Augenblick ihres Straffens mit einem scharfen Ruck an und bringe den Hund unter wiederholtem Rucken an der Leine und zwischenzeitlichen »Halt«-Übungen zu dem Platz, an dem er liegen sollte, wo er unter »Halt!«-Kommando erneut in die korrekte Halt-Lage gezwungen wird.

Störungen bei »Halt«-Übungen: z.B. Überschreiten des Hundes ...

...oder Klopfen auf den Boden.

Der Hund soll es lernen, wenigstens 5 Minuten in korrekter Halt-Lage liegen zu bleiben, gleichgültig, ob sein Herr in der Nähe bleibt oder nicht, und ohne sich durch Störungen beeinflussen zu lassen.

Das für die Praxis so wichtige Ablegen mit sehr viel längerem Liegenbleiben (s. dortigen Abschnitt) hat mit dem »Halt« unmittelbar nichts zu tun. Viel wichtiger als die Dauer des Liegenbleibens ist im Übrigen das blitzartige Einnehmen der korrekten Halt-Lage auf mein Kommando hin.

ÜBUNG 5

»Halt« aus dem Stand und aus der Bewegung

Klappen die Übungen 1 bis 4 zuverlässig, üben wir das blitzartige Niederfallen auf Befehl auch aus dem Stand und während der Gänge. Der Hund befindet sich also immer noch in unserer unmittelbaren Nähe. Das macht in der Regel kaum Schwierigkeiten. Aber in manchen Fällen kommt der Hund angesichts der für ihn etwas anderen Situation dem Befehl nur zögernd nach, was wir natürlich nicht dulden dürfen. In solchem

Fall helfen wir blitzschnell nach, indem wir die Leine hinunter treten, d.h. den Hund zu Boden ziehen und ggf. zudem die Gerte einsetzen. Auf die korrekte Halt-Lage ist dabei immer konsequent zu achten! Nach deren Auflösung durch das »Hier!«-Kommando muss aber ebenso konsequent das Loben folgen!

ÜBUNG 6

»Halt«, in der Entfernung vom Abrichter und bei Ablenkungen

Erst wenn das blitzschnelle Niederfallen auf »Halt«, Trillerpfiff oder Arm-Hochheben dem Hund schließlich zu einer Selbstverständlichkeit geworden ist, er also dem Befehl prompt nachkommt und auf »Hier« *freudig* herankommt, beginnen wir mit den Übungen des »Halt« auf Entfernung.

Der Hund soll also eine Befindlichkeit erreicht haben, die beim Haltmachen in ihm keine Einschüchterung oder Verunsicherung mehr auslöst, vielmehr für ihn das blitzschnelle Zu-Boden-Gehen nach dem »Halt«-Kommando zu einer verinnerlichten Gewohnheit wurde, der er dementsprechend selbstverständlich nachkommt. Die angestrebte und erreichte Befindlichkeit des Hundes wird neben der augenblicklichen Ausführung des Befehls vor allem dadurch deutlich, dass er nach dem »Hier« bzw. dem Doppelpfiff ausgeprägt freudig und flott herankommt.

Zur Übung: Der Hund sitzt, steht oder bewegt sich im Dressurterrain an der Leine in etwa 2–4 m Entfernung zu mir. In einem Augenblick, in dem er den Befehl zum Haltmachen nicht erwartet, ertönt mein kurzes scharfes »Halt« unter gleichzeitig senkrechtem Heben des mit der Gerte »bewaffneten« Arms. In der Regel wird der Hund dem Befehl dann prompt nachkommen. Sollte er dennoch zögern, erfolgt sofort ein Ruck an der Leine und ein kurzer Gertenhieb. Ich achte auf korrekte Lage. Sofern die Vorübungen *sorgfältig* vorgenommen wurden, macht diese Übung kaum Schwierigkeiten. Kontinuierlich vergrößere ich die Entfernung bis auf die ganze Länge der langen Leine, übe auch im Freien und bei Ablenkungen. Ich gebe beispielsweise den Befehl in einem Moment, in dem irgendein zufälliger oder absichtlich herbeigeführter Vorgang die Aufmerksamkeit des Hundes in Anspruch nimmt. Der Fantasie ist für künstliche Ablenkungen keine Grenze gesetzt: das Ertönen einer Hasenklage durch einen dem Hund nicht sichtbaren Gehilfen, das Jagen von Federvieh, das Vorbeiführen eines fremden Hundes in der Nähe, das Ziehen eines ausgestopften Balges an uns vorbei durch einen unsichtbaren Dritten u.a.m.. Wesentlich ist die Herbeiführung immer neuer und kontinuierlich stärkerer Ablenkungen, angesichts derer der Hund vom »Halt«-Befehl überrascht und zu dessen korrekter Ausführung veranlasst wird.

Hier haben wir mit der unter Abschnitt »Weitere Hilfsmittel« beschriebenen Reizangel (s. Seite 103 ff.) ein ideales, jederzeit anwendbares Hilfsmittel, soweit der Hund im Rahmen der Welpen-Früherziehung darauf geprägt ist. Hetzt der Hund passioniert und beutegierig hinter dem Greifgegenstand, so elektrisiert ihn auch schon der bloße Anblick desselben. Dieser starke Reizauslöser ist für die Halt-Ausbildung, insbesondere auch diejenige auf Entfernung hervorragend geeignet. Eine Hilfsperson bedient die Dressurangel. Der Hund geht angeleint neben mir. Der Helfer lässt den Greifgegenstand vor den Augen des Hundes zu Boden fallen. Mit ziemlicher Sicherheit wird sich der Zögling in gewohnter Weise darauf stürzen wollen, woran er durch mein scharfes »Halt« gehindert wird. Unter Umständen bedarf es recht intensiver Einwirkung, um hier die sofortige und korrekte Halt-Lage zu erreichen. Sie ist aber notwendig und kompromisslos zu erzwingen. Dann bewegt der Helfer langsam den Gegenstand, und ich konzentriere mich darauf, dass der Hund in korrekter Halt-Lage bleibt. Das Hochnehmen des Kopfes darf jetzt aber geduldet werden, damit der Hund die Bewegungen mit den Augen verfolgen kann. Das pflegt er zitternd vor Erregung und Passion zu tun. Bleibt er auch bei heftigen Bewegungen des Greifgegenstandes liegen, so gehen wir nach einer Pause einen Schritt weiter:

»Halt« auf Sichtzeichen

Mit dem nunmehr nicht angeleinten Hund stehe ich neben der Hilfsperson, mit der Trillerpfeife in der linken und einer längeren Gerte in der rechten Hand. Die Hilfsperson wiederholt die eben geschilderten Manöver. Klappt die Übung auch mit dem nicht angeleinten Hund, so gebe ich das Kommando »Hetz-Hetz«, woraufhin der Hund dem Beutestück hinterherhetzt. Während des Hetzens ertönt unvermittelt mein Trillerpfiff und ich erzwinge gegebenenfalls durch einen Gertenhieb das unverzügliche Zu-Boden-Gehen. Diese Übung bereitet bei korrekter Durchführung der Vorübungen kaum noch große Schwierigkeiten. Hierbei, wo der Hund sein ganzes Sinnen und Trachten auf den Greifgegenstand richtet, besteht auch nicht die Gefahr, dass er sich unangeleint den Einwirkungen seines Herrn zu entziehen versucht. Sitzt dieses »Halt« ohne Zwangseinwirkung auf bloßen Zuruf oder Pfiff, kann das abwechselnde Hetzen – Halt – Hetzen – Halt – Hetzen – Greifen beliebig oft geübt werden. Hierbei lernt der Hund zugleich, dass für ihn die Hetze im Grunde erlaubt ist, er allein dem »Halt!«-Kommando Folge zu leisten hat, d.h. das Hetzen (auch später am Wild) wird niemals bestraft, sondern gegebenenfalls das Nicht-Befolgen des verstandenen Befehls. Im Übrigen trägt diese Übung zu dem *reflexartigen* Zu-Boden-Gehen auch bei anderen Ablenkungen in höchstem Maße bei.

Wir achten immer auf korrekte und schnelle Ausführung und bestrafen jede Nachlässigkeit konsequent, loben gleichsam konsequent und lebhaft, wenn der Zögling sich wunschgemäß

Mit der Reizangel in der Hand lässt der Führer den Hund »Halt!« machen ...

... und dann mit vor dem Hund pendelndem Beutestück.

verhalten hat. Es sei sinngemäß wiederholt: Der Hund macht so schließlich die Erfahrung, dass das »Halt« für ihn nichts Unangenehmes bedeutet, vielmehr zum gemeinsamen Alltag mit seinem »Rudelführer« gehört.

Klappt die Übung gut, suche ich mir einen größeren umschlossenen Raum, dessen Begrenzung der Hund nicht wahrnimmt (Garten, kleine Einfriedung im Wald oder Offenland), wo ich seiner aber immer rasch habhaft werden kann. Dort setze ich die Übungen ohne Reizangel fort. Im freien Revier übe ich erst dann, wenn der Hund alles Vorhergehende im »Halt« zu vielfach wiederholten Malen einwandfrei erledigte. Kein übereiltes Vorgehen! Der nächste Schritt kommt immer erst, wenn die vorhergehenden Übungen tadellos absolviert werden.

Die Arbeit im »Halt« kann erst dann als vollendet angesehen werden, wenn das Zu-Boden-Gehen absolut reflexartig erfolgt. Und da es sich hier nicht um einen angeborenen, sondern zu erwerbenden Reflex handelt, muss die Übung über das ganze Leben des Hundes – wenn auch nicht mit gleicher Intensivität – immer mal wiederholt werden.

Schließlich schalten wir Ablenkungen auch beim Revieren in Wald und Feld ein, bis dem Hund das blitzschnelle Niederfallen auf Entfernungen bis zu etwa 150 m geläufig geworden ist.

Über den weiteren Weg zum »Halt« (Gehorsam) vor Wild lesen wir im Kapitel »Der Weg zum Gehorsam am Hasen«, s. Seite 235ff.

Der Hund hetzt in voller Fahrt hinter dem Beutestück der Reizangel.

Auf Trillerpfiff stoppt der Hund ...

...und »Halt!« heißt hier auch Kopf runter!

ÜBUNG 7

»Halt-vorwärts«, das Kriechen

Das Kriechen ist eine Variation der »Halt«-Disziplin und ist im Grunde eine sehr zielführende Strafübung für Fälle der Missachtung von *verstandenen* Befehlen. Die Ausbildung dazu sollte in der Regel nach Beherrschung der »Halt«-Übung 3 beginnen.

Das Kriechen ist für die laufende Grunddressur des Hundes bis hin für seine spätere Führung im Revier von erheblichem Nutzen. Im Einzelnen gehe ich wie folgt vor: Kriechen bedeutet ein Vorwärtsbewegen ohne aufzustehen. Der angeleinte Hund liegt in Halt-Lage. Ich stehe vor ihm, die Leine in der Linken, die Gerte in der Rechten. Ich rufe »Vorwärts« und ziehe dabei leicht an der Leine. Sollte der Hund fest liegenbleiben, so verstärke ich den Leinenzug zunächst noch nicht, sondern verbinde das Kommando »Vorwärts« mit dem für den Hund geläufigen »Hier«, um ihm deutlich zu machen, dass er auf »Vorwärts« nicht mehr liegen zu bleiben hat. Sobald der Hund sich halb erhoben hat, heißt es »Halt«. Auf schnelles Zusammensinken achten! Bei abwechselndem »Vorwärts« und »Halt« bewegt sich der Hund auf mich zu, der ich dabei rückwärtsgehe. Er lernt es sehr schnell, jedenfalls in ganz wenigen Tagen, dass er auf »Vorwärts« sich einerseits nicht voll erheben darf, andererseits aber auch nicht liegen bleiben darf. Daraus entsteht zwangsläufig das Kriechen. Sollte der Hund auch jetzt noch dazu neigen, still liegen zu bleiben, so ziehe ich energischer an der Leine, ziehe ihn notfalls sogar mit ruhiger fester Hand vorwärts. Er lässt sich nicht lange schleifen und gibt den passiven Widerstand bald auf.

Beim Lehren dieser Übung überanstrenge man den Hund nicht, lockere auch hinterher besonders stark auf. Das Kriechen strengt den Hund an. Es kommt während des ganzen Lebens des Hundes als wirkungsvollste und nie schädliche Strafübung in Betracht. Mit dem Kriechen kann ich den widerstrebendsten Hund in wenigen Minuten zum Einlenken bringen, *ohne dass er handscheu wird*, und ohne mich selbst nennenswert anzustrengen. Ihn beeindruckt bei richtiger Anwendung diese Strafübung sehr. Hat der Hund das Kriechen gelernt, so wird in der Folge jeder Ungehorsam, *insbesondere jede Nachlässigkeit gegenüber dem Befehl »Halt«* mit einer Kriechübung geahndet.

Bereits an dieser Stelle möchten wir uns mit der Frage auseinandersetzen, ob der Hund bei einem Missachten des verstandenen »Halt«-Befehls im Falle des Herausstoßens von Fasanen oder des Nachprellens oder vor allem des Hasenhetzens oder in allen anderen sonstigen Fällen der Gehorsamsverweigerung am Wild durch eine sofort anschließende Strafkriechübung falsch verknüpft. Von verschiedenen Seiten wird die Auffassung vertreten, dass das Kriechenlassen nach einer Hasenhetze etc. zwangsläufig zu der Verknüpfung des Hundes führen müsse, er würde für das Herankommen zum Hundeführer bestraft, mit der Folge von Handscheue. Die Ansicht scheint zunächst plausibel, kann aber nur darauf beruhen, dass keine ausreichende Erfahrung bzw. Vorstellung hinsichtlich des hier beschriebenen Durcharbeitens im »Halt« besteht. Der weiter unter Seite 235f. geschilderte Weg zum Gehorsam am Hasen ist an Hunderten von Hunden in der Praxis erprobt, und nicht ein einziger ist handscheu geworden, ja, es sind

Der Hund lernt das Kriechen.

sogar Hunde darunter gewesen, die handscheu übernommen wurden und nach einigen Monaten nicht nur gehorsam am Hasen waren, sondern auch die Handscheue verloren hatten. Wenn ein Hund durch das Kriechenlassen nach einer verbotenen Hetze handscheu wird oder sonst unerwünscht verknüpft, so ist nicht die hier beschriebene Methode daran schuld, sondern der Abrichter, der die vorauszusetzende, sinngemäße Haltdressur nicht konsequent durchführte.

Vor jedem Lob, jedem Tadel, jeder Strafe hat sich der Abrichter stillschweigend zu fragen, ob der Hund auch in seiner Wahrnehmung verknüpft, weswegen er gelobt, getadelt oder gestraft wird. Somit muss der qualifizierte Abrichter stets überlegen, ob der Hund seine Einwirkung richtig verknüpft. Nur wenn ich diese Frage bejahen kann, werde ich dem Hund gerecht und den erwünschten Erfolg haben. Unsere sämtlichen Hunde haben auch nach einer verbotenen Hetze, sei es an Reh, Hase oder anderem Wild oder nach dem Nachprellen hinter Flugwild, kurz bei fast jedem Ungehorsam kriechen müssen. Wie ist es nun zu erklären, dass alle diese Hunde verschiedenster Rassen niemals handscheu wurden, sondern immer richtig verknüpften? Wenn man allerdings einen rohen Hund, der das Durchsetzungsvermögen seines Herrn noch gar nicht erfahren hat, vor Wild – natürlich vergeblich – abzupfeifen sucht und ihn nach seiner Rückkehr von der Hetze mit dem Kriechenlassen bestraft, so wird der Hund naturgemäß zu der unerwünschten Verknüpfung kommen müssen, dass allein das *Herankommen zum Hundeführer*, (und nicht der »Ungehorsam«) etwas Unangenehmes nach sich zieht, – dann wird er natürlich handscheu. Nicht viel anders liegt die Sache bei einem spielend dressierten Hund, der alles mehr oder weniger freiwillig macht, bei dem immer darauf gesehen ist, ihn bei guter Laune zu halten. Wir können uns sehr wohl vorstellen, dass diejenigen Abrichter von Jagdhunden, die glauben, ohne Zwangsanwendung auskommen zu können, bei der Führung im Revier nach einer Hetze oder einem Nachprellen mit einer Strafe den Hund falsch behandeln. Ein solcher Hund entspricht eben (noch) nicht dem von uns und sehr vielen anderen erfolgreichen Hundeführern geübten Verfahren.

Dieser Hund beherrscht die Kriech-Übung.

Aber auch notorische Wildhetzer, die bislang in diesem Ausleben ihrer Leidenschaft immense Erfüllung fanden, können durch eine konsequente wie konzentrierte »Halt«-Dressur (inklusive Kriechen) »geheilt« werden, solange sie sich noch im dressurfähigen Alter befinden. Dazu können wir durchaus Beispiele beschreiben, wollen in diesem Rahmen aber davon absehen. Während zu Beginn des »Heilungsprozesses« das ganze Sinnen und Trachten des Hundes auf das Finden und Hetzen von Hasen gerichtet ist, er dabei seinen Hundeführer gewissermaßen als nebensächliche Begleitperson betrachtet, so änderte sich das mit dem Fortschreiten der konsequenten »Halt«-Abrichtung. Der Hundeführer wird für den Hund zum beherrschenden Mittelpunkt, von dem aus er jederzeit das »Halt«-Kommando erwarten kann, welches ihn blitzartig in die korrekte Lage niederfallen lässt. Jedes Nichtbeachten des Kommandos, so hat er es zwischenzeitlich verinnerlicht, bringt ihm Unannehmlichkeiten. Nebenher hat der Hund gelernt, dass ein Auflehnen gegen den Willen des Hundeführers zwecklos ist und er ihn insofern bedingungslos anerkennt. Geht ihm dennoch gelegentlich die Passion durch, sodass er trotz »Halt«-Kommando den Hasen hetzt, weiß er hernach um sein Fehlverhalten, und zwar nicht etwa in Bezug auf die Hetze, denn wegen solcher hat er ja nie Unangenehmes erfahren, sondern allein wegen seines Ungehorsams. Ihn plagt dann gewissermaßen »das schlechte Gewissen«, sodass er auch bei Rückkehr nach einigen Minuten richtig verknüpft, wenn er dann an der Leine zu der Hasensasse kriechen und dort einige Zeit in vorschriftsmäßiger »Halt«-Lage verharren muss.

Das Folgen frei bei Fuß

Diese für den praktischen Jagdgebrauch sehr wichtige Disziplin erzieht den Hund besonders dazu, sich auf seinen Herrn auch dann zu konzentrieren, wenn irgendwelche Ablenkungen auftreten. Ein angeleinter Hund kann bei jeder schnell nötig werdenden Schussabgabe stören; er lässt sich beim Pirschen auch nicht so schnell ablegen wie ein nicht angeleinter Hund.

Mit dieser Übung – ebenso wie mit dem Ablegen – beginnen wir erst dann, wenn im Hund das »Halt« mindestens mit der dortigen Übung 5 fest verankert ist, weil wir jeder Unachtsamkeit des Hundes am schnellsten durch das »Halt« Einhalt gebieten und seine Aufmerksamkeit auf den Hundeführer erzwingen können.

Die Übungen gehören im Grunde – gleich denen des Ablegens – zur »Überleitung in die Praxis«. Da aber ihr Beginn doch zweckmäßigerweise im umschlossenen Dressurterrain erfolgt, ist es sinnvoll, sie am Schluss der eigentlichen Grundabrichtung anzufügen.

ÜBUNG 1

Im umschlossenen Dressur-Terrain

Nach einer kurzen Wiederholung der Leinenführigkeit in der bisher üblichen Weise bleibt der Abrichter stehen, sodass sich der Hund ohne zusätzliches Kommando setzt. Dann wird ihm die Leine abgenommen und er mit »Fuß!« zum weiteren Folgen aufgefordert. Der Hund kennt das »Fuß«-Kommando aus der Übung 1 für die Leinenführigkeit und hat dort auch gelernt, bei jedem Stehenbleiben des Abrichters (Sichtzeichen) sich zu setzen. So gehe ich also

Folgen frei bei Fuß, der Hund noch unter Spannung.

mit dem mir folgenden Hund weiter und bleibe bei jedem Ansatz zum Vordrängen des Hundes sofort stehen, sodass er sich setzt oder gegebenenfalls per raschen Gertenhieb auf die Hinterhand daran erinnert wird.

Nach wiederholten Übungen konzentriert sich der Hund zunehmend auf mich und lernt dabei schnell, seinen Kopf neben meinem Knie, d.h. nicht weiter nach vorn zu halten. Wie aber, wenn der Hund seitlich oder anderweitig ausweicht? Dann wird er *augenblicklich* mit energischem und kurzem »Halt« auf den Boden gebannt, bleibt dort einige Sekunden in »Halt«-Lage und dann mit »Hier-Fuß!« zum Weiterfolgen aufgefordert. Sollte der Hund sich beim Zu-Boden-Gehen nachlässig zeigen, so trifft ihn sofort der Gertenhieb (s. Übungen 3ff. unter »Halt«). Diese Halt-Einwirkung bei jedem Abweichen vom Knie des Hundeführers erweckt zunächst eine gewisse Verunsicherung beim Hund, die aber auch mit höherer Konzentration auf den Hundeführer verbunden ist. Wenn er anfänglich möglicherweise mit gesenkter Rute neben seinem Herrn »schleicht«, schadet das durchaus nicht und ändert sich in der Regel schnell.

Ist der Hund allerdings übermäßig eingeschüchtert, bleibt er zurück oder legt er sich gar hin, dann muss er aufgelockert, freundlich angesprochen und mit der linken Hand liebevoll am Kopf berührt werden. So sorgen wir ja auch bei den Leinenführigkeitsübungen für den Ausgleich.

Wenn der Hund das freie Folgen bei Fuß unter der kontrollierten Bedingung im geschlossenen Terrain begriffen hat, schreiten wir zu

ÜBUNG 2

Im Freien

Wir verbinden sie mit einem Spaziergang. Hier pflegt man in dieser Disziplin am schnellsten vorwärts zu kommen, weil die Möglichkeit besteht, in besonders eindrucksvoller Form aufzulockern. Nachdem der Hund sich ausgelaufen hat, heißt es »Hier« und »Sitz« und (nach kurzem Lob) »Fuß«. Bei dem anschließenden Folgen frei bei Fuß kann man ohne Risiko beim Fehlverhalten das »Halt« konsequent durchsetzen. Klappt die Übung auf einer Wegeslänge von 100 bis 150 m einigermaßen, lasse ich den Hund nach kurzem »Sitz« mit aufmunternder Aufforderung frei laufen. Er begreift sehr schnell, dass er nun seinen Neigungen nachgehen kann, und vergisst jeden vorangegangenen Druck.

Nach 5 oder 10 Minuten wiederhole ich die Übung, und zwar wieder nur auf einer relativ kurzen Strecke (100 bis 200 m), um dem Hund dann wieder volle Freiheit zu geben. Diese Abwechslung wirkt sich außerordentlich fördernd aus. Nach 2, 3 oder 4 Wiederholungen an verschiedenen Tagen *und an verschiedenen Orten* verlängere ich die Strecken kontinuierlich bis auf 1 bis 2 Kilometer. Wichtig ist, jedes Fehlverhalten sofort mit »Fuß« oder »Halt« zu quittieren, nicht erst, wenn der Hund sich bereits 2 m abseits befindet. Auch die eigene Konzentration auf den Hund während der Übungen ist erforderlich. Das wird zuweilen schwierig, wenn ich bei solchem Spaziergang von einer oder gar mehreren Personen begleitet werde. Der Hund merkt dann meine mangelnde Aufmerksamkeit für ihn außerordentlich schnell und beginnt, mir nicht mehr korrekt frei bei Fuß zu folgen, sondern zu bummeln. Da muss ich mich konsequent entscheiden, entweder meine Begleitung bei dem Spaziergang zu vernachlässigen oder meinen Hund zu Hause zu lassen.

Folgt der Hund mir auf etwa 1000 m ohne allzu häufige Einwirkung zuverlässig frei bei Fuß, leine ich ihn im Revier beim Alleingang grundsätzlich nicht mehr an. Dadurch wird ihm das freie Folgen unmittelbar neben oder hinter mir in einer Woche zur Selbstverständlichkeit.

Ablenkungen wie bei den Sitz- und Haltübungen bewusst herbeizuführen, ist natürlich zweckmäßig, aber nicht unbedingt notwendig. Sie ergeben sich bei Reviergängen von selbst und müssen dann natürlich ausgenützt werden. Zu ernstlichen Schwierigkeiten kann es um deswillen nicht kommen, weil wir den Hund durch »Halt« jederzeit in der Hand haben. Bei dieser Führungsarbeit begreift er in wenigen Tagen, dass alles flüchtende Wild ohne Befehl nicht verfolgt werden darf, und das wirkt sich auf sein Gesamtverhalten außerordentlich segensreich aus.

Unter allen Umständen achte man bei diesen Übungen – nicht weniger später in der Praxis – mit besonderer Sorgfalt und Konsequenz auf sofortiges Setzen des Hundes, wenn der Führer stehenbleibt. Eines Hörzeichens bedarf es nicht

Der Hund geht entspannt frei bei Fuß.

mehr. Für den Hund muss das Verharren des Führers gleichbedeutend sein mit dem Kommando »Sitz«. Das Stehenbleiben ist für ihn das Sichtzeichen. Bei allen Übungen fällt daher das Hörzeichen »Sitz« von dem Augenblick an fort, in dem der Hund dieses Sichtzeichen für »Sitz« verinnerlicht hat. Setzt er sich beim Stehenbleiben nicht sofort, so trifft ihn zur Erinnerung blitzartig der Hieb mit der Gerte auf die Kruppe. Das Sich-Setzen wird ihm auf diese Weise zur selbstverständlichen Gewohnheit.

Bei allen diesen Übungen wechsle ich häufig die Gangart und achte darauf, dass der Hund sich dieser jeweils anpasst, d.h. insbesondere sich auf mich konzentriert. Der Wechsel vom normalen Spaziertempo auf zügig, auf verhalten, auf stehenbleiben, auf besonders langsam, auf wieder normal, etc. ist im Übrigen dem Pirschen immanent. Wenn der mich frei begleitende Hund dann noch gelernt hat, mir Wild anzuzeigen, welches ich noch lange nicht wahrgenommen hätte, wird das Jagen um viele Erlebnisse reicher.

Das Ablegen

ÜBUNG 1

Im Dressurterrain

Nach Übung 4 bei der »Halt«-Dressur hat der Hund gelernt, einige Minuten am Platz zu bleiben. Wenngleich die Disziplinen »Halt« und »Ablegen« entgegen anderer Wahrnehmungen unmittelbar nichts miteinander zu tun haben, kann man das insofern als kleine Vorübung (für das Ablegen) ansehen. Ansonsten sei darauf hingewiesen, dass diese Übung bereits im Rahmen der Früherziehung dem Welpen beigebracht werden kann.

Zur Übung: Der angeleinte Hund wird aus der Sitzstellung unter dem Kommando »Platz« oder »Ablegen« in die legere (!) Liegehaltung gedrückt. Bald erfolgt nur noch das neue Kommando, am Anfang eventuell unterstützt mit der Gerte und einem Zug an der Leine. Nach verhältnismäßig wenigen Einwirkungen hat der Hund begriffen und legt sich nach dem Kommando

Am Rucksack frei abgelegt.

unverzüglich hin. Danach entfernt sich der Abrichter unter dem Kommando »Bleib« und bei ausgestreckter Handfläche gegen den Hund (Sichtzeichen zum Bleiben) zunächst wenige Minuten, später kontinuierlich längere Zeit. Das Verlassen des Platzes wird mit korrekten Kriechübungen bis zum Platz geahndet, wonach der Hund es sich wieder »bequem machen«, also auch den Kopf hochnehmen darf.

Wir halten es für zielführend, schon jetzt jedes Mal irgendeinen Gegenstand unseres täglichen Gebrauchs (Rucksack, Handstock, Schweißriemen usw.) oder wenigstens das Taschentuch oder die Handschuhe bei dem Hund liegenzulassen. Das gibt ihm und uns einen Anhaltspunkt für den genauen Ablege-Ort und bedeutet für den Hund, dass wir ihn von dort immer wieder abholen. Nach wenigen Übungen besteht das Sichtzeichen nur noch aus einem leichten Anheben des Armes. Der Gegenstand sowie die Kommandos »Platz« und »Bleib« sind für den Hund Unterscheidungsmerkmale gegenüber dem »Halt«, die er schnell begreift.

ÜBUNG 2

Im Freien

Zum Ablegen wähle ich ein für den Hund unübersichtliches Gelände, zum Beispiel mit dichter Hecke oder kleiner Dickung, welches ich ringsum über Wege oder Schneisen leicht und lautlos begehen kann. Ich gehe mit dem angeleinten Hund der Windrichtung entgegen, lege etwa 15 Schritt von einer Dickungsecke entfernt am Rande der Deckung den Rucksack oder dergleichen auf die Erde und befehle »Platz«. Die Führungsleine lasse ich bei gleichzeitigem Kommando »Bleib« und Sichtzeichen lose zur Erde fallen und gehe weiter. An der nächsten Dickungsecke entschwinde ich seinem Gesichtskreis.

Die Übung wird zunächst auf keine Schwierigkeiten stoßen, da der Hund weiß, um was es sich handelt. Nur der Ort ist für ihn etwas Neues. Es sei wiederholt: Beim Ablegen des Hundes ist es gleichgültig, welche Stellung er einnimmt, er darf nur den Platz nicht verlassen.

Ich umschlage nun geräuschlos die Deckung und beobachte – nunmehr unter Wind – durch die Randzweige der Dickungsecke den etwa 15 Schritte entfernt abgelegten Hund. Der Hund soll den Verbleib des Hundeführers nicht erahnen. Er äugt naturgemäß dahin, wo sein Herr verschwand und woher zudem der Wind weht, also in entgegengesetzte Richtung. Bleibt der Hund gleich das erste Mal etwa 10 Minuten ruhig beim Rucksack, so trete ich hinter der Beobachtungsecke hervor, gehe zu ihm hin und befehle nach dem Aufnehmen des Rucksacks »Sitz« und lobe ihn dann ausgiebig.

Sollte der Hund aber in der ihm ungewohnten Umgebung den Rucksack nach einigen Minuten verlassen und auf der Fährte seines Führers nachkommen wollen, reagiere ich – für den Hund aus »heiterem Himmel« – mit scharfem »Halt«-Befehl oder Trillerpfiff, lasse ihn auf gleichem Weg zum Rucksack zurückkriechen und lege ihn dort erneut ab. Dieses Kriechen ist für den Hund sehr eindrucksvoll und bewirkt sein anschließendes Wohlverhalten. Es beinhaltet keinerlei Risiken wie etwa das Aufkommen von Handscheue, Misstrauen oder dergleichen. Bei jedem Abholen des abgelegten Hundes lasse ich ihn zunächst korrekt vor mir ein paar Sekunden lang sitzen, um ihn danach ehrlich zu loben.

Sein Niederknien nutzt der Hundeführer als weiteres Sichtzeichen zunächst für »Halt!«, verbindet es hernach aber nur noch als Sichtzeichen für das Ablegen, …

…sodass beim Niederknien des pirschenden Jägers der dann unangeleinte Hund sich einfach hinlegt.

In den folgenden Tagen verlängere ich die Zeit bei den Übungen unter häufigem Wechsel des Platzes auf eine halbe, eine ganze Stunde und schließlich auf 2 Stunden. Es ist immer zweckmäßig, ihn von einer anderen Seite abzuholen als derjenigen, nach der man fortging. Der Hund ist dadurch weit weniger geneigt, auf der Führerfährte zu folgen. Wir haben es übrigens bei einem nach der geschilderten Vorgehensweise abgerichteten Hund noch nicht erlebt, dass er bei den Übungen im Freien mehr als zwei Mal hintereinander den Platz verlassen hätte.

Nach und nach wird das Kommando »Bleib« immer leiser gegeben und entfällt schließlich ganz. Der Hund ist daran zu gewöhnen, dass er beim Heruntergleiten des Rucksacks oder dem Hinlegen eines anderen Gegenstandes mit der schräg-abwärts-rückwärts weisenden flachen Hand bei dem Gegenstand auch ohne Hörzeichen zu bleiben hat. Gerade dieses Ablegen ohne Lautzeichen ist für die Praxis auf der Pirsch außerordentlich wichtig. Bleibt der Hund nach einigen Tagen etwa 2 Stunden beim Rucksack liegen, so schalten wir Ablenkungen bzw. Verleitungen ein. Ein gutes Mittel ist die Mitnahme eines anderen Hundes, mit dem man weitergeht und der etwas später in Hörweite des abgelegten Hundes laut angehetzt wird, oder der Gebrauch einer Hasenquäke und schließlich das Schießen. Als besondere Verleitung wirkt, wenn entlang dem Boden und am Ablegeplatz nahe vorbei mit dem Attrappenwerfer (s. Seite 110 ff.) ein Dummy geschossen wird.

Jedes Verlassen des Platzes wird mit korrektem Kriechen zum Rucksack geahndet. Zeigt sich der Hund gegen all diese Versuchungen gefeit, so lassen wir auch die kurze Leine weg und wiederholen die Übungen ohne sie. *Niemals darf der bei einem Gegenstand abgelegte Hund abgepfiffen oder abgerufen werden, sondern muss immer unter Aufnehmen des Gegenstandes abgeholt werden.* Der Gegenstand bürgt dem Hund für die Rückkehr seines Herrn.

Wenn die Übungen mit den bewusst herbeigeführten Verleitungen vom Hund zufriedenstellend absolviert werden, nutze ich jede sich bietende Gelegenheit bei der Jagdausübung (Anpirschen, Ansitz) für Ablege-Übungen. Der Hund unterscheidet durchaus sehr bald zwischen rein exerziermäßigen Übungen und der Umsetzung in der Jagdpraxis. Bei letzterer ist er weit eher geneigt, auf eine Verleitung hin seinen Platz zu verlassen, insbesondere wenn er Schüsse als beuteverheißende Folge kennengelernt hat. Unter gar keinen Umständen darf er daraufhin zu einer Nachsuche irgendwelcher Art oder zu einer ihn motivierenden anderen Arbeit angesetzt werden! Vielmehr ist es unerlässlich, ihn wieder an seinen Platz zurückkriechen zu lassen. Andernfalls verleitet man ihn nur zur Wiederholung des Fehlers. Richtig ist es, sich selbst von dem dann erneut abgelegten Hund wieder zu entfernen, nach einiger Zeit die gleiche Ablenkung wiederholen zu lassen und ihn erst abzuholen, wenn er jetzt beim Rucksack ausgehalten hat. Man dulde beim Abholen auch nie ein Entgegenlaufen und unterbinde jedes vorzeitige Aufstehen des Hundes. Erst mein Aufnehmen des Gegenstandes und sein »Sitz« sind für ihn sein Zeichen für das Ende des Ablegens.

ÜBUNG 3

Ablegen ohne Gegenstand und Heranwinken

Neben dem Ablegen mit einem Gegenstand am Platz, wo der Hund stets abgeholt wird, kann die jagdliche Praxis auch das Ablegen ohne Gegenstand am Platz erfordern, wonach der Hund aus gewisser Entfernung herangerufen wird. Beim Pirschen etwa ist es gegebenenfalls angebracht, dass der Hund zurückbleibt, während der Jäger sich vorsichtig dem erblickten Wild allein nähert. Der Hund soll also lernen, unter besonders leisen bis lautlosen Bedingungen sich vorübergehend und ohne weiteren Gegenstand (Rucksack) ablegen zu lassen. Zudem soll er auf Laut- oder Sichtzeichen aus der Entfernung wieder ruhig zum Jäger herankommen. Die Aufgabe birgt allerdings die nennenswerte Gefahr einer Verwechslung bzw. dass der Hund sich gegebenenfalls »zu seinen Gunsten irrt«.

Deshalb beginne man mit dieser Variante des Ablegens sinnvollerweise erst dann, wenn der abgelegte Hund mit einem Gegenstand nach monatelanger Übung und auch gelegentlich der praktischen Jagd unter vielerlei Verleitungen sowie während längerer Zeit wirklich zuverlässig an dem Platz bleibt, er diese Disziplin absolut verinnerlicht hat.

Erst danach also muss der Hund zunächst lernen, beim Niederknien oder Sich-Hinlegen des Hundeführers in die Ablege-Lage zu gehen und diese erst auf Befehl wieder zu verlassen. Das lernt er im umschlossenen Dressurterrain in wenigen Minuten, wenn ich anfangs während jedesmaligem Niederknien »Platz« befehle. Rasch begreift er mein Niederknien als Sichtzeichen und wird bald auch ohne Lautzeichen (»Platz«) die Ablege-Lage einnehmen, woraufhin ich ihn verhalten lobend streichele. Selbstverständlich hat der Hund sich auf mein Niederknien hin unverzüglich hinzulegen, ansonsten helfe ich mit der Gerte nach. Wenn ich mich wieder aufrichte, darf er das nicht als Aufforderung verstehen, sich auch selbst zu erheben. Erst auf mein »Hier«-Kommando darf er aufstehen, setzt sich und wird verhalten gelobt.

Im nächsten Schritt erfolgt mein Niederknien aus der Bewegung heraus, während der Hund frei bei Fuß folgt. Nach einem halben Dutzend Übungen pflegt es auch hierbei keines Hörzeichens mehr zu bedürfen. Wenn das klappt und ich mich wieder aufgerichtet habe, gehe ich in schleichender Weise etwa 20 Schritte weiter, während der Hund zunächst liegenzubleiben hat, bleibe dann stehen und befehle ihm per »Hier!« oder leisen Doppelpfiff oder Heranwinken zu mir zu kommen. Nach jedem Herankommen lasse ich den Hund stets sich setzen und lobe ihn verhalten. Man achte peinlich darauf, dass der Hund sich nur auf eines der genannten Kommandos wieder erhebt und herankommt.

Das wird einige Male wiederholt, wobei ich die Entfernung zwischen mir und dem Hund, aus welcher ich ihn zum Herankommen auffordere, kontinuierlich bis etwa 100 Schritte vergrößere. Im weiteren Schritt entschwinde ich aus der Sicht des Hundes, warte etwa 2 Minuten und gebe dann das Lautzeichen zum Herankommen. Angesichts seiner aktuellen Vorbildung begreift der Hund die Übung als solche innerhalb von ein bis drei Tagen problemlos. Ein Problem aber kann beim Hund darin liegen, bei den beiden Ablege-Varianten absolut zweifelsfrei die unterschiedlichen Anforderungen an sein Verhalten zu verinnerlichen. Dazu bedarf es häufiger und abwechselnder Übungen zu beiden Varianten. Unmittelbar nach dem vorübergehenden Ablegen und Heranrufen aus der Entfernung wird der Hund deshalb immer wieder längere Zeit (mindestens 20 bis 30 Minuten) beim Rucksack abgelegt, worauf der Führer die schon oben genannten Ablenkungsmanöver exerziert (Schießen, Pfeifen, Rufen). Verlässt der Hund den Rucksack, so hat er in beschriebener Weise zum Rucksack zurück zu kriechen. Bei wiederholt abwechselndem Ablegen mit und ohne Gegenstand wird der Hund schließlich den Unterschied schon bald begreifen.

Nie aber darf ein Schuss der Auslöser zum Verlassen des Platzes sein. Auch das muss bei den abwechselnden Übungen eingeschaltet werden. Ausschließlich das »Hier!« bzw. der Doppelpfiff oder das Heranwinken dürfen dem ohne Gegenstand abgelegten Hund als Befehl (und Erlaubnis) zum Herankommen gelten.

INFO

Zur Erinnerung: Das »Halt« und das Ablegen sind in ihrer Funktion klar zu trennen. Das dürfen wir beim Abrichten nicht durcheinander bringen. Das »Halt« dient einerseits der Disziplinierung bei verbotswidrigem Verhalten des Hundes (Missachtung eines verstandenen Befehls) und andererseits zur Vorbeugung gefährlicher Situationen (z.B. drohender Verkehrsunfall). Beide Variationen des Ablegens dienen dem reibungslosen Miteinander beim Jagen und im sonstigen Alltag. Es liegt an meiner Kompetenz als Abrichter, die Unterschiede meinem Hund zu vermitteln.

Der Totverweiser und Totverbeller

Dem Totverweiser oder Totverbeller von Schalenwild kommt, namentlich im Rehrevier, eine gewisse Bedeutung zu. Die zuverlässige Riemenarbeit bleibt jedoch der wichtigste Teil des für die Schalenwildnachsuche auszubildenden Hundes. Auch die Totsuchen enden in der Regel am Riemen. Es gibt aber immer wieder Fälle, in denen der Jäger mit seinem Hund am Riemen nicht an das angeschweißte Stück herankommen kann (Nachsuchen, die eine Hatz erfordern) oder in denen ein Stück aus anderen Gründen nur in der Freisuche gefunden wird. Hier einen zuverlässigen Verweiser oder Verbeller zu besitzen, kann erfolgsentscheidend sein.

Wir haben insgesamt nur 2 Totverbeller ausgebildet und keinen freien Verweiser, dagegen eine größere Zahl Bringselverweiser und jahrzehntelang nur mit solchen in der Praxis gejagt. Unsere Erfahrungen mit dem Verbeller sind also gering, und es erscheint uns denkbar, dass Abrichter mit mehr Erfahrung auf diesem Gebiet bessere Methoden kennen. Aus diesem Grunde haben wir einen ungewöhnlich erfolgreichen Abrichter und Führer, Eduard LÖTSCHERT, gebeten, hier sein Verfahren und seine Erfahrungen mitzuteilen.

Dennoch wollen wir zuerst unsere eigene Methode mitteilen, sodass der Interessierte sich von beiden dem ihm persönlich näher liegenden Verfahren zuwenden kann. Alle Methoden beinhalten übereinstimmend, dass Fleiß, Konsequenz und Zwangsanwendungen notwendig sind, um den zuverlässigen Totverbeller auszubilden sowie die Verbeller-Ausbildung zunächst strikt von der Ausbildung zur Riemenarbeit auf der Schweißfährte getrennt erfolgt.

Über den freien Verweiser ausführlich zu schreiben, verbietet der Grundsatz, selbst nicht ohne eigene Erfahrung zu berichten. Während der Ausbildung zum freien Verweiser werden individuelle Neigungen des Hundes genutzt, ohne dass ein zuverlässiges, allgemein nachvollziehbares Ausbildungskonzept vorliegt. Er soll vom gefundenen Stück alsbald zum Führer zurückkommen, ihm durch sein Benehmen (Hochspringen am Führer, Ergreifen eines Rockzipfels, des Schweißriemens und dgl.) anzeigen, dass er gefunden hat und seinen Herrn zum Stück führen. Heute ist der freie Verweiser gegenüber dem Bringselverweiser, dessen Ausbildung relativ einfach und klar konzipiert ist (s. unten) und der in unserer Ausbilder- und Führungspraxis größeren Raum einnimmt, nahezu bedeutungslos geworden. So sehen wir von weiteren Ausführungen zum freien Verweiser ab.

Totverbeller

Es ist etwas außerordentlich Erhebendes, den Ruf des Totverbellers nach konzentrierter Riemenarbeit und scharfer Hetze vom Wundbett aus am gestreckten Stück Rehwild zu erleben. Es liegt wahre Poesie in solchem Erleben, und dem Jäger rieselt in seliger Ergriffenheit ein herrlicher Schauer den Rücken hinunter. Da kann er mit geschlossenem Auge genießen und »zum Augenblicke sagen, verweile doch, du bist so schön«.

Doch vor den Erfolg haben die Götter den Schweiß gesetzt. Es gehört schon eine monatelange Arbeit dazu, um einen Hund zu einem sicheren und zuverlässigen Verbeller zu machen. Zudem bedarf es bei Überleitung von der Ausbildung in die Jagdpraxis vieler Gelegenheiten und schließlich auch später noch ständiger Wiederholungen. Immerhin: Wer Passion, Zeit und dafür besonderen Sinn hat, soll sich seinen Hund zum Totverbeller machen. Dazu vorweg zwei Grundsätze:

1. Die »Todsünde« des Verbellers ist nicht mangelndes Lautgeben, sondern das Verlassen des gefundenen Stückes.
2. Solange der Hund nicht sicher und freudig verbellt, darf die Verbellerdressur nicht im Anschluss an eine Riemenarbeit auf der Rotfährte vorgenommen werden.

Zu 1: Neben dem Verbellen am Stück ist das zuverlässige Verbleiben am Stück deswegen von entscheidender Bedeutung, weil das Verlassen des Stückes nach monatelangen positiven Übungen im Vorfeld beim Hund ein »schlechtes Gewissen« erzeugt, woraufhin er blinkt, das heißt nicht mehr zum Stück zurückgeht. Das Stück wäre gegebenenfalls verloren.

In der Praxis kann ich einen beim gefundenen Stück verbleibenden, als Verbeller gearbeiteten Hund suchen und ihn, falls das Glück es will, dass ich in seine Nähe komme, durch Zuruf oder Pfiff zu einer Lautäußerung veranlassen, sodass ich in den Besitz des Stückes komme. Das gelingt jedenfalls häufiger, während das Stück nahezu regelmäßig verloren ist, wenn der Hund das Stück verlassen hat und sein »schlechtes Gewissen« ihn hindert, erneut zum Stück zu gehen.

Zu 2: Schweißarbeit und Verbellen sowie Verweisen sind zunächst zwei ganz verschiedene Vorgänge. Während der Hund das Verbellen und das Verbleiben am Stück unter Zwang lernt, er hier des öfteren Zwang erlebt und deshalb während der Dauer der Ausbildung zeitweise weniger freudig arbeitet, ist es unsere Aufgabe, dem Hund die Schweißarbeit zu einem für ihn freudigen Ereignis zu gestalten. Schweißarbeit leistet der Hund weniger, weil er *muss*, sondern weil er *darf*. Würden wir nun von Anfang an beide Arbeiten miteinander verbinden, so wird dem Hund die Freude am Ausarbeiten der Rotfährte genommen, denn er weiß, dass ihn am Schluss nichts anderes erwartet als der unangenehme Zwang zum Verbellen. Auf jeden Fall verderben wir ihn somit als Schweißarbeiter. Unseres Erachtens liegt der Hauptgrund dafür, dass so wenig Totverbeller ruhige und zielstrebige Riemenarbeiter sind, in der fehlerhaften Vorbereitung in der Weise, dass das Verbellen und die Riemenarbeit zu früh miteinander verbunden werden. Erst wenn dem Hund das Bellen am Stück zur Selbstverständlichkeit geworden ist, wenn der angewendete Zwang längst vergessen ist und der Hund deshalb freudig seinen Herrn »ruft«, darf der Zögling im Anschluss an eine erfolgreiche Riemenarbeit auf dem letzten Ende derselben zum Verbellen geschnallt werden.

Die Dissonanz zwischen dem zwangsweisen Verbellen einerseits und dem notwendigerweise konzentriert-freudigen Arbeitswillen auf der alten Rotfährte andererseits ist nach unserer Erfahrung die schwierigste Klippe bei der Ausbildung des Totverbellers.

Die Dressur als Totverbeller lohnt nur dann, wenn der Hund einen lockeren Hals hat und ihm

»Gib Laut!« unter Zeigen der Futterschüssel ...

... oder »Gib Laut!« unter Zeigen eines Brockens in der Hand.

ein längeres Bellen keine Beschwerden macht. Es gibt durchaus Hunde, die bei längerem Lautgeben körperlich nachteilig beeinflusst werden; sie werden heiser, matt und abgespannt. Derartige Hunde sind zur Ausbildung als Verbeller nicht geeignet. Man prüfe daher vorher die Veranlagung zum andauernden Verbellen, wozu eine auf einen niedrigen Baum gejagte Katze die beste Gelegenheit bietet.

Ist der Versuch positiv ausgefallen, so beginnen wir so früh wie möglich dem Hund das »Gib Laut!« zu einem Begriff werden zu lassen. Das kann schon im Alter von 8 Monaten und früher geschehen. Wie erreiche ich das?

Mit der gefüllten Futterschüssel in der Hand trete ich zur gewohnten Futterstunde an oder auch in den Zwinger und rufe dem hungrigen Hund in aufmunterndem Ton »Gib Laut!« zu, wiederhole dieses Kommando in Zwischenräumen auch öfters so lange, bis der Jüngling irgendeinen Laut von sich gibt. Tut er das, bekommt er sofort mit einem »So recht, mein Hund« sein Futter. Die Sache erfordert manchmal viel Geduld. Jedenfalls muss der Abrichter hier eine größere Geduld haben als der Hund, denn nur der ungeduldige Hund wird Laut geben. Man kann sich auch vorübergehend scheinbar entfernen, um die Ungeduld des Hundes anzureizen, um auf den ersten Ton hin sofort wieder auf den Plan zu treten und mit Lob das Futter zu reichen.

Dieses Lautgeben haben wir viele Hunde gelehrt, ohne sie später zum Verbeller auszubilden, und

»Gib Laut!« unter Zeigen der Futterschüssel mit der Rehdecke.

»Gib Laut!« an der Rehdecke mit daraufliegender Futterschüssel.

nie ernste Schwierigkeiten dabei gehabt. Spätestens nach einigen Tagen hatten sie begriffen, dass sie das Futter nur nach kurzem Anschlagen erhielten und gaben von diesem Augenblick an auf »Gib Laut!« sofort Hals, wenn ich mit der gefüllten Futterschüssel kam. Natürlich spielt vorläufig die Futterschüssel die Hauptrolle, und ohne sie hat man mit dem Kommando allein meist noch keinen Erfolg. Nach einigen Wiederholungen wird jedoch das Kommando doch schon zu einem Begriff für den Hund. Sobald er eine volle Minute lang ständig Laut gibt (immer noch beim Anblick der Schüssel), setze ich diese vor seinen Augen zu Boden, bedecke sie mit einer ausgestopften Rehdecke und befehle »Gib Laut!«. Es macht kaum Schwierigkeiten, ihn auch jetzt zum Halsgeben zu bewegen.

Durch die Verwendung der Rehdecke erreichen wir, dass diese im Laufe der Zeit mehr und mehr zum Mittelpunkt der Angelegenheit wird.

Hat der Hund auf diese Weise etwa 2 Wochen lang täglich auf »Gib Laut!« die auf der Futterschüssel liegende Rehdecke mindestens eine Minute lang verbellt, um im Anschluss sein Futter zu bekommen, beginne ich mit dem eigentlichen Zwang. Die Futterschüssel bleibt fort. Ich führe den nüchternen, angeleinten Hund an die Rehdecke und befehle »Gib Laut!«. Die

Decke habe ich so gelegt, dass ich den danebensitzenden Hund mit einem Griff hoch anketten kann (an einer Wand, einem Baumast, einer Teppichstange oder dgl.).

Sollte der Hund nach ein- bis zweimaliger Wiederholung des Kommandos keine Anstalten zum Lautgeben machen, hänge ich die Leine so an, dass er sich nicht legen kann und begebe mich in der Nähe in Deckung, dabei das »Gib Laut!« wiederholend. Wenn nicht gleich, so gibt der Hund, dem der Befehl ja schon geläufig ist, nach kürzerer Zeit Laut. Sofort trete ich lobend hervor, lasse ihn noch kurze Zeit bellen und führe ihn anschließend mit Lob zum Futter. Nach einem Dutzend Wiederholungen bildet für den Schüler nicht mehr die Schüssel, sondern allein die Rehdecke den Mittelpunkt, und er hat die Erfahrung gemacht, dass nur längeres Lautgeben zur Freiheit und zum Fressen führt. Die Rehdecke hebe ich jedes Mal vor dem Ableinen des Hundes unter Lobesäußerungen an. Das Lautzeichen »Gib Laut!« wird stets mit einem kurzen Zurückwerfen des Kopfes begleitet, damit dieses Sichtzeichen die gleiche Bedeutung für den Schüler bekommt.

Allmählich gehe ich nun dazu über, nicht mehr immer unmittelbar im Anschluss an eine erfolgreiche Übung und nach dem Aufnehmen der Decke zu füttern, sondern nur jeweils einen guten Brocken zu geben.

Es werden Tage vorkommen, an denen der Hund schlecht bellt oder ganz verschweigt. Nur Geduld und Zeit führt zum Ziel. Nach mehr oder weniger langer Zeit fängt er doch an zu winseln oder zu jaulen, ein Zeichen, dass er zum Lautwerden neigt. Wir unterstützen ihn durch ein »So recht, mein Hund, gib Laut«. Wir begnügen uns an solchen Tagen, sofern sie Ausnahmen bleiben, auch einmal mit geringeren Leistungen.

Hat der Hund unter der Einwirkung des Angekettetseins gelernt, dass er auf »Gib Laut!« mehrere Minuten verbellen muss, beginne ich mit dem Hinschicken zum Stück. Der Hund sitzt an der langen Leine. Ich lege die Rehdecke vor seinen Augen in etwa 4 bis 5 Schritt Entfernung nieder, führe ihn mit »Zum Bock« hinter die Decke, lasse ihn sich setzen, trete selbst einige Schritte zurück und veranlasse ihn durch Laut- und Sichtzeichen zum Verbellen. Nach 8 bis 10 Übungen geht der Hund meist schon allein zur Decke; jedenfalls erreiche ich innerhalb weniger Wochen, dass der Hund auf 5 m Entfernung auf das Kommando »Zum Bock« hinter die Rehdecke geht und verbellt.

Klappt die Übung einwandfrei, vergrößere ich die Entfernung, aus welcher ich den Hund zum Bock schicke, ganz langsam auf 10, 20, 30 m. Immer bleibt der Hund noch an der langen Leine, die ich eventuell schleppen lasse. Hat er auch diese Übung 5- bis 6-mal fehlerfrei erledigt, muss die Entfernung weiter vergrößert werden. Hier aber zu schnell vorzugehen – etwa von 30 m auf 100 –, wäre ein grober Fehler. Bei Entfernungen über 30 m verwenden wir keine lange Leine mehr, belassen zunächst aber eine 2 bis 3 m lange Leine frei mitschleifend an der Halsung, sodass sich der Hund noch mehr unter dem Einfluss seines Herrn fühlt, als wenn er ganz frei arbeitet. Wir wiederholen: Bei der Verlängerung der Entfernungen sei man sehr vorsichtig und nehme sie nur dann vor, wenn die vorhergehende Übung absolut zuverlässig und sicher erledigt wurde. Beim Versagen wird sofort auf kürzeste Entfernung zurückgegriffen.

Habe ich auf diese Weise ein sicheres Verbellen auf etwa 100 m Entfernung erreicht, wähle ich für das nächste Mal ein Gelände, in dem ich »am Anschuss« in Deckung gehen kann. Bisher hat der Hund mich ständig eräugen können. Jetzt ist sein Herr plötzlich verschwunden, und möglicherweise vergisst er darüber das Lautgeben. Verschweigt er länger als gewöhnlich, so rufe ich ihm aus meiner Deckung heraus »Gib Laut!« zu und trete lobend hervor, sobald er dem Befehl nachkommt.

Im Laufe dieser eben beschriebenen Übungen wechsele ich nicht nur ständig das Gelände, sondern auch die Dauer des Verbellens von 1 bis 10 Minuten. Der Hund hat ein sehr feines Zeitgefühl. Wenn ich bei 10 Übungen hintereinander jedes Mal nach 6 Minuten abbrechen würde, so würde er wahrscheinlich beim elften Mal ungefähr nach dieser Zeit mit dem Verbellen aufhören. Er muss also immer im Ungewissen bleiben, ob sein Herr nach einer Minute oder nach 10 Minuten kommt, und auch diese Zeit darf natürlich nicht als Höchstzeit angesehen werden, vielmehr steigere man sie bis zu einer halben Stunde.

Hat der Hund auf 6 bis 8 Übungen in 100 m Entfernung nicht versagt, wird die Entfernung allmählich bis auf 400 m vergrößert. Auch jetzt seien die Schritte von einer Übung zur anderen nicht zu groß, wenn man nunmehr auch etwas großzügiger sein kann. Wir empfehlen, von Übung zu Übung eine Verlängerung von jeweils nicht mehr als 25 bis 30 % der vorherigen Entfernung vorzunehmen.

Nun wird es im Laufe der Ausbildung wahrscheinlich vorkommen, dass der Hund entweder gar nicht zum Stück geht, oder, bei ihm angelangt, das Stück verlässt. Das ist ein Augenblick, in dem es keine Kompromisse gibt, auch wenn uns der Vorfall um Monate zurückwirft. Sobald man des Hundes habhaft ist, kriecht er an der Leine vom »Anschuss« an zum Stück und verbellt dort (angeleint) in meiner unmittelbaren Gegenwart. Für die nächsten Übungen wird die Entfernung dann bis auf die Länge der langen Leine verkürzt. Man sei dankbar, wenn das »Ausreißen« bereits bei den Übungen auf kürzere Entfernung eintritt. Das Ausbügeln wird dann sehr viel leichter.

Unsere obersten Grundsätze bleiben: Geduld, kleine Schritte und nach einer einwandfrei erledigten Verbellarbeit nie gleich eine zweite.

Erst wenn der Hund einige Wochen hindurch regelmäßig im Wald die Rehdecke auf eine Entfernung von etwa 400 m aufgesucht und verbellt hat, ist die Grundabrichtung abgeschlossen, jedoch ist damit der Schüler keineswegs ein fertiger Totverbeller. Bisher hat es sich nur um die Grundbegriffe gehandelt. Sie müssen nicht nur durch ständige Wiederholung gefestigt werden, sondern nunmehr folgt die Überleitung in die Praxis.

Zunächst gilt es, die Objekte zu wechseln. Anstelle der Rehdecke wird eine Sauschwarte oder Rotwilddecke genommen, die ersten Male aber nur auf höchstens 30 Schritt an der langen Leine. Dann kommt das kalte Reh. Hier erst recht nur auf ganz kurze Entfernung üben, sodass der Abrichter bei Fehlverhalten sofort unmittelbar eingreifen kann. Mit allen diesen Stücken wird sodann, falls das Verbellen gut erledigt wird, auch auf Entfernungen bis zu 400 m geübt. Arbeitet der Hund hierbei etwa ein Dutzend Mal korrekt, dürfte die für eine VGP erforderliche Totverbeller-Ausbildung abgeschlossen sein, aber noch lange nicht diejenige für die grüne Jagdpraxis.

Wie wird sich der Hund am warmen Stück benehmen? Wie gar am gehetzten und gewürgten Reh? Wird er verbellen? Wird er unter den veränderten Umständen nicht das Stück verlassen? Das alles sind Fragen, die sich innerhalb der normalen Ausbildungszeit eines Totverbellers von 6 bis 8 Monaten nur selten beantworten lassen, weil es innerhalb dieses Zeitraums in der Regel an entsprechenden Gelegenheiten mangelt.

Das Verbellen am warmen Stück kann noch relativ häufig geübt werden, wenn ich meinen Hund ständig im Revier bei mir habe und im Falle eines erlegten Stück Rehwildes unmittelbar danach mit ihm übe. Aber es vergehen unter Umständen Jahre, ehe sich eine Gelegenheit zur Hetze mit anschließendem Abwürgen eines Rehes ergibt. Der Regelfall für die anschließende Aufgabe des Totverbellers oder Totverweisers ist schließlich, wenn sich bei der Nachsuche auf Rehwild per Riemenarbeit eine Hetze mit Niederziehen und Abwürgen ergibt.

Auf den Prüfungen können wir weder beim reinen Riemenarbeiter noch beim Verbeller oder Verweiser feststellen, wie er sich in solchen Fällen benehmen wird. Ob ein nach der Riemenarbeit noch auf den Läufen befindliches Stück vom Hund in den Besitz des Jägers gebracht wird oder nicht, können wir einfach nicht prüfen.

Und nun folgt die Methode Eduard Lötschert:

Meine Erfahrungen bei der Abrichtung von Totverbellern

Bevor ich auf die eigentliche Ausbildung eingehe, möchte ich darauf hinweisen, dass die Grundlage jeder Schweißarbeit die Riemenarbeit ist. Totverbellen oder Verweisen bilden in der Regel nur deren Abschluss.

Der zum Totverbeller vorgesehene Hund muss für die zu fordernde Leistung besonders veranlagt sein, wenn man in der rauen Praxis keine bösen Überraschungen erleben will:
Der Hund muss

- einen lockeren Hals haben,
- ohne sich dabei besonders anzustrengen, mühelos längere Zeit bellen können,
- völlig wesensfest sein.

Es dürfte einleuchten, dass ein Hund, der von Natur aus nicht gerne Laut gibt, der sich nach kurzem Bellen schon sehr anstrengen muss, zum Totverbeller nicht geeignet ist. Er bringt nicht die notwendigen Anlagen mit, um u.U. mehrere Stunden, vielleicht nach langer Hetze und bei brennender Augustsonne, den niedergezogenen und gewürgten Bock zu verbellen. Dieser Hund würde vermutlich erst gar nicht anfangen oder aber nach kurzer Zeit schon so heiser und verausgabt sein, dass er keinen Laut mehr hervorbringen würde, selbst wenn er es wollte.

Ebenso einleuchtend dürfte es sein, dass nach einer körperlich so anstrengenden Leistung, wie eine lange Hetze mit Niederziehen und Würgen sie darstellt, ein möglicherweise stundenlanges Verweilen am Bock, im fremden Revier, vielleicht in die Nacht hinein ein besonderes Selbstbewusstsein und völlige Wesensfestigkeit voraussetzt. Hunde, die sich schon durch surrendes Geschmeiß aus der Ruhe bringen lassen und nach kurzer Zeit schon nervös werden, sind den notwendigen Anforderungen nicht gewachsen. Ist der Bock dann noch gegen Fremde, die durch den Laut des Hundes angelockt wurden, zu verteidigen, dann scheiden sich bestimmt die Geister. Totverbeller, die ihrer Aufgabe in jeder Situation gerecht werden, müssen aus einem besonderen Holz geschnitzt sein. Einen Hund soweit zu bringen, dass er den »Schleppenbock« auf VGP über 10 Minuten verbellt, das dürfte bei einer relativ großen Zahl von Hunden möglich sein. Damit hat man aber noch keinen Totverbeller, mit dem man auch in der Praxis bestehen kann.

Bevor mit der Ausbildung begonnen wird, sollte man weiter überlegen, ob die entsprechenden Einsatzmöglichkeiten für einen Totverbeller vorhanden sind. Dieser muss nämlich ständig in Übung gehalten werden, wenn er immer einsatzbereit sein soll. Im Gegensatz zum Verweiser, insbesondere zum Bringselverweiser, der über Jahre hin das einmal Gelernte nicht vergisst.

Das alles spricht nicht gegen den Totverbeller, sondern diese Hinweise sollen lediglich dazu dienen, vor Beginn der Ausbildung zu prüfen, ob der Hund für die zu fordernden Leistungen auch wirklich geeignet ist. Erfüllt er die notwendigen Voraussetzungen und haben wir die Möglichkeit, ihn in der Praxis entsprechend einzusetzen, dann ist gegen die Ausbildung zum Totverbeller nichts einzuwenden. Ich habe viele Jahre mit guten Totverbellern gejagt und viele unvergessliche Erlebnisse mit ihnen gehabt.

Bei Beginn der Abrichtung müssen wir uns darüber im Klaren sein, was wir vom Hund zu fordern haben und in welcher Reihenfolge diese Forderungen eingearbeitet werden:

- Der Hund muss auf Befehl Laut geben.
- Er darf die Decke bzw. das Stück nicht anfassen.
- Er muss so lange bei der Decke bzw. beim Stück bleiben (und bellen), bis der Führer ihn abholt.

Der Hund muss also zunächst lernen, auf Kommando Laut zu geben. Das kann man auf verschiedene Weise erreichen, doch habe ich die Erfahrung gemacht, dass Zuverlässigkeit in der Regel nur durch Zwang zu erreichen ist. Wir beginnen also damit, den Hund durch Zwangseinwirkung zum Lautgeben zu reizen.

Dazu wird er an einer langen Leine oder Kette so angehängt (nicht im Würgering), dass er zwar bequem stehen, sich aber nicht setzen oder legen kann. Wir nehmen eine leichte Gerte zur Hand und beginnen den Hund zu attackieren, indem wir ihn mit dieser Gerte in die Flanken pieken, leicht über die Vorderläufe schlagen, ihn blitzschnell in die Behänge zwicken usw. Jede Einwirkung wird von der Aufforderung »Laut« begleitet. Bei jeder Lautäußerung des Hundes hört sofort jeglicher Zwang auf, und er wird mit »so ist brav« gelobt. Gleich darauf wird erneut mit Zwang unter dem gleichzeitigen Befehl »Laut« auf den Hund eingewirkt. Bei der nächsten Lautäußerung sofort wieder umschalten und mit einem freundlichen »so ist brav« loben. Kommen die Ausfälle und Einwirkungen des Abrichters blitzschnell und überraschend, dann wird bei den meisten Hunden die erste Lautäußerung aus einem erschreckten Aufjaulen und

Der Totverbeller am gefundenen Reh.

nicht aus einem eigentlichen Bellen bestehen. Da nach jeder Lautäußerung, ganz gleich wie sie auch ausfällt, sofort gelobt wird, wird der wesensfeste Hund mit lockerem Hals sehr bald heraus haben, dass er nur zu bellen braucht, um dem Zwang zu entgehen.

Die Übungen dauern am Anfang nicht länger als 5 Minuten, müssen aber so oft wie möglich wiederholt werden. Mit den kleinsten Anfangserfolgen zufrieden sein!

Es sei darauf hingewiesen, dass Zwang nicht mit Gewalt zu verwechseln ist.

Der Hund lernt bei der Abrichtung nicht durch logisches Denken, sondern aus der Summe der gemachten Erfahrungen. Wenn wir von Zwangseinwirkung sprechen, dann lernt der Hund weniger durch Härte, als durch unbedingte Konsequenz bei einer Vielzahl von Wiederholungen. Hat der Hund erst richtig verknüpft, dann geht er den Weg des geringsten Widerstandes. Haben wir erreicht, dass der Hund auf äußere Einwirkung und gleichzeitigem Befehl »Laut« einige Minuten bellt, dann wird das zunächst an der Leine, später frei bei jeder sich bietenden Gelegenheit geübt.

Es ist dabei darauf zu achten, dass der Befehl »Laut« mehr und mehr den Zwang als ursprüngliche Einwirkung ersetzt. Nach jeder zufriedenstellenden Leistung ausgiebig loben! Die Verabreichung von Brocken kann ich nicht empfehlen. Für einen Hund, zu dem man Konnex hat, ist ausgiebiges Abliebeln Belohnung genug. Das kann man überall und zu jeder Zeit, während Brocken oft genug nicht zu Hand sind. Belohnungsbrocken (genossen machen) erhalten die Hunde bei mir nur nach der Schweißarbeit. Beim Verbeller also nach dem Verbellen im Anschluss an die Riemenarbeit.

Im Verlauf von 4 bis 5 Wochen müssen wir bei einigem Geschick erreichen, dass bei täglicher Übung der gut veranlagte Hund – und nur solche wollen wir ja zum Verbeller ausbilden – auf einfachen Befehl sofort ausgiebig und anhaltend bellt. Sollte es einmal nicht klappen, wird sofort auf die ursprüngliche Einwirkung zurückgegriffen. Diese Übungen müssen auch nach körperlicher Anstrengung (Hetze, Fuchsschleppe, Wasserarbeit usw.) eingelegt und wenn nötig, erzwungen werden. Durch ständige Übung wird dem Hund begreiflich gemacht, dass es kein Ausweichen gibt und dass nur ausgiebiges Bellen Lob des Führers nach sich zieht. Konsequenz geht vor Härte, aber diese Konsequenz muss bis zum Letzten eingehalten werden.

Sind wir mit der Abrichtung soweit fortgeschritten, dass der Hund zu jeder Zeit, an jedem Ort und bei jeder Ablenkung auf einfaches Kommando sofort bis zu 30 Minuten freudig bellt, dann können wir dazu übergehen, mit der Rehdecke zu arbeiten.

Diese braucht weder vernäht noch ausgestopft zu sein. Der Hund weiß so oder so, dass es kein Rehbock ist. Eine einfach getrocknete Decke reicht völlig aus. Sie ist leicht im Rucksack zu verstauen und bei Reviergängen mitzunehmen.

Wir legen die Rehdecke vor den angeleinten Hund, treten einen Schritt zurück und fordern ihn mit dem Kommando »Laut« auf zu bellen. Viele Hunde versuchen die Decke zu fassen und zu apportieren. Jeder Versuch wird sofort mit einem scharfen »Pfui« und dem folgenden Kommando »Laut« unterbunden. Hunde, bei denen die Durcharbeitung bis hierher einwandfrei war, werden meist dann gleich Laut geben. Wenn nicht, wird mit dem gleichzeitigen Kommando »Laut« ursprünglich eingewirkt und das Lautgeben erzwungen. Diese Übungen an der Decke sind zunächst ganz kurz (2 bis 3 Minuten); dafür müssen sie aber öfters hintereinander und so oft wie möglich am Tagewiederholt werden. Das kann man sowohl im Hof, Garten, aber auch im Revier machen. Der Hund ist zunächst grundsätzlich angeleint. Die Übungen dürfen auf keinen Fall mit der Schweißarbeit (Riemenarbeit) verbunden werden.

Die Decke liegt zwischen Führer und Hund. Dieser steht also immer hinter der Decke. Zweck dieser Übung ist es zu erreichen, dass der Hund, sobald die Rehdecke vor ihn gelegt wird, verbellt. Die Decke muss zum stellvertretenden Befehl zum Lautgeben werden. Jede zufriedenstellende

Leistung wird durch ausgiebiges Abliebeln belohnt.

Haben wir nach 6 bis 8 Wochen erreicht, dass der Hund die Decke, sobald sie vor ihn gelegt wird, sofort ohne oder nach einfacher Aufforderung etwa 15 Minuten verbellt, dann können wir die Aufgabe erweitern, indem wir ihn zur Decke schicken.

Ich habe die Hunde, bevor ich von ihnen verlangte, dass sie bei der Decke bleiben, im Ablegen immer mindestens soweit gearbeitet, dass sie etwa 10 Minuten frei abgelegt werden konnten.

Zu unserer Übung kommt der Hund an die lange Leine. Die Decke wird 2 bis 3 m vor ihm ausgelegt, und mit dem Kommando »Zum Bock« bringen wir den Hund hinter die Decke. Dort befehlen wir »ablegen« und sofort »Laut«. Das klappt meistens nicht auf Anhieb. Einige legen sich nicht und bellen gleich, andere legen sich und bellen nicht. Ich setze aber sofort beide Befehle mit Nachdruck durch und gehe dabei 2 Schritte zurück. Nach dem nächsten Laut gehe ich mit einem liebevollen »so ist brav« zum Hund, und die Übung ist beendet. Auch diese Übung wird mehrmals hintereinander und öfters am Tag wiederholt. Nach wenigen Tagen wird der Hund auf Befehl ohne Steigerung der Entfernung hinter die Decke gehen und dort bellen. Dass er bei der Decke bleiben muss, verknüpft nach meinen Erfahrungen der Hund um so rascher, je fester er im Ablegen gearbeitet ist. Das Ablegen an der Decke hat auch lediglich den Zweck, diese Begriffsverknüpfung zu erleichtern. Es ist also nur solange sinnvoll, bis der Hund begriffen hat, dass er seinen Platz nicht verlassen darf.

Geht unser Zögling auf das Kommando »Zum Bock« aus einer Entfernung von 2 bis 5 m hinter die Decke und bellt dort selbstständig, dann wird zunächst die Zeitdauer auf 15 Minuten erhöht und dann die Entfernung langsam gesteigert. Soll der Hund also einmal länger verbellen, dann darf nicht gleichzeitig die Entfernung zur Decke vergrößert werden. Auf gar keinen Fall die Anforderungen zu schnell steigern! Es gibt keine generelle Anweisung, wie schnell man vorgehen kann; das hängt vom Hund, dem Geschick des Abrichters und von der Intensität der Übungen ab.

Wer aber langsam vorgeht und auf peinlich genaue Ausführung aller Befehle achtet, kommt in der Regel am schnellsten weiter.

Viele Hunde gehen auf das Kommando »zum Bock« zwar dorthin, stellen sich aber seitwärts oder davor und bellen. Um den Hund auch auf einige Entfernung an den richtigen Platz bringen zu können, ohne zu ihm hinzugehen, kann man sich der langen Leine bedienen. Diese wird durch einen Ring, der sich hinter der Decke befindet, gezogen oder um ein Stämmchen, Torpfosten usw. gelegt, und unter dem Kommando »zum Bock« wird der Zögling an seinen Platz gezogen. Der Platz muss nun öfter gewechselt werden, doch ist immer darauf zu achten, dass der Hund mit der langen Leine bei Bedarf an seinen Platz gezwungen werden kann. Klappt es einmal nicht, muss auf die nächst niedere Stufe zurückgegriffen werden.

Wir schicken unseren Hund erst dann frei zur Decke, wenn dieser auf etwa 15 m auf den Befehl »zum Bock« sofort an den richtigen Platz geht und dort ohne Aufforderung freudig etwa

15 Minuten verbellt. Das wird solange geübt, bis der Hund richtig verknüpft hat, dass er nur zu bellen braucht, um anschließend ausgiebig gelobt zu werden. Bei intensiver Übung kann man nach etwa 3 Monaten soweit sein, dass der Hund auf 50 m die Decke bis zu einer Viertelstunde einwandfrei verbellt.

Entscheidend für den Erfolg bei der Vergrößerung der Entfernung und der Verlängerung der Zeit des Verbellens ist die peinliche Durcharbeitung bis hierhin.

Haben wir den Zögling soweit, dann bringt die Weiterarbeit kaum noch Schwierigkeiten. Die Entfernung wird stufenweise vergrößert, die Zeit der Verbellerarbeit verlängert. Trotzdem aber noch einmal der Hinweis: Auf peinlich genaue Ausführung achten, die Anforderungen mindern, wenn es einmal nicht klappt, und das Abliebeln nach jeder zufriedenstellenden Arbeit nicht vergessen.

Wir können jetzt auch ohne weiteres dazu übergehen, bei Gelegenheit ein Stück Rehwild zu benutzen. Die ersten Übungen am Stück erfolgen natürlich auf kurze Entfernung, und man legt als Übergangsphase die Rehdecke auf das Stück.

Jeder Versuch, das Stück anzufassen oder zu belecken, wird sofort energisch unterbunden. Wir achten besonders darauf, dass der Hund, wie an der Decke, sofort laut wird. Klappt das Verbellen am Stück mit aufgelegter Rehdecke nach 2 bis 3 Wiederholungen, dann bleibt die Decke weg. Schwierigkeiten dürften jetzt kaum noch auftreten. Wir gehen aber trotzdem bei der Arbeit am Stück auch wieder stufenweise vor und legen es immer so aus, dass wir den Hund am Stück und sein Verhalten genau beobachten können.

Nun müssen wir versuchen, den Hund am warmen Stück verbellen zu lassen. Anfangsschwierigkeiten sind hier unvermeidlich, denn die süße, warme Wittrung übt auf viele Hunde einen solchen Reiz aus, dass sie zunächst ihre Aufgabe vergessen. Auch hier wieder jeden Fassversuch unterbinden und energisch, wenn nötig mittels ursprünglicher Einwirkung, das sofortige Bellen erzwingen. Größere Pannen sind nicht zu erwarten, da bei der gründlichen bisherigen Durcharbeitung die Leistung so gefestigt ist, dass der Hund meist schon auf einfache Aufforderung hin am warmen Stück verbellt.

Die Koppelung Riemenarbeit und Verbellen kann zu dem Zeitpunkt beginnen, wenn der Hund auf etwa 50 m freudig zur ausgelegten Decke geht und dort ebenso *freudig ohne Aufforderung* anhaltend verbellt. Beide Arbeiten zu einem früheren Zeitpunkt zu verbinden, hat oft einen Leistungsabfall bei der Riemenarbeit zur Folge. Die Riemenarbeit wird immer lustloser, je öfter der Hund die Erfahrung macht, dass am Ende in irgendeiner Form Zwang angewendet wird.
Da die Riemenarbeit grundsätzlich den Vorrang hat, sollte das unter allen Umständen vermieden werden.

Zum Schluss noch den Hinweis, dass die ersten Arbeiten in der Praxis möglichst keine Hetzen ergeben sollten, um auch hier zunächst eine gewisse Kontrolle zu haben. Hetze, das Niederziehen und Würgen werden den Hund so erregen, dass er unter Umständen seine Aufgabe vergisst und der Führer hier helfend eingreifen muss.

Der Bringselverweiser

Der Ausgangspunkt für das Bringselverweisen liegt in der Zeit um den 1. Weltkrieg (1914–1918). Nach spezieller Ausbildung von Sanitätshunden suchten diese auf dem Schlachtfeld Verwundete, nahmen dort einen Gegenstand des Verwundeten auf, brachte diesen ihrem Hundeführer, um hernach zum Verwundeten zu führen. Man wollte also angesichts der schrecklichen Umstände die Gefahr für weitere Menschenleben bei der Suche nach Verwundeten reduzieren. Das Verfahren erwies sich allerding als zu wenig zuverlässig, sodass man dazu überging, an der Halsung des Hundes ein Lederstückchen, ein »Bringsel«, zu befestigen. Hatte der Hund einen Verwundeten gefunden, so nahm er das Bringsel in den Fang, kam damit zu seinem Hundeführer und führte dann zu dem Verwundeten.

Bringübung mit dem Bringsel

Der angeleinte Hund nimmt das Bringsel vom Boden auf

Es war Ludwig von Merey (unter dem Pseudonym Hegendorf), der als Erster das Verfahren der Sanitätshunde-Abrichtung für die Jagdhunde-Ausbildung übernnahm und darüber auch in der Öffentlichkeit berichtete.

Es dauerte verhältnismäßig lange, bis sich die Bringselverweiser-Methode durchsetzen konnte. Wie alles Neue wurde das Verfahren zunächst mit großer Skepsis betrachtet, ja, sogar strikt abgelehnt. Da aber einige der Kritiker plausibel argumentierend schreiben, ja sogar humorvoll dichten konnten, überzeugten sie weite Kreise, dass das Bringselverweisen Spielerei sei – was es ganz gewiss nicht ist. Die Kritiker dürften nie selbst einen Bringselverweiser ausgebildet und damit gejagt haben.

Auch der Einwand, dass im Sumpfgelände oder in ähnlicher Unwegsamkeit der Jäger dem Hund nicht zu folgen vermag, geht ins Leere, denn das gilt gleichermaßen für alle anderen Verweiserarten wie für den Totverbeller sowie für die Riemenarbeit. Schließlich würde das bedeuten, dass das Stück überhaupt nicht zu bergen ist. Solche Fälle sind extrem selten.

Im Übrigen hat das Totverbellen gegenüber dem Totverweisen, speziell auch dem Bringselverweisen, aus jagdpraktischer Sicht nennenswerte Nachteile, denn man kann ihn bei ungünstiger Witterung, wie beispielsweise bei Sturm oder starkem Schneebehang, oder auch im bergigen bzw. überriegelten Gelände zuweilen in einer Entfernung von wenigen hundert Metern nicht mehr hören. Demgegenüber hat der Bringselverweiser erhebliche Vorteile gegenüber dem Totverbeller.

Dazu zählt die sehr viel einfachere Ausbildung und insbesondere, dass der einmal richtig durchgearbeitete Bringselverweiser das Gelernte sein ganzes Leben nicht vergisst, auch dann nicht, wenn er jahrelang nicht besonders in diesem Fach geübt wird, während der Totverbeller mindestens in den ersten Jahren nach Dressurabschluss regelmäßiger Übung bedarf, wenn er in der Praxis nicht versagen soll. Das ist ganz erklärlich: In hundert- und tausendfacher Wiederholung hat der Hund bei den Bringübungen gelernt, auf dem schnellsten Weg zum Wild zu gehen, das gefundene Stück aufzunehmen und unverzüglich auf dem kürzesten Weg zu seinem Herrn zurückzukommen. Es ist ihm im Laufe der Zwangsdressur absolut in Fleisch und Blut übergegangen, dass nach dem Finden das Aufnehmen und schleunigste Zurückkehren zum Führer heiligste Pflicht ist. *Der gleiche Vorgang gehört zum Bringselverweisen.* Die allgemeine innere Einstellung des Hundes wird bei beiden Vorgängen nicht geändert, und darin liegt einer der größten Vorteile des Bringselverweisens.

Die Dressur des Bringselverweisers beginnt erst dann, wenn der Hund im Bringen absolut fertig und die Schleppe ihm wenigstens ein geläufiger Begriff ist. Besser ist es, wenn er auch die Schleppenarbeit schon beherrscht. Die Auseinandersetzung, die unter Umständen bei der Einarbeitung auf der Schleppe kommen wird, muss bei der Verweiserarbeit vermieden werden. Solange die Verweiserarbeit noch nicht *voll* beherrscht und ausgesprochen freudig ausgeführt wird, üben wir nie in Verbindung mit einer Schweißarbeit. Nur der das Verweisen sicher und freudig ausführende Hund wird im

Der Hund nimmt das auf der Rehdecke liegende Bringsel auf.

Der Hund nimmt das an der Decke liegende Bingsel auf.

Hund sucht und findet unter der Decke.

Der Hundeführer geht mit dem Hund zur Decke, lässt sitzen, nimmt die Decke hoch und dem Hund das Bringsel ab.

Anschluss an eine Riemenarbeit zum Verweisen geschnallt.

Als Bringsel nehmen wir ein 10 bis 15 cm langes Stück von einem dicken, schmalen Lederriemen. Auch ein gut fingerstarkes Lederröllchen von der genannten Länge ist brauchbar. Bei den ersten Übungen kann das Bringsel etwas größer sein, weil es sich dann vom Hund leichter greifen lässt. Für die spätere Praxis genügt die genannte Länge und Größe.

Zweckmäßigerweise befestigen wir dieses Lederstückchen schon einige Tage vor Dressurbeginn an der Halsung, damit sich der Hund an das Tragen gewöhnt. Wenn wir das Bringsel mit einem leichten Karabinerhaken versehen, lässt es sich mit einem Griff befestigen bzw. abnehmen.

Zunächst werfe ich das Lederstückchen vor den Augen des Hundes einige Male fort und lasse es mehrere Male hintereinander bringen, damit er es als Bringgegenstand kennenlernt und ihm das Aufnehmen geläufig wird. Dann lege ich das Bringsel auf die Rehdecke, während der Hund einige Schritte entfernt in Sitzstellung sitzt und mich beobachtet. Bei den ersten nun folgenden Übungen ist der Hund noch angeleint. Er wird mit »Zum Bock-Apport« zu der Decke geschickt, um das Bringsel zu holen. Das geht gewöhnlich ganz glatt. Sollte er stattdessen die Decke bringen wollen, verwehre ich ihm das und zeige ihm das Bringsel. Kommt er mit dem Bringsel, so nehme ich es ihm nicht gleich ab, vielmehr gehe ich dem Hund mit den Worten »Wo ist der Bock« entgegen, - der Ton liegt auf »wo«, und es ist stets der gleiche Tonfall (ein freudig-aufmunternder) zu gebrauchen – zu der Rehdecke, lasse ihn sich dort vorschriftsmäßig setzen, lobe ihn, hebe die Decke an und nehme ihm sodann das Bringsel unter »La-ass« ab. Das Anheben der Rehdecke ist deshalb von Bedeutung, weil der Hund dadurch schneller begreift, dass sie der Mittelpunkt der ganzen Angelegenheit ist.

Die Übung klappt in der Regel nach wenigen Wiederholungen, sodass der Hund nun auch ohne Leine mit »Zum Bock!« zur Rehdecke geschickt wird. Als nächsten Schritt lege ich das Bringsel zunächst halb verdeckt, dann vollends unter die Decke, sodass der Hund es suchen muss (s. Abb. Seite 199). Beherrscht mein Zögling auch diese Übung, befestige ich das Bringsel so am Halsband, dass es bei aufrechtem Gang des Hundes gerade eben den Boden berührt, und schicke ihn aus 5 bis 8 m Entfernung mit »Zum Bock-Apport« zur Rehdecke. Wenn der Hund an der Decke ist, geht er mit seinem Kopf und Hals nach unten, wobei das Bringsel vor seinen Fang fällt, welches er dann aufnimmt.

Der Hund darf das Bringsel selbstverständlich *erst an der Rehdecke* aufnehmen. Hier kann eine kleine Schwierigkeit auftreten, und zwar insofern, als der Hund das Bringsel entweder sogleich, d.h. ohne zur Rehdecke zu gehen, aufnehmen will oder es an der Decke nicht findet. Das Erstere muss ihm energisch verwehrt werden, beim Letzteren kann ich ihm mit Wort und Tat (Zeigen des Bringsels) helfen. Gewöhnlich hat der Hund schon nach wenigen Übungen begriffen, dass er das Bringsel nur an der Decke aufnehmen darf. Ein früheres Aufnehmen dulde ich auch nie. Mit einem harten »Pfui« hindere ich ihn daran. Notfalls wird es ihm aus dem Fang gezogen, ohne dass er sich setzt. Jedes Mal, wenn er nach ordnungsmäßiger Arbeit mit dem Bringsel kommt, rede ich ihn in besonders freundlichem Ton an mit »So-o recht! Wo ist der Bock?«! Gleichzeitig gehe ich ihm entgegen und kehre als Sichtzeichen die geöffneten Handflächen bei gesenkten Armen nach vorn. Ich gehe mit ihm unter fortwährender Wiederholung des Kommandos zur Decke, um ihm dort nach Anheben derselben das Bringsel vorschriftsmäßig wie jeden anderen Bringgegenstand abzunehmen. Ich gewöhne den Hund von Anfang an daran, das Bringsel nicht vorzeitig fallen zu lassen, und verfahre dabei genau wie beim sonstigen Bringen. Hat er den Vorgang erst begriffen, so erhält er nach jedem richtigen Ausführen der Übung ein reichliches Lob.

Wird die Übung 8- oder 10-mal fehlerlos erledigt, verkürze ich die Befestigungsvorrichtung für das Bringsel etwas, sodass es den Hund beim Laufen weniger behindert, aber immer noch beim Herunternehmen des Kopfes den Boden leicht berührt. Gewöhnlich lernen die Hunde das Ergreifen des Lederstückchens auch dann, wenn wir es noch kürzer anbinden, außerordentlich schnell: Eine kleine schwingende Bewegung des Kopfes, und schon fliegt das Bringsel in den Fang. Erfahrungsgemäß lernt der Hund diese »Schwingtechnik« sehr schnell. Sobald der Hund das Bringsel einigermaßen gewandt fasst, wird die Verbindung kontinuierlich weiter verkürzt, bis das Bringsel schließlich 5 bis 8 cm unter dem Halsungsring hängt. Ich vergrößere nun auch die Entfernung zur Rehdecke auf 10, 15 und 20 Schritt. Alles dies lernt der Hund in 2 bis 3 Tagen. Damit ist natürlich nicht gesagt, dass er die Sache schon restlos beherrscht, aber er hat die Grundhandlungen verinnerlicht.

Wir wissen, dass jede Leistung des Hundes nur dann zuverlässig ausgeführt wird, wenn sie durch zahlreiche Wiederholungen zur Gewohnheit geworden ist. Um die Arbeitsleistung gedächtnismäßig bei unserem Zögling hinreichend zu festigen, bedarf es an mehreren Tagen täglich 5 bis 20 Wiederholungen.

Sobald der Hund erfasst hat, dass das Lederstückchen an der Decke aufgenommen werden soll, und er die Übung auch so ausführt, lasse ich bei dem Kommando das »Apport« weg, sodass der Befehl künftig nur noch »Zum Bock« heißt. Von nun an handelt es sich hauptsächlich darum, die Entfernung bis zur Rehdecke nach und nach zu verlängern, sodass der Hund die Arbeit auf einer Schleppe bis zu 500 m leistet.

Meist geht der Hund schon nach wenigen Tagen nicht nur mit dem Abrichter zum Stück, sondern verweist richtig, d.h. er dreht kurz vor dem Abrichter mit der Rute wedelnd um und führt nun, sich fortwährend umsehend, selbstständig zur Decke. Es gibt aber auch Hunde, die das eigentliche Verweisen weniger ausdrucksvoll ausführen, ja, zum Ausschwärmen neigen. Bei ihnen muss ich mit der Verlängerung der Entfernung zur Rehdecke sehr vorsichtig sein und lasse sie den nur 10 bis 40 Meter weiten Weg zwischen mir und der Decke recht oft machen. Eine weitere Vergrößerung der Entfernung darf erst erfolgen, wenn keine Neigung zum Ausschwärmen mehr erkennbar ist.

Immer achte ich darauf – und zwar peinlich genau –, dass das Bringsel nur am Stück aufgenommen und abgegeben wird. Nimmt der Hund es mit dem Aufnehmen unmittelbar an der Decke nicht genau, so greife ich sofort auf kürzere Entfernungen zurück.

In unübersichtlichem Gelände – und gerade in solchem muss besonders geübt werden – bediene ich mich zweckmäßigerweise anfangs einer Hilfsperson, die beobachtet, wie der Hund zur Decke kommt, sich dort benimmt, ob er unmittelbar an der Decke aufnimmt usw.

Es gibt Hunde, die bei der Abrichtung zum »Lügen« neigen, d.h. sobald sie sich außer Sicht ihres Herrn glauben, nehmen sie das Bringsel auf und kommen zurück, um mehr oder weniger gut zu verweisen. Diese Untugend ist dem Hund aber unschwer abzugewöhnen: Ich lege an das Ende der Schleppe statt der Rehdecke den ausgestopften Kaninchen- oder Fuchsbalg und schicke den Hund mit dem Bringsel, jedoch ohne Kommando fort. Er weiß ja aus zahlreichen Übungen, dass er die Schleppe auszuarbeiten und dann einen Gegenstand zu bringen hat. Kommt er mit dem Bringsel im Fang zurück, rede ich ihn hart an mit »Pfui, was ist das«, das Bringsel wird ihm ohne Sich-Setzen aus dem Fang gezogen und mit einem scharfen »Verloren Apport« wird er wieder losgeschickt. Sollte er wieder mit Bringsel im Fang und ohne den Bringgegenstand zurückkommen, muss er in der uns geläufigen Weise (s. Kriechen Seite 174ff.) auf der Schleppe bis zum Balg kriechen, diesen aufnehmen und zurücktragen. Wenn man einige Tage lang abwechselnd die Rehdecke und den Kaninchen- oder Fuchsbalg an das Ende der Schleppe legt, so lernt er bald, die Schleppe stets voll auszuarbeiten.

Zur Kontrolle lasse ich einige Wochen lang bei allen Schleppen das Bringsel an der Halsung. Dieses »Lügen« ist eigentlich bei der ganzen Ausbildung des Bringselverweisers die einzige Klippe. Und ihr können wir sehr leicht durch ständiges Tragen des Bringsels und die geschilderte Abwechslung begegnen.

Alles andere ist so einfach für den Hund, weil es keine wesentliche Umstellung für den Hund erfordert und auf der gleichen Linie liegt wie die Bring- und Schleppenübungen nämlich in flottem Tempo zum Stück, aufnehmen und zurückkommen. Im Gegensatz zum freien Verweiser ist hier auch die Gefahr des Abgelenktwerdens kaum oder nur in geringem Maße vorhanden, jedenfalls nicht in größerem Maße als bei jedem Verlorenbringen. Das eigentliche Verweisen geschieht ja ständig unter den Augen des Hundeführers. Gewöhnlich kommen die Hunde gar nicht ganz an den Führer heran. Das ist, nachdem die Grundbegriffe sitzen, auch nicht nötig. Im einigermaßen übersichtlichen Gelände (z.B. Altholz) bleiben sie schon auf 30 Schritt stehen, drehen sich um, äugen zurück und warten auf das Herankommen von Herrchen. Das sind uns auch die Liebsten. Sie haben den Sinn der Sache voll begriffen. Andere neigen dazu, sofort wieder loszustürmen, um schnell wieder an das Stück zu kommen. Damit entschwindet aber der Hund im Unterholz dem Auge des Hundeführers. Das muss verhindert werden. Mit »Halt« oder bei weniger heftigen Hunden auch mit »Langsam«, evtl. auch durch Zurückrufen bremse ich ihn ab. Es muss ihm von Anfang an zur Gewohnheit

Lang herunterhängendes Bringsel bei erstmaligem freien Schicken zur Rehdecke.

Nach stufenweiser Kürzung hängt das Bringsel unmittelbar am Hals.

werden, dass das Führen zum Stück nur in Sichtkontakt mit dem Hundeführer zu erfolgen hat.

Von der sogenannten »Pendelmethode«, bei der das eigentliche Verweisen darin besteht, dass der Hund ständig zwischen Stück und Führer pendelt, halten wir nicht viel. Bei größeren Entfernungen ist das für den Hund außerordentlich ermüdend, und zudem ist er auch der Ablenkungsgefahr stärker ausgesetzt. Man stelle sich in der jagdlichen Praxis eine Verweiserarbeit von 400 oder 700 m Länge vor, was bei Nachsuchen auf laufkrankes oder gekrelltes Rehwild durchaus vorkommt, bei der die Sicht auf Grund junger Wald-Bestockung oder eingetretener Dämmerung nur wenige Meter beträgt: Der pendelnde Verweiser müsste jetzt unzählige Kilometer zurücklegen, bis sein Herr endlich an Ort und Stelle ist.

Sollte der Hund einmal insofern versagen, als er auf mehr oder weniger große Entfernung das Bringsel nicht aufnimmt, so ist von Strafe abzusehen und wieder zurückzugreifen, d.h. man übe das Verweisen auf ganz nahe Entfernung, sodass man ihn unter unmittelbarem Einfluss hat. Ebenso ist zu verfahren, wenn der Hund auf dem Rückweg das Bringsel fallen ließ. Meist sind diese Fehler ein Zeichen dafür, dass die Grundübungen nicht lange und nicht sorgfältig genug vorgenommen wurden und wir in der Abrichtung zu schnell vorwärtsgeschritten sind. Beherrscht der Hund das Verweisen der Rehdecke, so übe man mit einer Sauschwarte, einer Rotwilddecke und nutze schließlich auch jede Gelegenheit, am erlegten kalten und warmen Stück zu üben.

Es ist vielfach gegen das Bringselverweisen der Einwand erhoben, wegen des Bringsels müsse der Hund die Halsung umbehalten, und das sei gefährlich. Gewiss, die Halsung birgt für den Hund ein Gefahrenmoment, das ist aber mehr von theoretischer Bedeutung und so gering, dass wir in unserer viele Jahrzehnte währenden

Der frei geschickte Hund wirft sich an der Decke das Bringsel in den Fang, ...

...und kommt mit dem Bringsel im Fang zurück. »Wo ist der Bock?« (ausgebreitete Arme), und der Hund wendet, um zum Stück zu führen.

Nach Anheben der Decke wird das Bringsel nur dort abgenommen.

Jägerpraxis noch keinen dadurch verursachten Unfall erlebt haben. Die Möglichkeit eines Unglücks ist nicht völlig auszuschließen. Wer sie ausschließen will, befestige das Bringsel mit einem Gummiband am Hals, welches ggf. beim Anhaken an Äste und dgl. nachgibt.

Das Verlieren des Bringsels ist auch kein großes Unglück. Es macht uns ebenso wenig Schwierigkeiten wie das Vergessen desselben. In beiden Fällen bindet man ein schnell zurechtgeschnittenes Stückchen Holz in Fingerstärke um den Hals bzw. an die Halsung. Der Hund verweist damit genauso gut, wie wir zu vielfach wiederholten Malen *in der jagdlichen Praxis* festgestellt haben. Alles um den Bringselverweiser ist in der Praxis so denkbar einfach.

Unsere sämtlichen Bringselverweiser haben sogar das erste von ihnen nach der Hetze gewürgte Reh einwandfrei verwiesen, d.h. sie haben trotz des unmittelbar vorangegangenen, überaus erregenden Erlebnisses ihre Aufgabe nicht vergessen. Nach Abklingen der Erregung werfen sie sich sozusagen reflexartig das Bringsel in den Fang, wie sie das früher Gelernte verinnerlicht und nicht aus ihrem Gedächtnis entlassen haben. Die Gesamtdauer der Abrichtung des Bringselverweisers beträgt bei diesem Verfahren kaum mehr Wochen als die Totverbellerdressur Monate.*)

*) Gelegentlich hört man vom sogenannten lauten Verweiser (oder verweisendem Verbeller). Eine systematische Anleitung für die Ausbildung zum lauten Verweiser ist uns nicht bekannt. Wir gehen davon aus, dass laute Verweiser wohl immer nur »missglückte Totverbeller« oder Zufallsprodukte waren.

Die Überleitung in einzelne Arbeitsgebiete der Praxis

Mit einem in der Grundabrichtung durchgearbeiteten Hund kann der Jäger zwar schon etwas jagen, denn die Grundvoraussetzungen dafür sind geschaffen. Darüber hinaus aber bedarf es noch einer Weiterbildung, einer Überleitung in die Anforderungen der jagdlichen Praxis. Dazu gehören:

- Die Arbeit auf der Schleppe, der Rückspur des Hundeführers und auf der gesunden Spur des Hasen (Vorarbeit zum Verlorenbringen in der Praxis).
- Die Arbeit auf der künstlichen Rotfährte.
- Die Festigung des Vorstehens.
- Die Vorarbeit für die praktische Wasserjagd.
- Der Weg zum Gehorsam am Hasen.
- Vorbereitung im Schwarzwild-Gewöhnungsgatter.

Bei der Grundabrichtung lernt der Hund nichts von der eigentlichen Schweiß-, Spur-, Wasser- und Feldarbeit. Den Meister, d.h. den firmen Hund macht immer nur die Weiterbildung und die Erfahrung in der Praxis, aber bevor diese Praxis ausgeübt wird, muss der Zögling in sie eingeführt werden. Man mag mit einem sauber durchgearbeiteten Hund auf Fasanen jagen, man kann von dem Hund aber noch nicht erwarten, dass er einer älteren Rotfährte zuverlässig über einige Hundert Meter folgt. Es ist für ihn auch etwas Neues, wenn er einen halben Kilometer von seinem Hundführer entfernt einen kranken Hasen fängt. Während er bisher jeden Bringgegenstand unter der unmittelbaren Aufsicht seines Abrichters fand, steht er nun plötzlich allein auf weiter Flur vor einer ganz neuen Situation. Manch ein Hund wird den Hasen seinem Herrn zutragen, mancher weiß aber nicht, was er tun soll. Ähnlich ist es mit der Wasserarbeit, zumal wenn der Zögling sie nicht schon als Junghund kennenlernte. Auf dem Fundament seiner Grundausbildung muss der Hund also auf die speziellen Anforderungen im Aufgabenfeld seines »Berufes« vorbereitet werden.

Die Schweiß- und Verlorenbringerarbeiten beinhalten insofern etwas Gemeinsames, als in beiden Fällen mit tiefer Nase einer bestimmten Wittrung ruhig, zielstrebig und konzentriert bis ans Stück gefolgt werden muss. Es ist hiernach Aufgabe des Hundeführers, seinen Zögling auf solche Arbeitsart einzustellen.

Welche Mittel stehen zur Verfügung? Sie seien nachstehend näher beschrieben:

Die Schleppe

Der Hauptwert der Schleppe liegt darin, dass der Hund lernt, auch außerhalb der unmittelbaren Einwirkung seines Herrn, insbesondere außerhalb des Sichtkontaktes zueinander, ein gefundenes Stück Wild aufzunehmen und seinem Herrn zuzutragen. Mit der eigentlichen Spurarbeit hat sie um deswillen wenig zu tun, weil die Hunde sich nach relativ kurzer Übungszeit fast ausschließlich an der sehr einfachen Spur des Schleppenlegers und der Bodenverwundung orientieren, nicht aber die Wildwittrung als Leitschnur ansehen. Sie arbeiten die mit einem Stück Holz hergestellte Schleppe genauso wie diejenige, bei welcher ein warmes Kaninchen verwendet wurde. Ja, sie kommen sogar dann in gleicher Weise zum Stück, wenn der »Schleppenleger« ganz »ohne« ging und das getragene Stück am Ende niederlegte.

Die Schleppe birgt auch eine große Gefahr in sich: Jede Arbeit mit hohem Leistungsanspruch fordert vom Hund eine restlose innere Einstellung auf die jeweils spezielle Arbeit. Das gilt sowohl für die Schweißarbeit am langen Riemen wie für die Arbeit auf der Spur (Geläuf) eines kranken Stück Niederwildes wie für das Findenwollen bei der Suchjagd. Nur der Hund mit höchstem Konzentrationswillen und höchster Konzentrationsfähigkeit auf die verschiedenen Arbeitsarten ist auch zu höchsten Leistungen auf dem jeweiligen Gebiet fähig. Nun stellt aber das Verfolgen einer frischen Menschenspur (noch mit Schleppgegenstand) an das Konzentrationsvermögen des Hundes keinerlei nennenswerte Anforderungen. Zuweilen (bei stiller Luft, im Wald) wird er sogar »im Tunnel der Körperwittrung« des Schleppenlegers folgen können. Der Hund wird durch die Schleppen mit Standzeiten unter 3 bis 4 Stunden geradezu zur Oberflächlichkeit erzogen. Statt bei der Ausbildung auf stärkste innere Versammlung hinzuarbeiten, lernt er, dass ein »Lostoben im vierten Gang« weit unter Wind mit hoher oder halbhoher Nase zum Ziel führt. Das jedoch kann seiner Ausbildung als Spurhalter, wo es auf absolute Ruhe und Durchhaltewillen ankommt, nicht förderlich sein.

Wir empfehlen deshalb, das Hilfsmittel der Schleppe nicht gar zu viel anzuwenden, sondern das zuverlässige Bringen verschiedenster Gegenstände auf weite Entfernungen vor allem auf der eigenen Rückspur zu üben. Mit den Schleppen höre ich auf, sobald der Hund dort auf weite Entfernungen zuverlässig bringt und übe nur noch auf meiner Rückspur. Um den Hund auf anspruchsvolle Spurarbeit einzustellen, lasse ich ihn immer wieder am langen Riemen gesunde Hasenspuren erarbeiten (s. Seite 213ff.).

Ob ich für die Schleppe ein frisch erlegtes Stück Wild verwende oder ein kaltes Stück Wild oder einen ausgestopften Balg, ist für die Schleppe als solche gänzlich gleichgültig. Für den Hund ist die anspruchslos zu verfolgende Schleppe etwas völlig anderes als das Geläuf eines geflügelten Fasans oder die Spur eines krankgeschossenen Hasen, die beide wesentlich höhere Anforderungen an seine konzentrierte Nasenarbeit stellen. Der viel auf Schleppen gearbeitete Hund erledigt sie mit einer sichtbaren Lässigkeit. Wird er aber auf die frische Spur eines Stück Wildes gesetzt – Hei! Wie geht da der Perpendikel! Alles an ihm vibriert.

Entscheidend für die Auswahl des Schleppenstücks ist also im Wesentlichen die Frage, mit welchem Gegenstand das *Bringen* geübt werden soll, d.h. bei der Schleppenarbeit steht das zu apportierende Objekt im Zentrum meiner Überlegung.

Die Herstellung der Schleppe ist denkbar einfach: Eine kurze Schnur oder die Hundeleine wird an Hals oder Vorderläufen des Schleppwildes befestigt und entsprechend der gewünschten Schlepplänge und -form über den Boden gezogen. Am Schleppenende ist die Schnur oder Leine vom Stück zu lösen, und der Schleppenleger geht noch wenigstens 20 bis 30 Schritt geradeaus weiter, um sich entweder zu verstecken oder in weitem Bogen zurückzukommen.

Ich arbeite die ersten 20 bis 30 Schleppen ausschließlich an der langen Leine und mache sie

Schleppenarbeit vom Anschuss weg nicht ungestüm, ...

zunächst nicht länger als 30 bis 50 Schritt. Erst wenn der Hund *ruhig und beherrscht* die Schleppe an der langen Leine ausarbeitet und am Ende korrekt aufnimmt und bringt, lasse ich ihn teilweise frei arbeiten. Er wird nunmehr auf der schon etwas längeren Schleppe nach anfänglicher Arbeit an der langen Leine etwa 30 m vor dem Stück geschnallt. Hat er gefunden und nimmt auf, laufe ich möglichst eilig zum »Anschuss« zurück. So steigere ich beim Hund die Freude am zügigen Herantragen. Der herangekommene Hund hat sich stets korrekt zu setzen und ohne Hast auszugeben.

Allmählich werden die Schleppen bis auf 300 bis 400 m verlängert und der Hund jeweils nach längerer oder kürzerer Arbeit an der langen Leine geschnallt, sodass er hin und wieder sehr weit von uns entfernt findet. Wir empfehlen aber, auch jetzt noch fünfzig bis achtzig Prozent der Schleppen zunächst über längere Strecke an der langen Leine zu beginnen. Im Grunde kann man überhaupt nicht zu viel an der langen Leine arbeiten.

Das »Schnallen« soll nicht abrupt, sondern gleitend erfolgen. Andernfalls würde ich das durch die Arbeit an der langen Leine gerade etwas eingedämmte übereilte Losstürmen wieder fördern. Vielmehr ziehe ich vor dem Anlegen am Anschuss die lange Feldleine so durch die Halsung, dass ich beide Enden in den Händen halte. Sobald der Hund zur freien Arbeit gelöst werden soll, lasse ich ein Ende der Leine möglichst unbemerkt fallen und durch den Hund langsam und allmählich aus der Halsung herausziehen. Die Abb. unten zeigt, wie es *nicht* gemacht werden soll. Der Hund tobt überschäumend vorwärts. Diese Hast – sie hat fehlende Sorgfalt zur Folge – muss eingedämmt werden. Der Hund soll sich, wie auf Abbildung rechts gezeigt, in Ruhe festsaugen und in verhaltener Gangart folgen, während der Hundeführer das eine Leinenende loslässt.

Bringen auf der Rückspur

Führt der Hund das Apportieren auf der 300 bis 500 m lange Schleppe korrekt und zuverlässig aus, übe ich des Weiteren fast nur noch auf meiner Rückspur, um die Zuverlässigkeit im Bringen zu festigen. Die Anfangsarbeiten sind schon auf Seite 149ff. beschrieben, wo es sich hauptsächlich um schnelles Aufnehmen und flottes Herantragen handelte. Jetzt soll der Hund auch im Nasengebrauch und im konzentrierten Verfolgen meiner Rückspur geschult werden.

Der Hund hat gelernt, auf »Zurück, apport« den von uns benutzten Weg zurückzulaufen und einen dort niedergeworfenen Gegenstand in flotter Gangart zu holen. Zum Finden des Gegenstandes bedurfte es bislang keiner Nasenarbeit, sondern der Hund konnte sich auf seine Augen verlassen. Ist der Hund in dieser Übung auf eine Entfernung von etwa 100 m sicher, werfe ich den Gegenstand nicht mehr auf den Weg, sondern gegen die Windrichtung neben den Weg ins Gras, eine Vertiefung oder jedenfalls so, dass der Hund ihn nicht äugt. Sobald der auf dem Weg zurückeilende Hund den Wind des Gegenstandes kreuzt, wird er reagieren, darauf zueilen, ihn aufnehmen und bringen. Es kann vorkommen, dass der Hund zunächst so sehr auf Augenarbeit eingestellt ist, dass er den Gegenstand nasenmäßig überläuft. In diesem Fall muss ich ihm die Sache anfangs erleichtern, indem ich einen Gegenstand mit starker Wittrung verwende (Handschuh, Hut, frisch erlegtes Kanin usw.). Auf jeden Fall lernt der Hund nach 3- bis 4-maliger Wiederholung, die Nase ein- und die Augen auszuschalten. Von nun an wird die Übung vom Weg ins Gelände verlegt, zunächst auf eintönige, größere Flächen (auch Waldbestände), denn hier kann der Hund meine Rückspur nur mit der Nase ausmachen. Er pflegt es bald kurz unter Wind der Spur zu tun und auf diese Weise den auf unserer Rückspur liegenden Gegenstand zu finden.

... sondern beherrscht und konzentriert.

Beherrscht der Hund diese Übung, so verlängern wir nicht nur die Entfernung kontinuierlich auf viele hundert Meter, sondern legen auch scharfe Haken, Bögen und schließlich auch Widergänge ein. Kommt dann außerdem noch eine längere Standzeit der Spur hinzu, können wir auch hinsichtlich der Spursicherheit fördernd auf den Hund einwirken, denn das Ausarbeiten einer älteren Menschenspur mit Haken, Bögen und möglicherweise einem Widergang auf unterschiedlichem Gelände auf einer Länge von 500 bis 800 m erfordert schon eine gewisse Konzentration und Zähigkeit des Hundes, hat jedenfalls nicht die schlechten Nebenwirkungen der üblicherweise sofort nach dem Herstellen gearbeiteten Schleppe.

Sobald der Hund das gewöhnliche Apportel unter Ausarbeiten meiner Rückspur auf etwa 100 m regelmäßig bringt, er also das Grundsätzliche dieser Übung begriffen hat, wird der Bringgegenstand möglichst häufig gewechselt. Es wird alles zur Verfügung stehende und geeignete Wild (Kanin, Krähe, Elster und vor allem der Fuchs) niedergelegt. Es ist erstaun lich, wie viel leichter der Hund ein ihm unangenehmes Apportel auf der Rückspur bringt als auf der Schleppe. Dem Hund macht diese Arbeit eigentlich immer viel Freude. Hat er erst einige Male den ihm manchmal unangenehmen Fuchs auf der Rückspur gebracht, lässt er ihn auch nicht mehr auf der Schleppe (VGP) liegen.

Sowohl bei der Schleppe wie bei der Bringübung auf der Rückspur gilt folgendes: Kommt der Hund ans Stück und nimmt es nicht auf, erscheint vielmehr leer beim Hundeführer, so wird der Hund angeleint und kriecht mit »Halt-vorwärts« die Schleppe bzw. die Rückspur bis zum Stück aus. Beim Stück angelangt, heißt es »Apport« und angeleint oder frei trägt der Hund das Stück bis zum »Anschuss« zurück, wo es ihm vorschriftsmäßig unter großem Lob abgenommen wird. Nach einer kurzen Pause ist die Übung auf nicht zu große Entfernung, jedenfalls auf nicht mehr als 100 m zu wiederholen. Das Kriechen zum Stück wird im Falle weiteren Versagens so lange wiederholt, bis der frei arbeitende Hund das für ihn kleinere Übel wählt und das Bringstück - meist wird es sich um den ihm unangenehmen Fuchs handeln - aufnimmt und heranträgt. Einige Geduld und Konsequenz muss der Hundeführer schon aufwenden, um dem Hund klarzumachen, dass er selbst doch das Durchsetzungsvermögen hat, gegen den jeder Widerstand zwecklos ist.

Mit dem Zögling, der schon bei der Grundabrichtung die restlose Unterordnung lernte, werden kaum ernste Schwierigkeiten auftreten. Die Fehlleistungen im Aufnehmen sind deshalb beim Üben auf der Rückspur ganz selten.

Die oben genannte Verlängerung der Rückspurarbeit setzt erst ein, wenn unser Zögling sich bei den vorhergehenden Arbeiten mehrfach als zuverlässig erwiesen hat. Dann können die Verlängerungen kaum Schwierigkeiten machen. Sollten jedoch Versager im Finden auftreten, so ist wieder auf kürzere Entfernungen zurückzugreifen. Im Allgemeinen ist es so, dass das Aufnehmen nicht mehr verweigert wird, wenn der Hund den Gegenstand einige Male gebracht hat.

Am Riemen auf der gesunden Hasenspur

Für den späteren Verlorenbringer ist das zuverlässige Aufnehmen und Herantragen der Beute aus großer Entfernung natürlich eine wichtige Voraussetzung, aber von wesentlich höherem Anspruch ist das Ausarbeiten der Spur bzw. des Geläufes des verletzten Stück Wildes, um es zur Strecke zu bringen. Leider müssen wir einräumen, dass die dafür qualifizierten Hunde einer Minderheit angehören. Eine solche Minderheit als Spezialisten haben wir zwar auch nur für die qualifizierte Nachsuche auf Schalenwild zur Verfügung, aber diese Spezialisten können noch nach Stunden bzw. am Tag nach dem missglückten Geschehen zum Einsatz kommen. Die Wundspur von Hase oder Fuchs und das Geläuf des geflügelten Fasans erfordert hingegen die unmittelbare Nachsuche, um den Erfolg zu maximieren, das heißt der qualifizierte Verlorenbringer muss unmittelbar anwesend sein.

Die Förderung der Fähigkeit des Hundes, einer Spur (Fährte) mit völliger Hingabe seines ganzen Wollens und Könnens bis an das Wild heran mit unbeirrbarer Ruhe und Zähigkeit zu folgen, ist höchster Anspruch jedes waidgerechten Jagens auf Niederwild.

Die Voraussetzungen zur Schaffung dafür geeigneter Jagdhunde reichen von der Zuchtauswahl, der Welpenaufzucht, der Welpen-Früherziehung bis hin zur speziellen Ausbildung. Hier widmen wir uns der Ausbildung. Und dafür steht uns als einzigartig-zielführendes Vorgehen die *Arbeit auf der Spur des gesunden Hasen* zur Verfügung. Sie ist eines der besten Mittel, den Hund zu konzentrierter Arbeit mit tiefer Nase zu erziehen. Da sie besonders schwierig gegenüber anderen Spuren und Fährten ist, muss der Hund sich innerlich völlig auf diese Arbeit sammeln, wenn er zum Erfolg kommen soll. Dazu können wir ihn durchaus fördern.

Sobald unser Lehrling reges Interesse am Hasen erkennen lässt, was spätestens im Alter von 6 bis 9 Monaten eintritt, übe man mit ihm auf frischen Hasenspuren am langen Riemen. Es ist gar nicht notwendig, hierbei kilometerlange Arbeiten zu versuchen. Ein Folgen auf 100 oder 150 m ist schon eine außerordentlich wesentliche Hilfe. Längere Arbeiten sind natürlich wünschenswert, aber oft nicht möglich. Erforderlich ist die genaue Kenntnis vom Verlauf der Spur, denn das genaue Folgen wird mit lobendem Zuspruch, jedes Abweichen mit Tadel quittiert. Das ist aber nur möglich, wenn der Hundeführer mit Sicherheit jedes Abkommen auch sofort erkennen kann. Der Hund lernt hierbei den Schweißriemen als »Verständigungsleitung« zu seinem Hundeführer kennen, über den er Ruhe und Beherrschung verinnerlicht.

Er gewöhnt sich an konzentrierte Nasenarbeit am Boden, und gerade der temperamentvolle Hund neigt bei häufiger Wiederholung der Übung weit weniger dazu, bei jeder Hasenwittrung in freier Suche loszurasen. Er erfährt, dass seine Einstellung auf das beharrliche Verfolgen feinster Duftpartikelchen auch vom Hundeführer gewünscht und mit Lob bedacht wird, und lernt auf diese Weise die Voraussetzungen jeder Schweiß- und Verlorenbringerarbeit: das konzentrierte Ausarbeiten einer am Boden haftenden Wittrung mit tiefer Nase. Wenn irgend möglich, mache man diese Übung auch gelegentlich einmal in gut gedecktem Gelände unter Verhältnissen, wo der Hase sich bald gedrückt hat, und schnalle ihn auf der Spur. Gelingt es nämlich dem Hunde, nach dem Schnallen den Hasen zu stechen, so wird ihm die vorhergehende Riemenarbeit zu einem freudigen Ereignis und bleibt als solche in seinem Gedächtnis. Keinesfalls schnalle man den Hund jedes Mal bei dieser Übung. Er würde dadurch nach einiger Zeit der Riemenarbeit ein Schnallen erwarten und sich infolgedessen weniger konzentriert verhalten. Das Schnallen mit anschließend freier Arbeit soll die Ausnahme bleiben und nur in den Fällen geschehen, in denen nach Gelände und Bodenbewuchs die Annahme berechtigt erscheint, der Hase habe sich so bald gedrückt, dass der Hund ihn stechen wird. Wir haben immer wieder die Erfahrung gemacht, dass diese häufige Riemenarbeit auf der Gesundspur des Hasen, verbunden mit größtmöglicher Einschränkung der Schleppenarbeit, ein ausschlaggebend wesentlicher Faktor für die Verbesserung der Leistungen im Verlorenbringen des kranken Hasen (und auch anderen Wildes) ist.

INFO

zur **Schweißriemen-Nutzung**

Bereits unser Welpe ab Alter 8 Wochen lernt bei den Übungen auf der Futterschleppe den ca. 10 m langen, normalen Schweißriemen als lustverheißendes Verständigungsband zu seinem »Rudelführer« kennen und wird darauf geprägt. Nach wenigen Übungen am Schweißriemen »klebt« er nach dem Anlegen mit seiner Nase am Boden. Ähnlich verknüpft auch noch der Jährling. Wir nutzen den Schweißriemen deshalb allein bei der Ausbildung und Führung auf der Schweißfährte sowie bei der Einarbeitung auf der Spur des gesunden Hasen, d.h. bei anspruchsvoller Spur- bzw. Fährtenarbeit.

Die künstliche Rotfährte

Die Einarbeitung und Führung des vielseitigen Jagdgebrauchshundes auf der Rotfährte ist in dem Buch »*Auf der Schweißfährte*« von Uwe Tabel umfassend behandelt. Das Thema ist im Rahmen dieses Werkes auf die künstliche Rotfährte reduziert. Die Arbeit auf der künstlichen Rotfährte ist hier als Fortsetzung der Übung mit dem Welpen auf der Futterschleppe (s. Seite 42ff.) zu verstehen, wenn der Welpe denn diese Vorbildung auch erfahren hat.

Im Vergleich zu natürlichen Fährten oder Spuren hat die künstliche Rotfährte den Vorzug, dass wir sie beliebig lang machen können und in der Lage sind, ihren Verlauf überall genau zu markieren. Wesen, Arbeitsart und Verhaltensweisen unseres Schülers können wir unter dieser kontrollierten Bedingung bestens kennenlernen und demgemäß unsere Einwirkungen gestalten. Dass die Ausbildung auf der künstlichen Rotfährte ein hervorragendes Mittel zur Schaffung gut auf Schweiß arbeitender Hunde ist, steht außer Frage. Die Kunstfährte ist zwar nicht gleich

Naturfährte, und auch der Hund verwechselt sie nicht, aber mit der Einarbeitung darauf lernt der Hund, einer einmal angefallenen Duftlinie unbeirrt bis ans Ende zu folgen. Voraussetzung für den Erfolg ist zum einen, dass wir dem Hund eine hohe Motivation vermitteln und zum anderen, dass der Hund die Wesenseigenschaften wie innere Ruhe, Konzentrationsvermögen, Beharrlichkeit und Beutewillen in sich versammelt. Die Eigenschaften können während der Ausbildung in hohem Maße auf der Kunstfährte gefördert werden.

Wann beginne ich mit der Einarbeitung auf der künstlichen Rotfährte? Wie oben bereits angesprochen, kann ich mit dem eben ins Haus gekommenen Welpen damit beginnen. Ja, es ist sogar von großem Vorteil, das besonders ausgeprägte Verinnerlichungsvermögen des Welpen zu nutzen. Bereits der 8 Wochen alte, hungrige Welpe, dem ich Futterschleppen (s. Seite 42f.) biete, beginnend mit wenigen Metern, macht die Erfahrung, dass das Verfolgen solcher Duftlinie zu einem herrlichen Ende führt. Das ist die Quelle seiner hohen Motivation für solche Arbeiten mit seinem Hundeführer. Wenn diese Schleppen dann einfühlsam am Schweißriemen gearbeitet werden, erreicht schon der 11 Wochen alte Welpe einen hohen Grad der Riemenfestigkeit und empfindet den Riemen als etwas Freudeverheißendes und Mittel zum gemeinsamen Beutemachen. Der 14 Wochen alte Welpe vermag mich auf der 400 m langen Übernacht-Futterschleppe souverän am Schweißriemen zum Ende zu führen. Die Steigerung der Schwierigkeitsgrade (Länge, Verlauf und Standzeit) mit im Welpenalter eingearbeiteten Hunden verläuft gleitend und für den Junghund nahezu mühelos. Der spätere Übergang von der Futterschleppe zur Schweißfährte macht keine Schwierigkeiten, wenn der junge Hund die Suche am Schweißriemen verinnerlicht hat.

Wurde die Vorbildung im Welpenalter versäumt, sollte spätestens der Jährling in die Besonderheiten der Riemenarbeit eingeführt werden, d.h. den Schweißriemen als wichtigstes Binde- und Verständigungsmittel der auf der Rotfährte arbeitenden Rudelgemeinschaft Jäger-Hund kennenlernen. Übrigens kann auch für den jungen Hund getrost mit der Futterschleppe begonnen werden.

Die obengenannte *Riemenfestigkeit* ist von zentraler Bedeutung. Sie bewirkt, dass der Hund jedes vom Führer aufgezwungene Tempo – bis hin zum Stillstand – gelassen hinnimmt, ohne in seiner konzentrierten Zielstrebigkeit beeinträchtigt zu werden. Der Hund muss an langsamste Gangart gewöhnt werden; *es gibt keine zu langsame Riemenarbeit, solange der Hund sich wirklich bemüht*.

Die Riemenfestigkeit kann auch sehr gut im Verlauf paralleler Ausbildungsgänge, wie auf der Hasenspur oder bei den Schleppen (hier an der langen Leine), trainiert werden. Es kommt darauf an, dem Hund einzugeben, dass der Schweißriemen ein erfolgversprechendes Verständigungs mittel ist – erfolgversprechend hier im Hinblick auf gemeinsames Beutemachen.

Die Quintessenz der Ausbildung auf Schweiß ist, den Hund auf allerfeinste, noch eben gerade mit seiner Nase wahrnehmbare Duftpartikel einzustellen. Ob man ihn mit Wildschweiß oder Hammelblut, mit einem Stück der Rehlunge oder vom Rehpansen einarbeitet, ist weniger wesentlich, denn, wie bereits gesagt, verwechselt der Hund das alles nicht mit einer natürlichen Rotfährte, aber der Hund lernt hier fünf Dinge, die für eine qualifizierte Schweißarbeit notwendig sind, nämlich

- beherrschte, ruhige Gangart
- Konzentration auf geringste Witterungspartikel
- Zielstrebigkeit, d.h. bewusstes Verfolgen dieser Partikel
- Durchhaltewillen
- Riemenfestigkeit.

Die Riemenfestigkeit bedeutet Unempfindlichkeit bei Behinderungen durch den Schweißriemen. Der Hund darf sich beim Verheddern des Riemens im »dicken Zeugs« nicht von seiner Aufgabe ablenken lassen.

Strengstens ist bei den Übungen auf eine Standzeit der künstlichen Rotfährte zu achten, die ausreicht, die Menschenspur sich hinreichend verflüchtigen zu lassen, damit der Hund diese außen vorlässt und sich allein am Geruch des verwendeten Mediums der Rotfährte orientiert. Versuche belegen, dass ein Hund nach einer Standzeit von mehr als 3 Stunden die Menschenspur kaum mehr beachtet und den Schweiß als Leitschnur wahrnimmt (s. dazu auch die folgenen Seiten). Keinesfalls also eine Standzeit unter 3 Stunden! Besser eine solche von 5 Stunden! Nasenmäßig schafft das jeder Hund!

Die Rotfährte wird überwiegend im Wald gelegt (einschl. Blößen, Waldwiesen usw.). Die sorgfältige Markierung des Fährtenverlaufs ist für die situationsgerechte Führung des Hundes sehr wichtig. Die Art und Weise der Markierung, ob mit Zetteln oder geknickten Zweigen oder Farbtupfer oder anderweitig, ist zweitrangig, ebenso die Entscheidung, ob ich während oder vor der Herstellung der Fährte markiere. In jedem Fall wird die Markierung unmittelbar über bzw. neben dem Fährtenverlauf angebracht, wobei die Fährte stets auf der kürzesten Entfernung von Markierung zu Markierung verläuft.

Fährtenarten: Tropffährte, Spritzfährte, Tupffährte und Schleppfährte

Für die **Tropffährte** eignet sich eine Flasche in Bierflaschengröße. Je nach Verschlussart, ob Korken oder Spannverschluss, wird die tropfenweise Verteilung durch eine Längskerbe am Korken beziehungsweise durch das Entfernen des Gummiringes vorbereitet. Vom »Anschuss« bis zum Fährtenende wird die Flasche je nach Ausbildungsstand bei jedem oder jedem zweiten Schritt gestürzt, sodass aus dem Inhalt einige Tropfen auf den Boden fallen. Die Methode hat den Vorteil, dass auch gewisse Verunreinigungen bzw. geronnene Teile des Inhaltes ihren Weg nach außen finden, aber den Nachteil, dass vor allem im fortgeschrittenen Ausbildungsstadium die angestrebte immer feinere Dosierung damit nicht gut möglich ist.

Die **Spritzfährte**, hergestellt mit einer Plastik-Spritzflasche, lässt hingegen eine feinere Dosierung zu. Die Plastik-Spritzflasche ist in unterschiedlicher Machart erhältlich. Bei der in Abb. Seite 217 gezeigten Ausführung handelt es sich um eine Laborspritzflasche, die bei Füllung genau ¼ Liter enthält. Durch das in den Schraubverschluss eingepasste gebogene Steigrohr mit

Der Tupfstock (etwa 1 m lang)

Plastik-Spritzflasche und Tropfflasche (ohne Gummi-Verschluss)

der konischen Verjüngung an der Spritze wird die Wirkung einer groben Düse erreicht. Durch seitlichen Fingerdruck auf die Plastikwand der Flasche wird der Inhalt durch Steigrohr und Düse gepresst, wobei sich die verspritzte Menge durch Stärke und Dauer des Druckes regulieren lässt. Ohne Druck kommt kein Tropfen aus der Flasche, sodass jede Verunreinigung vermieden wird. Auch beim Umfallen, Sturz usw. bleibt alles sauber. Um Verstopfungen von Rohr und Düse zu vermeiden, muss der Inhalt (Blut oder Schweiß) allerdings absolut flüssig sein.

Bevorzugt wird von uns die Tupffährte. Sie erscheint uns allerdings in manchen Fällen leichter zu sein. Bei gleicher Schweißmenge erhält der auf den Boden gedrückte Tupfer eine größere Oberfläche und gibt dadurch mehr Duftpartikel ab als der Tropfen gleichen Volumens aus der Spritzflasche. Im Übrigen bleibt i.d.R. der am Boden haftende Tupfer länger feucht als der in der Vegetation hängende Tropfen. Der Unterschied lässt sich allerdings durch entsprechende Mengenreduzierung ausgleichen. Die Tupffährte hat den außerordentlich großen Vorzug, dass sie den Hund zwingt, ständig die Nase tief am Boden zu halten und sich an Hand der einzelnen Tupfer voranzutasten. Bei Gras- und Staudenbewuchs, bei Farnkraut und Jungbäumen bleiben beim Spritzen die Tropfen im Wesentlichen relativ hoch hängen, den Tupfer hingegen kann ich stets auf den Boden setzen. Es ist für die Ausbildung des Hundes zur Fährten- und Spurarbeit von großer Bedeutung, dass er grundsätzlich »die Nase zwischen die Vorderläufe nimmt« und sich an diese Arbeitsart gewöhnt. Aus diesem Grunde bevorzugen wir für das Einarbeiten die Tupffährte, insbesondere für die Vorstehhunde, die vielfach mehr zum Hochnehmen der Nase neigen. Zudem ist die Schweißmengendosierung per Tupfverfahren am einfachsten.

Die Herstellung der Tupffährte ist auch recht einfach; man benötigt einen gut handhabbaren Behälter (z.B. Kännchen oder kleines Eimerchen) und einen etwa 1 m langen Stock (Haselnuss oder Weide), an dessen unteres Ende ein Schwämmchen von etwa 4 bis 5 cm Durchmesser mit Bindfaden oder Blumendraht befestigt wird (s. Abb. Seite 217). Das Schwämmchen wird in den Schweiß getaucht und der Stock dann beim Gehen in Abständen leicht auf den Boden getupft. Nach etwa 10- bis 20-maligem Auftupfen taucht man erneut in die Flüssigkeit. Während anfangs die Tupfer ca. 50 cm voneinander entfernt liegen, vergrößert man bei den späteren Übungsarbeiten die Abstände allmählich auf etwa 2 m. Bei Fortgeschrittenen ist es zweckmäßig, zwischendurch einmal eine Strecke von 10 bis 20 Schritt oder auch mehr gar nicht zu tupfen. Der Hund wird dadurch gezwungen, durch Bogenschlagen den abgerissenen Faden wieder zu suchen.

Die **Schleppfährte** ist weniger bekannt. Herbert BANSEN, einst Leiter der Schweißhundstation Lauenburg, hat sie schon in den 50er Jahren praktiziert und bald danach eingehend beschrieben.

Sie ist in der Herstellung am einfachsten und wird von einigen Hundeführern gern zur Einarbeitung ihrer Hunde verwendet. Es eignet sich dafür beispielsweise ein Stück Reh- oder Rotwildlunge in guter Enteneigröße. Der Fährtenleger bindet dieses Stück an einen ca. 2 Meter langen Bindfaden und geht es hinter sich herziehend die Fährte aus. Wenn er den Bindfaden am Rucksack, Hosenträger oder Bauchriemen befestigt, hat er beide Hände zum Markieren des Fährtenverlaufes frei. Bei dieser Fährte lernt der Hund das Zeigen von Schweiß sehr viel leichter, wenn man an markierten Stellen etwas Schweiß (vom gleichen Stück!) einlegt. Die wenigen Tropfen Schweiß im Verlauf der Fährte und in den Wundbetten werden lange vom Hund bewindet und damit ausdrucksvoll gezeigt, sodass der Hundeführer am Riemen zum Hund vorgreift und unter »lass sehen« lobend sein Interesse bekundet. Von einem gestreckten Stück lassen sich mehrere Fährten herstellen. So reicht eine Rehlunge für mehrere längere (1000 m) Fährten, und Schweiß vom gleichen Stück wird nur ganz wenig benötigt. Auch ältere, erfahrene Hunde arbeiten diese künstlichen Fährten gerne. Lunge zum Schleppen kann tiefgefroren auf Vorrat gehalten werden.

In gleicher Weise ist die Verwendung eines Stücks Wildpansen zu empfehlen. Mit einem luftgetrockneten ganzen Pansen lässt sich jederzeit greifbarer Vorrat schaffen. Das Stück wird vor der Benutzung in warmem Wasser aufgeweicht.

Motivation, Blut-/Schweißmenge, Standzeit der Fährte, Gehorsam

Die Ausbildung für die Schweißarbeit setzt zunächst eine ausgeprägte Motivation des Hundes für diesen Aufgabenbereich voraus. Es gibt eine Reihe von Möglichkeiten, die Motivation zu vermitteln. Ein einfacher und sehr wirksamer Weg zur Motivierung ist, konsequent mit dem ausgeprägt hungrigen Hund jede Schweißfährten-Übung anzugehen. Das bedeutet, dass mindestens die letzte Regelfütterung des Hundes nicht stattgefunden hat. *Plenus venter non studet libenter*, ein voller Bauch studiert nicht gern, gilt nicht nur für uns Menschen. Offenbar ist bei einem hungrigen Hund nicht nur die subjektive sondern auch die objektive Nasenleistung besser als bei einem gesättigten Hund. Eine weise Einrichtung der Natur! Der Hund arbeitet jedenfalls mit leerem Magen wesentlich zielorientierter. Wenn er dann am Fährtenende die unter der Rehdecke liegende Schüssel mit guten Brocken findet, ist das für ihn ein großes Lusterlebnis, welches er nach wenigen Übungen verinnerlicht und ihm besonderen Antrieb für die Arbeit auf der künstlichen Rotfährte verleiht. Dabei soll der Hund am Ende nie gleich satt werden, sondern noch das sehnliche Gefühl nach Mehr haben, was in seiner Verinnerlichumg das Lustereignis verstärkt. Satt füttern kann ich ihn danach und ohne Zusammenhang mit der Schweißarbeit. Wie gesagt, auch hier Konsequenz wahren!

Es gibt gewiss auch andere motivationsfördernde Wege. Insofern unterliegt es der Fantasie des Hundeführers, den Aufbau und den Erhalt der Motivation für die Riemenarbeit der individuellen Neigung seines Hundes anzupassen. Schließlich kommt es darauf an, dass mit dem Anlegen der Schweißhalsung am Schweißriemen und dem Kommando »verwundt« beim Hund ausgeprägte, zielgerichtete Arbeitsfreude ausgelöst wird.

Die **Blut-** bzw. **Schweißmenge** darf bei den ersten Übungen reichlich sein. So verbrauche ich bei den ersten Übungen auf 80 bis 150 Meter jeweils etwa ⅙ Liter. Das bedeutet für den Hund ein Angebot, welches ihm nasenmäßig »lächerlich« erscheinen muss. Entscheidend ist zuerst, dass der Hund mich in langsamster Gangart und dennoch ausgeprägt zielstrebig zum Ende führt. Wenn er diese Anforderung erfüllt, verlängere ich von Übung zu Übung kontinuierlich die Strecke bei gleichbleibender Schweiß- bzw. Blutmenge bis auf 500 bis 600 Meter. Die Schweißmenge je Streckeneinheit wird also auf diese Weise verringert.

Darüber hinaus reduziere ich nun im Verlauf der weiteren Ausbildung die Schweißmenge je Streckeneinheit noch stärker, sodass ich auf 1000 m mit maximal ⅛ Liter auskomme. In der Praxis liegt oft sehr wenig Schweiß, so wenig, dass wir mit unseren stumpfen Sinnen ihn ohne Schnee nicht wahrzunehmen vermögen. Es ist unsere Aufgabe, den Hund auf allerfeinste Duftpartikel einzustellen.

In Bezug auf die Gebrauchsprüfungen (400 m) und die Verbandsschweißprüfung (1000 m), wo jeweils maximal ¼ Liter Schweiß verwendet werden darf, schaffe ich somit ein Anforderungspolster, welches mich die Prüfungen beruhigt angehen lässt. Wie bei allen anderen Ausbildungsdisziplinen erfolgen alle Anforderungssteigerungen selbstverständlich schrittweise,

Die Hundeführerin untersucht den Anschuss in Blickrichtung zum 3 bis 5 m entfernt am abgedocktem Schweißriemen abgelegten Hund,...

sodass ich bei Fehlleistungen stets auf den vorherigen Schritt zurückgehen kann.

Zur **Standzeit der Fährte**: Bei der Einarbeitung auf der Rotfährte müssen wir rechtzeitig der Gefahr vorbeugen, dass der Hund sich auf die Menschenspur des Fährtenlegers einstellt, das heißt diese anstelle des Schweißes als Orientierung nutzt. Wir müssen von Anfang an dafür Sorge tragen, dass unser Schüler die Spur des Fährtenlegers nicht als Leitfaden nutzt. Für ihn muss allein die Schweißwittrung maßgebend sein. Das lässt sich nur durch eine Standzeit der Fährte von solcher Länge erreichen, dass der Hund die Menschenspur nicht mehr beachtet bzw. sich nur noch am ausgebrachten Schweiß orientiert. Um einem Missverständnis vorzubeugen sei betont, dass es hier nicht darum geht, nach wie langer Zeit der Hund die Menschenspur wahrnehmen kann. Vielmehr ist in unserem Fall zu erörtern, nach welcher Zeit der Hund angesichts der Kombination von Menschenspur mit verteiltem Schweiß auf einer Fährtenstrecke sich dem einen und anderen als Orientierungsstütze zuwendet. Es ist in den Nachkriegsjahren mittels recht sorgfältiger Versuche festgestellt worden, dass unsere Hunde bis zu einer Standzeit der Fährte von etwa 3 Stunden der Menschenspur folgen, bei längeren Standzeiten sich aber am Schweiß orientieren. Danach schlussfolgern wir, dass normalerweise nach mehr als 3 Stunden die Menschenspur sich in solchem Maße verflüchtigt hat, dass der Hund sich nunmehr auf die stärker wirkende Schweißwittrung konzentriert und einstellt. Insofern ist es zielführend, keine künstliche Rotfährte unter 3 Stunden Standzeit zu arbeiten. Bei den ersten Übungen verwenden wir zwar reichlich Schweiß, beginnen aber mit einer hinreichend langen Standzeit von 4 Stunden. Im Verlauf der Ausbildung werden die Standzeiten der Fährten von zunächst 4 Stunden zügig über etwa 7, dann 10 Stunden und schließlich, aber immer noch im Rahmen relativ kurzer Strecken (bis etwa 150m), zur Übernachtfährte verlängert.

...holt den Hund ab und setzt ihn unter »Such verwundt« am Anschuss an.

Die eigentliche Streckenverlängerung erfolgt also erst mit der Übernachtfährte.

Wenn wir die Motivation des Hundes für die Riemenarbeit als zentrale Voraussetzung beschrieben haben, ist damit die Forderung nach angemessenem **Gehorsam** keineswegs außen vor. Im Gegenteil, der Gehorsam ist neben der Motivation die zweite unerlässliche Säule für ein erfolgreiches Gespann aus Hund und Jäger bei der Riemenarbeit. Dieser Gehorsam ist dem Hund allerdings nicht während der Arbeit auf der Rotfährte zu vermitteln, sondern muss zuvor im Verlauf der Grunddressur in der Ausprägung erreicht sein, dass der Hund ihn nicht mehr als unangenehmen Zwang, sondern als absolute Selbstverständlichkeit empfindet. Wenn ich beispielsweise dem Hund vom anderen Riemenende aus »Platz!« zurufe, weil ich eine Erholungspause einlegen will, soll er dem Kommando zwanglos Folge leisten. Oder wenn ich ihn mit einem scharfen »Äh!« mahne, weil er offensichtlich einer Verleitung folgen will, soll er sich zielbewusst wieder der Ansatzfährte zuwenden. Insofern ist die Zwangsanwendung eine mittelbare, jedoch keine unmittelbare Einwirkung bei der Riemenarbeit. Damit unterscheidet sich die Einwirkung auf den Hund bei der Schweißarbeit auch entscheidend von der bei der Schleppenarbeit etwa mit dem Fuchs. Bei der Riemenarbeit auf der Schweißfährte ist daher ein besonderes Geschick des Hundeführers erforderlich, nämlich einerseits die hohe Motivation des Hundes und andererseits seinen Gehorsam zu erhalten.

Zusammenfassend seien die wesentlichsten Punkte für die Arbeit auf der künstlichen Rotfährte wiederholt:

- Beide, Motivation einerseits und selbstverständlichen Gehorsam andererseits auf hohem Niveau erhalten.
- Von Anfang an vermeiden, dass der Hund sich an der Menschenspur des Fährtenlegers orientiert.

- Über allmähliche Verlängerung der Fährtenstrecke, Verringerung der Schweißmenge und Ausweitung der Fährten-Standzeit den Hund auf allerschwächste Schweißwittrung einstellen.

Und nun zu der Behandlung des Hundes bei jeglicher Arbeit auf der Rotfährte am langen Riemen, also nicht nur bei den ersten Übungsfährten, sondern bei allen künstlichen Übungsfährten und natürlichen Nachsuchen:

Dem Hund wird vor Beginn der Arbeit eine breite, nicht würgende Lederhalsung umgelegt; der daran angeschnallte, mindestens 6 m (besser 8 bis 10 m) lange Schweißriemen wird abgedockt, der Hund etwa 5 m neben dem Anschuss abgelegt und der Schweißriemen nach hinten weg ausgeworfen. Der Hundeführer begibt sich in ruhiger Gangart zum Anschuss, kniet dort nieder und »untersucht« ihn, das heißt bewegt die Finger auf dem Boden. Dabei sucht er den Blickkontakt zum Hund und spricht ihn verhalten lebhaft an, um seine Aufmerksamkeit zu erregen. Wir wollen nämlich erreichen, dass unser Zögling auf den Hundeführer spannt und durch dessen Verhalten auf die kommende Arbeit eingestellt wird. Er hat aber auf seinem Platz zu bleiben, sich zu beherrschen! Spätestens bei der dritten oder vierten Übung weiß der Hund schon beim Ablegen am abgedockten Schweißriemen, dass nun diese ihm in angenehmer Erinnerung gebliebene Riemenarbeit kommt. Sollte der Hund während der Untersuchung des Anschusses aufstehen oder gar Miene machen, sich in Richtung seines Herrn zu bewegen, so verwehre man ihm das mit sanftem Zwang. Im Grunde sollte für den Hund zwischenzeitlich das zuverlässige Ablegen so selbstverständlich sein, dass er trotz innerem Drang, zum Anschuss zu kommen, an seinem Platz bleibt. Auf die oben angesprochene notwendige Motivation einerseits und den selbstverständlichen Gehorsam andererseits sei verwiesen.

Die Führerin hält den Schweißrieme in Schlaufen – falsch!

Hier macht sie es richtig, der Schweißriemen bleibt immer lang, auch beim Vorgreifen.

Nach der »Anschussuntersuchung« wird der Hund abgeholt. Alle Bewegungen des Hundeführers seien betont langsam; es wird wenig gesprochen, und der Zuspruch sei halblaut und ohne jede Hast. Mit »Such verwundt« zeigt die Hand auf den Anschuss, den eigentlich jeder Hund interessiert mit seiner Nase untersucht. Man lasse ihm viel Zeit und ermuntere ihn nur dann mit einem ruhigen »so recht, mein Hund«, wenn er die Fährte anfällt, bleibe zunächst stehen, gebe dem Hund langsam mehr Riemen und folge langsam, wenn der Hund den »roten Faden aufgenommen« hat. Jede Hast oder Heftigkeit ist von Anfang an zu vermeiden! Es gibt bei der Einarbeitung keine zu langsame Gangart des Hundes, solange er willig und konzentriert der Fährte folgt. Wenn der Hund die sehr langsame und dennoch vorwärtsdrängende Gangart verinnerlicht hat, ist ein riesiger Fortschritt erzielt. Bei allzu großem Vorwärtsdrang des Zöglings lege man mit einem ruhigen »Platz!« eine Pause von 1 oder 2 Minuten ein. Der heftige Hund wird nie gelobt! Überhaupt wird mit dem »so recht, mein Hund« nur sparsam umgegangen und es nur dann gebraucht, wenn der Hund eindeutig Nasenkontakt mit der Fährte hat. Der Schweißriemen bleibt immer in voller Länge, auch dann, wenn der Hundeführer einmal vorgreifen muss.

Manche Hunde neigen zum Zeigen von Schweiß. Diese wertvolle Eigenschaft für die praktische Nachsuche kann und muss man fördern. Man kann es auch gezielt ins Ausbildungsprogramm einbeziehen. Nachdem der Hund die etwa 400 m lange Schweißfährte mit ⅙ Liter Schweiß souverän absolviert, lege ich bei Folgeübungen sogenannte »Verweiserpunkte« dergestalt an, dass an markierter Stelle vermehrt und konzentriert Schweiß ausgebracht wird, die angesichts relativ starker Geruchsabgabe das Interesse des Hundes auf sich zieht. Bei solcher Gelegenheit greife ich sehr zügig (jedoch nie hastig) am Riemen zum Hund vor und unter leisem »Lass sehen, mein Hund« bekunde ich mein Interesse, berühre die Stelle mit der Hand und lobe meinen Hund innig und freundlich. Für die Nachsuchenpraxis ist das Zeigen des Hundes von Pirschzeichen auf der Fährte, wie Schweiß, Knochensplitter, abgetretene Darmstücke oder Wildbretteile, außerordentlich hilfreich.

Um die Motivation des Hundes auf der künstlichen Rotfährte nicht zu sehr zu strapazieren, sollte zunächst nicht zu häufig gearbeitet werden. Empfohlen werden etwa 3 Fährten in 2 Wochen, nur mit dem besonders hoch motivierten Hund auch häufiger. Schließlich muss die Entscheidung darüber dem Einfühlungsvermögen des einzelnen Hundeführers überlassen bleiben.

Alles bisher zur Schweißarbeit Erörterte betrifft das grundsätzliche Einarbeiten. Es besagt noch keineswegs, dass der so vorbereitete Hund auch eine halbwegs schwierige Nachsuche in der Praxis mit natürlichen Verleitungen auf alter Fährte meistert. Dazu bedarf es weiterer Ausbildung und vor allem hinreichender Gelegenheiten an praktischen Nachsuchen. Einige Voraussetzungen sind geschaffen. Unser Wissen von dem objektiven Leistungsvermögen vielseitig eingesetzter Jagdgebrauchshunde auch auf dem Spezialgebiet der Schweißarbeit hat sich zwischenzeitlich erheblich geweitet. Allein eine richtige Aus- und Fortbildung des Hundes ist Voraussetzung, dass das hohe Leistungsvermögen auch als sein subjektives Merkmal sichtbar wird. Am Beispiel der Standzeit einer Fährte und deren Steigerung können wir das in besonderem Maße beleuchten.

Während man noch vor wenigen Jahrzehnten glaubte, dass eine Nachsuche am Tag nach dem Schuss eine besonders gute Nase erfordere, so haben wir gelernt, dass es bei normaler Witterung keinem Hund nasenmäßig Schwierigkeiten macht, eine 20 Stunden alte Kunstfährte zu halten. Wir verlängern also die Stehzeiten auf 15, 20, 30, 40 Stunden und mehr. Die Schwierigkeiten liegen weniger im Riechvermögen des Hundes als vielmehr in der Konzentrationsfähigkeit und im Wollen des Hundes.

Durch die längeren Standzeiten der Fährten werden Konzentration und Nasengebrauch des Hundes gefördert.

Zudem müssen die Fährten erheblich verlängert werden, was mit der Standzeitverlängerung verbunden werden kann. Ein Hund, mit dem während längerer Zeit nur auf einer bestimmten Fährtenlänge geübt wurde, verliert auf einer plötzlich längeren Fährte sehr leicht die Arbeitslust; er hat bis dahin verknüpft, dass nach der gewohnten Länge Schluss sein müsse, und konzentriert sich nicht mehr. Es darf aber im Rahmen der notwendigen Längen-Steigerung bis mindestens 1500 m gelegentlich auch wieder eine kürzere Fährte angeboten werden, aber die 1500 m Länge sollte überwiegen. *Die Steigerung der Länge fördert die Beharrlichkeit und das Durchhaltevermögen.* Das Arbeiten auf einer duftschwachen und langen Fährte strengt den Hund mehr an als eine 1- bis 2-stündige Suche im Feld. Ein Hund, der das Durchhalten nicht gelernt hat, versagt sowohl auf der Verbandsschweißprüfung (VSwP) wie in der jagdlichen Praxis bei längeren Nachsuchen.

Und schließlich ist sowohl für etwaige Prüfungen als insbesondere für die jagdliche Praxis die *Überwindung von Verleitungen* zu üben. Dabei spielt der Gehorsam, der sich zwischenzeitlich, was nochmals betont werden muss, als selbstverständliche und willige Unterordnung zeigt, eine entscheidende Rolle. Deshalb kommt dieser Übungsbereich auch erst dann zum Tragen, wenn die sorgfältige Grundabrichtung des Hundes abgeschlossen ist! Es werden also in die künstliche Rotfährte bewusst Verleitungen eingebaut: Beispielsweise kreuzt der Hundeführer oder auch ein Fremder (eventuell mit Hund) kurz vor Beginn der Übungsarbeit die Fährte, oder ein Kaninchen wird quer über die Fährte gezogen. Es können auch Haustiere (Schafe, Enten) über die Leitlinie getrieben werden. Noch praxisnäher ist es – sofern Gelegenheit – die Fährte über einen bekannten Wildwechsel zu legen. Der Fantasie ist keine Grenze gesetzt. In jedem Fall muss dem Hundeführer die Störungsstelle genau bekannt sein, damit er das Verhalten seines Hundes angesichts solcher Ablenkungen interpretieren lernt und in richtiger Weise auf ihn einwirken kann. Mit Sicherheit wird der diese Störungsstelle markieren und häufig der Verleitfährte folgen wollen. Eine hart strafende, den Hund einschüchternde Einwirkung wäre falsch. Gar zu leicht würde sie die Motivation zur Weiterarbeit stören. Hier wird die Bedeutung des selbstverständlichen Gehorsams klar. Ein mildmahnendes »Pfui« oder »Äh« genügt. Danach lässt der Hundeführer seinen Zögling geduldig die Ansatzfährte wieder finden und aufnehmen, wobei er mit lobendem Zuspruch motiviert wird. Der Hund soll lernen, dass er Verleitungen durchaus registrieren und kontrollieren darf, sich dann aber gleich wieder der Ansatzfährte zuwenden muss. Der Hundeführer lernt dabei zugleich, seinen Hund zu »lesen«, das heißt sein Verhalten den verschiedenen Situationen zuzuordnen, was für die Praxis außerordentlich zielführend ist.

Nach einigen Wiederholungen mit derart herbeigeführten Verleitungen werden kaum noch besondere Einwirkungen des Hundeführers notwendig sein. Ein leises, mahnendes Wort genügt, um den Hund zum selbstständigen Wiederaufnehmen der Ansatzfährte zu veranlassen. Bald wird er von sich aus, nach kurzer Prüfung der neuen Wittrung zu seiner Fährte zurückkehren. Und damit ist ein wichtiges Ziel erreicht. Eine nennenswerte Klippe sind noch »taufrische« Verleitungen durch Wild, seien es frische Fährten oder unmittelbare Begegnungen während der Riemenarbeit. In solchen Fällen ist ein etwas härteres »Pfui!« angebracht. Es ist sinnvoll, den Hund auf der Ansatzfährte abzulegen und nach einer mehrminütigen Pause dort wieder anzusetzen.

Ein in dieser Weise eingearbeiteter Hund dürfte gute Voraussetzungen für erfolgreiche Nachsuchen am langen Riemen auch in schwierigen Fällen erfüllen, wenn auch der Meister sich erst durch hinreichende Erfahrungen auf Wundfährten in der jagdlichen Praxis entfaltet.

Für den Hundeführer besteht gemeinhin die besondere Anforderung, den Hund während der Riemenarbeit richtig zu »lesen«, seine Verhaltensweisen situationsgerecht zu interpretieren. Dazu zählt insbesondere zu erkennen, ob der Hund auf der Ansatzfährte oder auf einer Verleitfährte arbeitet bzw. sich abseits der Ansatzfährte befindet. Dazu haben wir eine Führungstechnik entwickelt, die das »Lesen« nennenswert erleichtert. Die absolute Riemenfestigkeit des Hundes ist dafür ein Schlüssel. Die praxisbewährte Führungstechnik wird nachstehend als Verharrmethode beschriebenen.

Die Verharrmethode

Mit dieser Führungstechnik verfügen wir über eine Verständigungsbrücke, über welche der Führer fragt und der Hund antwortet, ob man sich noch auf der richtigen Fährte befindet. Unter der Voraussetzung ausgeprägten Arbeits- und Fährtenwillens, welche der für die anspruchsvolle Schweißarbeit auszubildende Hund ohnehin mitbringen muss, kann die Ausbildungs- und Führungsmethode bei allen Jagdgebrauchshundrassen - vom Teckel bis zum Vorstehhund - Anwendung finden. Im fortgeschrittenen Ausbildungsstadium zur Schweißarbeit bedarf es bei unseren vielseitigen Jagdgebrauchshunden einer sauberen Gehorsams-Grundausbildung. Das heißt, dass der Hund jedem Unterordnungsbefehl (wie auch jeder Mahnung) wie selbstverständlich unverzüglich nachkommt. Die Umsetzung der Verharrmethode wird dadurch zugleich unterstützt.

Der systematische Ausbildungsgang zur Verharrmethode beginnt im günstigeren Fall bereits beim Welpen. Es sei hier auf den Abschnitt Seite 42ff. verwiesen.

Übungsbereich 1

Mit dem Welpen über die Futterschleppe zur Riemenfestigkeit

Nachdem der inzwischen 8 bis 9 Wochen alte Welpe den Nasengebrauch auf der Futterschleppe (über 1 bis 10 m) gelernt hat, arbeitet er die Schleppe auch unter unserer einfühlsamen Führung am Schweißriemen. Zunächst wiederum nur über wenige Meter, dann über längere Strecken findet der hungrige Welpe immer in Verbindung mit dem langen Riemen seinen Brocken. Die Gangart wird dabei zunehmend von seinem Meister bestimmt, der schließlich nur noch in gemächlichem Schritt folgt, während der gierige und dennoch einsichtige kleine Kerl ruhig und zielstrebig arbeitet. *Ein wesentlicher Schritt zur Riemenfestigkeit* ist erreicht. Standzeit und Länge der Futterschleppe können danach stufenweise verlängert werden, sodass beispielsweise der halbjährige Hund die Übernacht-Schleppe über 500 m souverän meistert. Diese Übungen können selbstverständlich im Feld genauso wie im Wald stattfinden; der Wechsel ist vielmehr von Vorteil.

Übungsbereich 2

Übergang zur Schweißfährte, parallele Übungen am langen Riemen

Der heranwachsende Junghund arbeitet auch seine ersten gesunden Hasenspuren an dem ihm liebgewordenen langen Schweißriemen. Der Hund hat bei entsprechender Spurveranlagung längst begriffen, dass er sich der betont langsamen Gangart seines Herrn anpasst, um so am sichersten und zügigsten zum Erfolg zu gelangen. Im Verlauf der Apport-Dressur werden auch die Schleppen an der langen Leine gearbeitet.

Uns interessiert in diesem Zusammenhang *nur die Riemenfestigkeit, sowie die Gewöhnung an langsamste Gangart*, sodass wir auf die Besonderheiten der Hasenspur einerseits und der Schleppe andererseits hier nicht eingehen wollen.

Beim so vorbereiteten Hund verstehen wir den Beginn der Anwendung künstlicher Schweißfährten (getropft oder getupft) als Übergang aus der Futterschleppe. Die Arbeitsfreude bleibt, weil immer das Futter als eindrucksvolle Belohnung am Ende auf den stets hungrigen Hund wartet. Der Zeitpunkt für den Übergang auf die eigentliche künstliche Rotfährte richtet sich dann nach dem Ausbildungsstand, d.h. wenn der Junghund der mindestens 4 Stunden alten Futterschleppe über ca. 400 m mühelos zu folgen vermag.

Der bisher beschriebene Ausbildungsweg ist im Hinblick auf die Verharrmethode sowie auf die Riemenarbeit schlechthin sehr vorteilhaft, aber keine entscheidende Voraussetzung.

Auch mit dem Jährling können wir noch erfolgversprechend in die Ausbildung zur Verharrmethode eintreten, wenn das *Übungsziel* der absoluten *Riemenfestigkeit* in Verbindung mit *langsamster Gangart* über einfache Schweißfährten vorrangig angestrebt und erreicht wird.

Übungsbereich 3

Beginn mit dem Jährling, erstes Verharren

Die ersten Schweißfährten sind einfach, mit kurzer Stehzeit (aber mindestens 4 Stunden), ohne Verleitungen, reichlich Schweiß und nicht zu lang. Am Ende wartet immer die Futterschüssel auf den stets hungrigen Hund. Er liegt nach dem Ansetzen wieder gewohnt ruhig im Riemen. Aus meiner betont langsamen Gangart am gestrafften Riemen bleibe ich plötzlich für einen Moment stehen, mit voller Konzentration auf den Hund. Die meisten Hunde reagieren dabei durch Ausbruchsversuche nach den Seiten oder durch Umkehr zum Führer. Den Moment des Beginns eines solchen Verhaltens fange ich ab, gebe blitzschnell und dennoch ohne Hast mit dem Riemen nach und fordere den Hund mit lobendem, aber ruhigem Zuspruch zur Weiterarbeit auf. Diese Übung wiederhole ich nur unter betonter Arbeitslust des Hundes und werde dabei feststellen, dass ich die *Verharrpause aus der Zeitspanne des Momentes heraus verlängern* kann. Entscheidend bleibt immer, dass ich den Hund nicht dazu kommen lasse, die Fährte zu verlassen. Mein konzentriertes Beobachten und die daraus folgende blitzschnelle, ruhige Reaktion ist der Schlüssel zum Überwinden dieser wichtigen Hürde. Voraussetzung bleibt natürlich, dass ich den Fährtenverlauf genauestens kenne. Mein Zögling begreift jetzt und wartet in der sicheren Zuversicht, dass der Meister gleich wieder folgt, damit wir gemeinsam unser Beuteziel erreichen. Die Verharrpause dehne ich stufenweise auf 20 bis 30 Sekunden aus. Jetzt greife ich am Riemen zum verharrenden Hund vor, lege eine Hand auf seinen Rücken, lobe kurz und leise, um ihn dann wieder langsam auf der Fährte ablaufen zu lassen. Das Vorgreifen muss nicht jedes Mal sein, fördert unsere Zweisamkeit aber sehr.

Der Übergang von der langsamsten Gangart zur echten Verharrpause macht diesen Übungsbereich in der Regel zum schwierigsten Teil der Verharrmethode. Der Vorarbeit bis zur absoluten Riemenfestigkeit kommt daher eine entscheidende Bedeutung zu.

Übungsbereich 4

Abkommen, Wiederfinden, Verharren

Bisher habe ich das Verharren nur aus der Situation heraus geübt, wenn der Hund intensiv arbeitend sich auf der richtigen Fährte befand. Das Verharren auf der richtigen Fährte ist dem Hund zu einer selbstverständlichen Übung geworden. Wie reagiert er aber auf mein Stehenbleiben, d.h. meine Anfrage, wenn er von der Fährte abgekommen ist?

Die Standzeiten und Längen der künstlichen Schweißfährten habe ich inzwischen erweitert, was aber dem Ausbildungsstand des Hundes entspricht, sodass er im Grunde damit keine besonderen Schwierigkeiten hat. Er kommt zuweilen ab, korrigiert sich aber rasch wieder. Den Moment des Abkommens suche ich jetzt und bleibe dann aus der ruhigen Gangart in beschriebener Weise bei gestrafftem Riemen plötzlich stehen. Im Regelfall wird der Hund unruhig nach den Seiten suchen, um den Anschluss zu finden. Hat er den Anschluss gefunden, lobe ich ihn ruhig-eindringlich, gebe aber nur wenige Meter nach, um dann erneut zu verharren. Bleibt der Hund hier seinerseits wunschgemäß stehen, so werde ich bei der Wiederholung das Nachgeben nach dem Wiederfinden verkürzen, bis er schließlich im Moment des Wiederfindens von sich aus am gestrafften Riemen verharrt und mir somit mitteilt: »Jetzt hab' ich's wieder – es könnte eigentlich weitergehen!« Der entscheidende Schritt zu den *verschiedenen Verhaltensweisen ohne Fährte* (Weitersuchen) und *auf der Fährte* (Verharren) ist getan und wird bis zur Selbstverständlichkeit bei jeglicher Gelegenheit weiterhin geübt. In diesem Übungsbereich setze ich voraus, dass der Hund sich in der Verfassung guter Konzentrationsfähigkeit und ausgeprägter Arbeitsfreude befindet. Andernfalls kann es passieren, dass der Hund auch außerhalb der richtigen Fährte auf mein Stehenbleiben seinerseits mit Verharren antwortet. Dieses Fehlverhalten muss ich gegebenenfalls durch eine im mahnenden Ton ausgesprochene Aufforderung zur Weitersuche überbrücken. Nach anschließendem Wohlverhalten lege ich den Hund für eine Erholungspause ab, um dann mit neugeschöpfter Kraft weiterzuarbeiten. Es sei in diesem Zusammenhange angemerkt, dass das Ablegen für den Hund zu einer selbstverständlichen Gehorsams-Übung geworden sein muss, wodurch er seinen eigentlichen Auftrag, die Schweißarbeit, nicht vergisst. Störungen bei der Schweißarbeit wie Konzentrationsverlust, zu heftige Gangart und starke Verleitungseinflüsse werden durch das vorübergehende Ablegen am wirksamsten beseitigt bzw. überwunden.

Übungsbereich 5

Verharren auf der Verleitungsfährte?

Dem Hund ist inzwischen diese Führungstechnik schon so selbstverständlich, dass er sich während des Verharrens umschaut, als wollte er sagen: »Nun komm schon, da vorn geht's doch weiter!« Wie verhält er sich aber beim Kreuzen verheißungsvoller Fremdfährten (Verleitungsfährten) bei der Schweißarbeit? Das Verharren auch auf Verleitungsfährten liegt nahe und muss ausgeschaltet werden. Sinnvollerweise übe ich zunächst mit einer bekannten künstlichen Verleitung (s. Seite 225) und suche erst später im wildreichen Revier die natürlichen Verleitungen.

Die eingangs kurz angesprochene Gehorsam-Grundausbildung wird hier mit zum wirksamsten Mittel. Der Hund wird im Zweifelsfall zunächst auch auf der Verleitungsfährte verharren, was ich mit einem unwilligen »Pfui« und » such verwundt!« quittiere. Dabei wird er mit der Leine abgezogen und zum Wiederfinden der Rotfährte veranlasst. Hier lobe ich wieder ruhig und lasse ihn verharren, tadele aber jedes Ausweichen zur

Verleitung. Der Tadel meinerseits kann jetzt etwas schärfer ausfallen, weil der Hund zwischenzeitlich seine hohe Motivation für die Rotfährte derart verinnerlicht hat, dass keine Motivationsminderung zu befürchten ist.

Dieser Übungsbereich bedarf natürlich auch vieler Wiederholungen, bis der Hund die Verleitungen lediglich nur untersucht, um hernach zur richtigen Rotfährte zurückzukehren, wo er entsprechend meiner Anfrage über den gestrafften Riemen wieder verharrt.

Übungsbereich 6

Verharren »ohne Grund«?

Unter Bedingungen, die dem Hund ein hohes Konzentrationsvermögen abverlangen, ist die Zusammenarbeit immer größeren Belastungen ausgesetzt. Der Hund reagiert nicht mehr so eindeutig und neigt sogar zum »*Lügen*«, d.h. er verharrt auch, ohne irgendeine Fährte in der Nase zu haben, wenn ich durch mein Stehenbleiben »anfrage«. Phasen solcher Konzentrationsmängel überbrücke ich durch längere Pausen, wobei ich den Hund ablege. Es gehört andererseits aber auch zur umfassenden, sorgfältigen Ausbildung, dass auch derartige Situationen gesucht und durchgespielt werden. Grundsätzlich reagiere ich auf Verharr-Verhalten ohne irgendwelche Fährten wie bei den Verleitungsfährten (Übungsbereich 5).

Wenn aber die Ziele der vorangegangenen Übungsbereiche in ihrer schrittweisen Folge erreicht und insbesondere auch gefestigt sind, *fordere* ich den *Zweifel meines Hundes* heraus. Angesichts richtiger Rotfährten-Arbeit bleibe ich wie gehabt stehen, der Hund verharrt seinerseits. Jetzt rufe ich ihn (aus seiner Sicht) *ungerechtfertigterweise* in unfreundlich-fragendem Ton mit »Ist das verwundt!« an. Je nach Mentalität des Hundes, wird er weiterziehen wollen, oder er wird verunsichert, sucht zur Seite bzw. will zurückkommen. Will er weiterziehen, greife ich wie im Übungsbereich 3 zu ihm vor, lobe ihn und lass ihn weiterarbeiten. Wird der Hund verunsichert, handle ich wie bei Übungsbereich 3 reaktionsschnell, indem ich nachgebe und auf aufmunterndes Lob umschwenke. Der Hund wird nach einigen Übungen schließlich stur verharren, sich vielleicht umschauen, als wollte er sagen »Du spinnst!« Es sei hier nochmals darauf hingewiesen, dass es gerade bei dieser Übung wieder eines besonderen Einfühlungsvermögens in die individuelle Mentalität des Hundes bedarf.

Mit dem zielgerechten Abschluss aller sechs Übungsbereiche sind etwaige Verständigungsschwierigkeiten innerhalb unseres kleinen Rudels um ein sehr bedeutendes Maß verringert. Es gehört zur besonderen Führungstechnik der Verharrmethode, dass ich den Riemen außer zur Überwindung praxisgegebener Hindernisse kaum schleifen lasse oder gar aus der Hand gebe; vielmehr habe ich über den mehr oder weniger gestrafften Riemen eine nahezu ständige und unmittelbare Fühlungnahme mit dem Hund. Meine Anfrage, ob er richtig sei, d.h. mein Stehenbleiben, kommt sofort bei ihm an. Die umgehende Antwort, d.h. sein Verharren (»Ich habe den roten Faden«) oder Weitersuchen durch Bögeln (»Ich habe den roten Faden verloren«), wird von mir aufgenommen, sodass ich sachgerecht nachgehen oder unterstützen kann. Sowohl für die Prüfungen wie für die jagdliche Praxis ist die Verharrmethode eine wirksame, ausgezeichnete Hilfe.

Die Festigung des Vorstehens

Sie sollte in den Sommermonaten bis Anfang September erfolgen. Abgesehen davon, dass zur Jagdzeit der Hundeführer mit seinem Hund häufig nicht allein ist, neigt er dazu, sich mehr auf das Erlegen des Wildes als auf seinen Hund zu konzentrieren. Es ist aber unerlässlich, sich ganz auf den Hund zu konzentrieren, wenn man ihn im Durchstehen sicher machen will. Berücksichtigt man das, so ist die Ausbildung des Zöglings zu einem absolut sicheren Vorsteher kein Kunststück, sobald er eine saubere Abrichtung im »Halt« hinter sich hat. Bei dem im »Halt« auf Entfernungen bis zu 150 m durchgearbeiteten Hund halten wir die Trillerpfeife bereit und beobachten ihn sehr konzentriert bei der Suche im Feld. Der Triller ertönt beim ersten Anzeichen des Anziehens oder Markierens von Wild, sodass der Hund zu Boden geht. Hier kann man dem Hund bedenkenlos das Hochhalten des Kopfes gestatten, ja ich gebe mich sogar zufrieden, wenn der Hund in solchem Falle mit der Vorderhand aufgerichtet bleibt. Man gehe nun ganz langsam an den Hund heran, bleibe auch einmal in nicht zu weiter Entfernung (10 bis 20 Schritt) kurze Zeit stehen, klopfe ihm nach dem Herantreten recht behutsam liebkosend Hals und Rücken und lobe ihn mit halblauter Stimme, fast flüsternd mit »so recht, mein Hund». Jeder Versuch zum Vorwärtsdrängen wird mit kurzem »Halt« im Keime erstickt. Erst nach einigen Minuten geht es mit »Voran, mein Hund« langsam vorwärts an das Wild heran. Bei größerer Heftigkeit heißt es jedes Mal wieder »Halt«, und es wird eine erneute Pause bis zu einer Minute eingeschoben. Drängt der Hund weniger heftig nach vorn, begnüge ich mich gern mit dem warnenden Mahnruf »Hü-ü-ü-t« (Hüte Dich). Der Ü-Laut kommt in keinem anderen Kommando vor und wird daher nie verwechselt. Bei sehr vielen Hunden kommt man dann später mit dieser milden Form des Bremsens aus. Beim Hochgehen des Wildes heißt es »Halt«, und die Ausführung dieses Befehls muss mit absoluter Konsequenz durchgesetzt werden.

Nach einigen Wiederholungen übe man das Abpfeifen des Hundes: Nach dem Herantreten an den vorstehenden Hund befestige ich die lange Feldleine am Halsband und trete in der vollen Länge der Leine hinter den Hund, pfeife ganz leise und ziehe den Hund an der Leine zurück. Beim Führer angekommen wird er ausgiebig gelobt; man spreche einige Worte mit ihm und lasse ihn sodann nach kurzer Zeit wieder vorgehen. Steht er wieder, geht man betont langsam an ihn heran und lässt ihn nun langsam aufrücken (s. oben). Nach einigen Übungen versuche man, den Hund ohne Leinenzug zurückzupfeifen und lasse nach Erfolg später die Leine weg. Bei einem halben Dutzend Übungen lernt jeder gehorsame Hund, das Vorstehen auf Pfiff abzubrechen und zu seinem Herrn zurückzukommen. Klappt es auf Leinenlänge, so vergrößere man die Entfernung allmählich bis zu 100 m.

Wir kennen kein Mittel, welches das sichere Durchstehen so festig, wie dieses Abpfeifen des vorstehenden Hundes und wenden es grundsätzlich bei allen Hunden an.

In einem guten Federwildrevier bringt man den Hund, der schon Vorstehanlage zeigte, binnen 2 bis 3 Tagen zum sicheren Durchstehen. Voraussetzungen sind lediglich die saubere Grunddressur und das absolut konsequente Verhalten des Hundeführers. Unter gar keinen Umständen darf er ein Nichtgehorchen des Hundes durchgehen lassen. Sollte der Hund den verstandenen Befehl nicht ausführen und, anstatt in die Haltlage zu gehen, das Wild herausstoßen, folgt sogleich an der Leine eine ausgiebige Kriechübung bis zu der Stelle, an der er liegen sollte. Hier bleibt er mehrere Minuten liegen, nunmehr mit vorschriftsmäßiger Kopfhaltung, und anschließend werden einige Gehorsamsübungen (»Hier« und »Halt«) mit peinlicher Genauigkeit vorgenommen. Beim Ungehorsam gegenüber dem Befehl »Halt« kann man nicht nur, sondern man muss mit aller Konsequenz vorgehen. *Darin und in der vorhergehenden sauberen Grunddressur liegt das ganze Geheimnis der Beherrschung des Hundes.*

Die teilweise geäußerte Besorgnis, dass sich der Hund durch dieses Verfahren möglicherweise statt des Vorstehens das Vorliegen angewöhnen könne, ist bei unseren Jagdgebrauchshunden gänzlich unbegründet. Wir haben jedenfalls noch keinen kennengelernt, der auf Grund dieser Einwirkung vorlag. Das könnte eventuell bei einem nach diesem Verfahren gearbeiteten jungen Hund für einige Tage der Fall sein, verliert sich aber bald. Das Vorliegen haben wir nur bei Hunden gesehen, die, in schnellem Lauf plötzlich in volle Hühnerwittrung kommend, so ruckartig reagierten, dass sie von den Läufen kamen und in dieser Stellung erstarrten. Eine Ausnahme machen manche Setter, denen das Vorliegen teilweise angeboren ist.

Die Vorarbeiten für die praktische Wasserjagd

Sie bestehen neben der Förderung der Wasserfreude im Wesentlichen darin, dem Hund die zielführende Entwicklung seines Nasengebrauchs am Wasserwild in deckungsreichen Gewässern zu ermöglichen. Glücklicherweise ist unter unseren heutigen Gebrauchshunden die Zahl der wirklich wasserscheuen Tiere außerordentlich gering, dagegen gibt es eine erkleckliche Anzahl von Hunden, denen das Wasser aus Mangel an Gelegenheit wenig vertraut ist. Sie misstrauen dem nassen Element, weil sie es nicht kennen, und erfahren daher auch keinen Sinn für das Stöbern im tiefen sowie deckungsreichen Gewässer.

Um den jungen Hund mit dem Wasser vertraut zu machen, lässt man ihn am besten zusammen mit einem älteren, wassererfahrenen Hund im deckungsreichen Gewässer stöbern. Das kann bei warmer Witterung schon zu einer Zeit geschehen, in der der Welpe erst wenige Monate alt ist; nur darf man dem kleinen Kerl dabei nicht zu viel zumuten, denn das Schwimmen im schilfbewachsenen Wasser ist recht anstrengend. Hat man Gelegenheit, den etwa halbjährigen Junghund zusammen mit einem älteren Hund an und in das Wasser zu bringen, so wird er jede Scheu schnell verlieren, und er bewegt sich bald im nassen Element mit der gleichen Selbstverständlichkeit wie auf dem Land. Fehlt aber solche Gelegenheit oder wurde sie verpasst, so müssen wir dem Jährling im Juni/Juli seines zweiten Lebensjahres auf andere Weise klarmachen, dass das Wasser nicht gefährlich ist, sondern ihm vielmehr Annehmlichkeiten und Freuden verheißt.

Ein probates Mittel ist, dass ich selbst mit dem Hund an der Leine hineingehe, weil die Scheu in unmittelbarer Nähe von mir, der ich mich ja in der gleichen »gefährlichen Lage« befinde, unendlich viel schneller überwunden wird. Sinnvoll ist dafür ein Gewässer mit einem vom Ufer ausgehenden Flachwasserbereich, der erst nach einigen Metern die Tiefe für notwendiges Schwimmen erreicht.

Ich gehe in freudig-ausgelassener Stimmung, den Hund angeleint, unter aufmunterndem Zureden langsam und mit ruhiger Sicherheit ins Wasser. Der Hund hat 100- und 1000-fach die Erfahrung gemacht, dass er sich gegen die Leine nicht ernstlich sträuben kann, und wird daher erst dann Widerstand zeigen, wenn die Angst größer ist als die Gewohnheit des Folgens. Unter freundlichem Zureden und sanft-zügigem Ziehen an der Leine zwinge ich den Hund, mir einige Schritte weiter ins Wasser zu folgen. Beim ersten Mal begnüge ich mich mit einem kleinen Fortschritt und verlange nicht unter allen Umständen, dass er schon schwimmt. Nach einer Unterbrechung von einigen Minuten, währenddessen ich den Hund auf irgendeine Weise ablenke, wiederhole ich die Übung, dieses Mal mit etwas höherer Anforderung. Sobald der Hund schwimmen muss, gehe ich unaufhaltsam langsam weiter und vermeide jedes Stehenbleiben, damit der Hund nicht zum Wassertreten kommt, sondern das Vorwärtsschwimmen lernt. Notfalls hebe ich, mit der einen Hand unter den Leib des Hundes fassend, seinen hinteren Körperteil leicht an, vergesse aber niemals die Vorwärtsbewegung. Bei diesem Verfahren lernen alle Hunde in 1 bis 3 Tagen das Schwimmen und haben die Angst vor dem Wasser verloren. Schwimmt der Hund 20 bis 30 Schritt weit ohne sichtliche Angst neben mir, löse ich unmerklich die Leine und lasse ihn frei schwimmen, greife aber sofort zu dem Hilfsmittel der Leine zurück, wenn er jetzt schleunigst dem Ufer zustreben und trotz Aufforderung nicht unverzüglich zu mir kommen sollte.

Nachdem unser Zögling nun schwimmen kann, müssen wir ihm auch die Freude daran vermitteln, indem wir mit seinem Schwimmen irgendein dem Hund angenehmes Ereignis verbinden. Am besten ist natürlich Wild. Das Gleiche erreichen wir durch Aussetzen einer vorübergehend fluguntähig gemachten Ente. Gewöhnlich genügt *eine* Übung mit einer solchen, welche vor dem Hund im tiefen Wasser erlegt wird. Der Hund hat erfasst, dass das betreffende Kommando etwas aufregend Schönes für ihn bedeutet.

Die Überwindung der Wasserängstlichkeit *und* die Freude am Wasser können wir auch mit Hilfe der *Reizangel* erreichen. Nach rechtzeitiger Prägung bzw. Konditionierung des Welpen stellt das Hetzen hinter dem Beutestück eines der größten Vergnügen für den Hund dar, was während seines ganzen Lebens anhält. Das nutzen wir aus: Nach kurzer Hetzarbeit am Ufer eines am Rand flachen, allmählich tiefer werdenden Gewässers wird das Beutestück vor dem hetzenden Hund ins flache Wasser gezogen. Der Hund folgt hier meist ohne Bedenken auch dann, wenn ihm das Wasser noch fremd und unangenehm ist. Die Freude am Greifen überdeckt eben die Ängstlichkeit vor dem Wasser. Schrittweise erreicht das Beutestück tieferes Wasser, wobei wir bei zögerlichem Verhalten des Hundes den Greifgegenstand so dirigieren, dass er ihn auch greifen kann. Sogar zügiges Schwimmen kann durch langsames Ziehen des Beutestückes vor dem schwimmenden Hund gefördert und damit der zum »Plümpern« neigende Hund von diesem Mangel geheilt werden. Ist im Rahmen der Grundabrichtung das Apportieren abgeschlossen, d.h. apportiert der Hund freudig, lassen wir ihn möglichst häufig aus tiefem Wasser verschiedene Apportiergegenstände (nie ein Stück Holz, s. Seite 262) oder irgendein erlegtes Stück Wild bringen. Dazu bietet sich täglich Gelegenheit, sodass dem Hund das Schwimmen und die Arbeit im Wasser eine selbstverständliche und gern geübte Tätigkeit wird. Im fortgeschrittenen Stadium werfe ich den Apportiergegenstand zuerst an den Rand einer Deckung ins Wasser und dann in diese hinein, sodass der Hund für das Finden seine Nase einsetzen muss.

Für das Einarbeiten zum Stöbern in der Gewässerdeckung ist das beste Verfahren das gemeinsame Jagen mit dem Hund am Wasser. Oft fehlt jedoch die Gelegenheit. Dann brauchen wir ein schilfbewachsenes Wassergelände und eine Ente (die gegenwärtigen Länderregelungen zur Verwendung lebender Enten streng beachten!). Die Ente wird durch eine Papiermanschette an einem Flügel (Müller-Methode) kurzfristig flugunfähig gemacht und verhält sich in der Deckung dann wie eine geflügelte Ente. Sie wird hernach im schilfgedeckten Wasser ausgesetzt. Wenn der Hund sie nicht mehr äugt, wird er hinterher geschickt. Er soll lernen, der Ente mit der Nase zu folgen.

Sobald er die Ente aus der Deckung herausgedrückt hat, erlege ich sie sofort in Sicht des Hundes. Normalerweise genügt eine einzige Übung, um dem Hund nicht nur Freude an der Wasserarbeit, sondern auch den Zweck seines Stöberns zu vermitteln. Die nächste Ente lasse ich etwas weiter fortschwimmen, ehe ich den Hund ansetze, damit er es lernt, der Schwimmspur auch über eine größere Strecke zu folgen. Immer aber soll er zum Schluss den Erfolg erleben und die

Selbst mit ins Wasser, hier bereits mit Welpen, das ist die beste Übung.

Die Gemeinsamkeit unter ihresgleichen fördert auch die Wasserfreude.

Der Hund bringt die Ente aus deckungsreichem Wasser.

vor ihm erlegte Ente bringen dürfen. Wesentlich ist hierfür die Auswahl des Gewässers. Blankes Wasser ist ungeeignet. Dort wird der Hund nur zur Augenarbeit verleitet, während wir die Nasenarbeit fordern und fördern müssen.

Ein so angelernter Hund wird schon bei seiner ersten praktischen Wasserjagd brauchbar sein, wenn ihm an sich noch die Erfahrung der jagdlichen Praxis fehlt. Alles Weitere lernt er in der Praxis von selbst. Unsere Aufgabe vorher ist also lediglich,

- den Hund mit dem Wasser vertraut zu machen und ihn das Schwimmen zu lehren,
- ihn an das Apportieren aus tiefem Wasser zu gewöhnen,
- ihm zu vermitteln, dass sein Nasengebrauch beim Folgen auf der Schwimmspur ihn an die begehrte Beute bringt.

Der Weg zum Gehorsam am Hasen

Der am Hasen gehorsame Hund wird fast immer auch an anderem Wild gehorsam sein, denn kaum ein anderes Wild löst so starke Reize auf den Jagdhund aus wie der eräugte, flüchtende Hase. Der Gehorsam am Hasen sollte dem jungen Hunde möglichst vor der VJP, spätestens im folgenden Sommer vermittelt werden. In späteren Zeiten wird die Ausbildung erheblich erschwert.

Voraussetzung ist das Beherrschen der Haltübungen gemäß den Anleitungen auf Seite 161ff. in allen 7 Übungen (einschl. Kriechen).

Immer wird in der Reihenfolge gearbeitet:
a) ohne Ablenkung,
b) mit einfacher Ablenkung,
c) mit Ablenkung durch Wild.

Eine vorzügliche Hilfe bietet uns ein zweiter, firmer Hund. Uns hat ein älterer Zwingergenosse immer zu schnellen Erfolgen bei dem Junghund verholfen. Bei allen Spaziergängen oder auch Gängen im Revier pflegen wir die beiden zusammenzukoppeln. Bei solchen Gängen ergeben sich Gelegenheiten, dass in Sicht der Hunde irgendwelches Wild flüchtet und der junge Hund hetzen will. Jetzt, wo man ihn unter allen Umständen in der Hand hat, auch wenn er nicht bei Fuß gehen sollte, lasse man ihn »Halt« machen, und zwar *peinlichst vorschriftsmäßig*. Er wird in der Regel zunächst vor Wild oder einem sonstigen starken Gegenreiz die Übung nicht oder nur nachlässig ausführen; es muss ihm aber mit großem Nachdruck gezeigt werden, dass eher die Welt untergehe, als ihm das Hochnehmen des Kopfes gestattet werde.

Die Übungen kosten keinerlei besonderen Zeitaufwand und können jederzeit bei allen Reviergängen vorgenommen werden. Je wildreicher das Revier ist, desto öfter kann man sie wiederholen, und desto schneller wird sich der Hund vom Wild weg auf das »Halt« hin konzentrieren. Tut er das zu unserer Zufriedenheit, so wird er beim nächsten Hasen nach kurzem korrekten »Halt« und nach kurzer Riemenarbeit auf der Spur freigelassen und kann und soll nun der Spur des verschwundenen Hasen folgen. Zurückgekommen, wird er – wie nach jeder nicht verbotenen Hetze – besonders freundlich behandelt. Wir wollen den hasen*gehorsamen*, nicht den hasenreinen (= hasenscheuen bzw. hasendesinteressierten) Hund. Dazu muss er begreifen, dass nicht sein Hetzen, sondern gegebenenfalls allein sein Ungehorsam bestraft wird. Deshalb wird dem Hund hin und wieder im Anschluss an seinen gezeigten Gehorsam am flüchtenden Hasen die Spur zum Verfolgen des verschwundenen Hasen angeboten.

Ein weiteres Hilfsmittel für die Einarbeitung ist die 20 m lange Feldleine. Man befestige sie am Halsband, nehme sie in langen Schlaufen in die linke Hand und halte das Ende recht fest. Sobald der Hund einem eräugten Hasen nacheilt, kommt ein kurzes, lautes »Halt« oder ein Trillerpfiff. Reagiert der Hund nicht, lasse man ihn ruhig in die Leine laufen, halte aber wirklich fest und ziehe beim Straffen der Leine diese noch zusätzlich mit einem Ruck an, unmittelbar verbunden mit einem scharfen »Halt!«. Danach hat der Hund *mit aller Korrektheit* im weiten Bogen zu der

Gehorsam am flüchtenden Hasen

Stelle zu kriechen, wo er zuerst liegen sollte. Dort hat er einige Minuten liegenzubleiben, und nach kurzem »Hier« wird versucht, einen weiteren Hasen zu finden. Intelligente Hunde haben zuweilen schon nach zweimaligem Hineinprellen in die Leine erfasst, dass es für sie besser ist, zu gehorchen. Wir müssen allerdings einräumen, dass dieser oder jener Hund auch die Mitwirkung der langen Leine erkannt hat und ohne diese keineswegs dem »Halt«-Befehl nachkommt. Viel wichtiger als jedes mechanische Hilfsmittel ist die *dauernde, ungezählte Male und korrekt vorgenommene Wiederholung des »Halt« in allen Lebenslagen*. Dem Hund wird das schnelle Zubodengehen auf Trillerpfiff so zur Selbstverständlichkeit wie uns das Luftholen, und dann ist es soweit, dass wir die Leine nicht mehr benötigen.

Der Hund geht frei bei Fuß, während wir gemeinsam Felder absuchen, wo erfahrungsgemäß Hasen sitzen. Sowie ein solcher, vom Hund eräugt, flüchtet, bannt den Hund ein donnerndes »Halt« oder der Trillerpfiff an den Boden. Ganz besonders peinlich achte man jetzt auf korrekte Lage des Hundes, insbesondere auf vorschriftsmäßige Kopfhaltung, und dulde nicht ein Äugen nach dem Hasen mit erhobenem Kopf. Nach etwa einer Minute Haltlage führe man den Hund unter großem Lob hinter die Sasse und lasse ihn unter ermunterndem Zuspruch nach kurzer Riemenarbeit die Spur frei arbeiten, und falls er den Hasen sticht, fröhlich hetzen. Beim Zurückkommen selbstverständlich – wie bisher immer – freundliches Lob. Das nächste Mal lasse man den Hund ganz in der Nähe suchen, möglichst nur wenige Schritte, und wieder ertönt beim Aufgehen eines Hasen »Halt« oder Trillerpfiff. Allmählich riskiert man die Übung auch auf etwas größere Entfernung, jedoch darf der jeweilige Schritt nicht zu groß sein. Es ist beispielsweise im Allgemeinen falsch, einen Hund, den man einige Male in einer Entfernung von etwa 20 Schritt gehalten hat, nun gleich in voller Hetze auf 150 Meter unbedingt niedertrillern zu wollen.

Gehorcht der Hund einmal nicht, geht also die Passion trotz Trillerpfiff mit ihm durch, ist Schreien und mehrfaches »Halt«-Rufen unsinnig. Wir regen uns darüber gar nicht auf, weil wir damit rechnen mussten. Nicht umsonst haben wir den gleichen Fall ohne Hasen schon häufiger gehabt und geahndet. In aller Ruhe warten wir sein Zurückkommen ab: Ein vorschriftsmäßiges »Sitz«, Hund anleinen. Und nun kriecht er in weitem Bogen unter energischem (Rucken an der Leine) zu der während der Hetze deutlich markierten Stelle, an der er »Halt« machen sollte. Hier bleibt er einige Zeit in korrekter Haltlage liegen. Danach exerzieren wir »Hier« und »Halt« und wieder »Hier« und »Halt« und achten auf peinliche Korrektheit der Ausführung. Dann wird der Hund wieder zur Suche geschickt. Bei einem unverdorbenen Hund mit sauberer Grunddressur passiert das Durchgehen entgegen dem Befehl »Halt« nicht oft.

Entscheidend ist aber – das kann nicht oft genug betont werden –, dass der Hase nicht als erstes Versuchsobjekt benutzt wird, *sondern nur als das letzte, nachdem der Hund bei allen anderen Ablenkungen zuverlässig »Halt« machte.* Andernfalls besteht die Gefahr, dass der Trillerpfiff im Feld einerseits den Reiz »Hase« auslöst und der Hund wild nach ihm äugen will sowie andererseits insofern unerwünscht verknüpft, als er Bestrafungen mit den Hasen in Verbindung bringt. Bei richtiger Ausbildung hingegen verinnerlicht er, dass niemals Hase oder Hetze, sondern allein Ungehorsam Strafe nach sich zieht (vgl. die Ausführungen Seite 174ff.).

Alle unsere Hunde haben in wenigen Tagen zwischen erlaubter und unerlaubter Hetze unterschieden und folgerichtig schnell und sicher erkannt, dass nicht das Hasenhetzen, sondern der Ungehorsam bestraft wird.

Wenn der Hund das verinnerlicht hat, ist er bei *allmählicher* Vergrößerung der Entfernungen zwischen Hund und Hundeführer auch auf 150 bis 200 Schritt zu halten und damit »gehorsam am Hasen«. Nun hat der Hundeführer die Möglichkeit, ihm einerseits die nötige Übung für Spurarbeiten zu geben, ihn andererseits aber vor Übersättigung und vor Sichthetzen zu bewahren. Der *hasengehorsame* Hund behält seine Hasenpassion und steigert zudem seine Leistungen auf der Hasenspur.

Wir fassen die wichtigsten Punkte zusammen:

- »Halt«-Dressur als wichtigste Gehorsam-Grundlage.
- Mit unbeirrbarer Konsequenz die korrekte »Halt«-Lage einfordern.
- Ständige Wiederholungen unter verschiedenen Verhältnissen beachten.
- »Halt« ist der unsichtbare »Zauberstab«, mit dem der Hundeführer den Hund vor Fehlern bewahrt.
- »Halt« ist das Mittel, die überschäumende Passion einzudämmen, sodass der Hund erfolgreich arbeiten kann.
- »Halt« garantiert die Beherrschung des Hundes.

Vorbereitung im Schwarzwild-Gewöhnungsgatter

Mit dem allenthalben gewaltigen Anstieg der Schwarzwildpopulationen während der letzten Jahrzehnte - und den damit entstandenen Problemen - kam der Schwarzwildbejagung in der jagdlichen Praxis ein zentraler Stellenwert zu. Ein wesentlicher Teil der Bejagung findet - unter Beteiligung einer größeren Jägeranzahl und insbesondere mit dafür brauchbaren Hunden - als mehr oder weniger großräumige »Bewegungsjagd« statt. Die Brauchbarkeit des Hundes für diese Art der Jagd ist keineswegs allein auf das notwendige Stöbern beschränkt, sondern setzt darüber hinaus eine angemessene Schärfe des Hundes am Schwarzwild voraus. Aber auch damit sind die Voraussetzungen noch nicht erschöpfend gegeben, denn im Hinblick auf die wehrhafte Wildart und die damit verbundenen speziellen Herausforderungen für den Einsatz von Jagdgebrauchshunden sind bei deren Ausbildung tierschutzrelevante Umstände besonderer Art zu berücksichtigen.

Wer steten Zugang zu einem Schwarzwildrevier hat, findet auch dort die Möglichkeiten, seinem Jagdhund vom Welpen an bis zum einsatzbereiten Jagdpartner zielführende Verhaltensweisen gegenüber dem Schwarzwild zu vermitteln. Es sei hierzu u. a. auch auf die auf Seite 108 angesprochene Prägungsmöglichkeit des Welpen hingewiesen. Die professionell geführten Schwarzwild-Gewöhnungsgatter bieten in jedem Falle eine hervorragende Möglichkeit der Vorbereitung des Hundes auf die anspruchsvolle Aufgabe bei der Schwarzwildbejagung.

Aktuell sind in elf Bundesländern Deutschlands Schwarzwild-Gewöhnungsgatter, schlicht Saugatter genannt, etabliert bzw. fest in der

Phase 1 - Deutsch Drahthaar lautgebend vor Überläufer im kleinen Gatter.

Planung. Ziele sind, einerseits erhebliche Schäden und Leiden sowohl beim Hund als auch beim Schwarzwild zu vermeiden, andererseits beim Hund ein fluchtauslösendes und anhalten des Bedrängen der Sauen zu erreichen.

Speziell ausgebildete Betreuer der Saugatter arbeiten nach tierschutzkonformen Konzepten mit entsprechend erstellten Leitlinien. Die Gattersauen verhalten sich friedfertig und zeigen dabei eine geringe Weglaufdistanz gegenüber fremden Menschen.

Das Konzept beinhaltet in der Regel vier Phasen der Ausbildung mit steigenden Anforderungen, die in ihrer Umsetzung etwas modifiziert sein können, hier beispielweise:

Phase 1
Die Sauen befinden sich im kleinen, zaunumschlossenen Gehege. Der Hund wird mit längerer Leine an den Zaun herangeführt, erblickt die Sauen und wird vom Führer zum Verbellen animiert, schließlich geschnallt und weiterhin vom Führer unterstützt. *Ziel:* Der Hund soll angesichts der Sauen zum Lautgeben animiert werden und lernen, dass das wehrhafte Wild nicht immer flüchtet.

Phase 2
Die Sauen befinden sich im größeren Freigehege. Der Führer schnallt den Hund an den Sauen und unterstützt ihn beim Verfolgen der Sauen.
Ziel: Stärkung (und ggf. Dosierung) der Passion und des Selbstvertrauens des Hundes an Sauen. Der Hund soll Laut geben und zugleich lernen, einerseits attackierenden Sauen auszuweichen und andererseits nachzusetzen.

Phase 3
Der Hund wird im weitläufigen Gehege zur Suche der Sauen geschnallt, dabei aber vom Führer noch (je nach Notwendigkeit) unterstützt.
Ziel: Der Hund lernt, die Sauen selbstständig zu suchen, zu finden und in Bewegung zu bringen.

Phase 4
Der Hund wird im weitläufigen Gehege »vom Stand aus« zum selbstständigen Stöbern geschnallt.
Ziel: Der Hund soll die Sauen innerhalb von 5 Minuten finden und mindestens 3 Minuten dranbleiben.

Der auf derartige Weise vorbereitete Jagdhund hat ein wertvolles Fundament für seinen Praxiseinsatz. Sein Umgang mit dem Schwarzwild in der freien Natur, wo er mit noch weiteren und z.T. anderen Verhaltensweisen der Sauen sowie mit vielfältig unterschiedlichen Gelände- und Vegetationsverhältnissen konfrontiert wird, entwickelt sich in der jagdlichen Praxis zielführend weiter.

Nach Phase 1 – Dachsbracke bringt Überläufer-Rotte in Bewegung.

Die Führung in der Praxis

unter Berücksichtigung der Anforderungen auf der Verbandsgebrauchsprüfung

Während der bisherige Teil dieses Buches im Wesentlichen für alle Vorsteh-, Stöber- und Erdhunde in gleicher Weise gilt, wobei natürlich bei den letzteren die Vorsteharbeit außer Betracht bleibt, muss bei der Führung in der Praxis der dem Erdhund gewidmete Abschnitt gesondert behandelt werden, weil er ein völlig abweichendes Gebiet betrifft. Im Übrigen unterscheidet sich auch die praktische Führung der Vorsteh- und Stöberhunde - wieder mit Ausnahme der Vorsteharbeit - im Grundsätzlichen wenig. Lediglich im Schwerapportieren sind den kleineren Rassen engere Grenzen gesetzt.

Führung der Vorsteh- und Stöberhunde

Sobald der Hund in der Grundabrichtung fertig ausgebildet ist, beginne man damit, ihn im Revier stets nicht angeleint zu führen, soweit man nicht durch Begleitpersonen selbst abgelenkt ist. Das ist eine hervorragende Schulung für Jäger und Hund. Durch kaum eine andere Übung wird die Konzentration des Hundes auf seinen Herrn so nachhaltig gefördert wie durch das ständige Folgen frei bei Fuß auf entsprechenden Befehl hin. Erst die harmonische Gemeinsamkeit von Herr und Hund führt zu einem gedeihlichen Jagen. Der Jäger ohne Hund bleibt mehr oder weniger jagdlicher Mitläufer, der Jagdhund ohne Jäger folgt seinen jagdlichen Trieben allein und wird zum Wilderer. Erst die Gemeinsamkeit, die Konzentration aufeinander macht ein Ganzes, das es zu fördern gilt!

Das Folgen frei bei Fuß bei allen gemeinsamen Gängen während der Jagdausübung ist weitaus das beste Mittel, die harmonische Zweisamkeit zu erreichen. Nun kann man bei Gesellschaftsjagden mit ihren zahlreichen Ablenkungen von einem jüngeren Hund ein stetes Frei-bei-Fuß-Bleiben noch nicht verlangen, aber bei jeglichem Alleinsein mit dem Hund ist es bei einiger Konsequenz unschwer zu erreichen. Ebenso sollte das korrekte »Sitz« an der Tür beim Herausholen aus der Wohnung oder dem Zwinger und am PKW beim Ein- und vor allem beim Aussteigen nie fehlen. Das sind sehr wirksame Unterordnungsübungen, welche den erwartungsfrohen Hund disziplinieren und schließlich an den »Rudelführer« zunehmend binden.

Das sichere »Halt« in allen Lebenslagen verhindert drohendes Fortlaufen bei Ablenkungen. Das Kommando »Halt«, »Hier« oder »Fuß« wird je nach Situation bei Fehlverhalten des Hundes umgehend gegeben und durchgesetzt. Bei konsequenter Handhabung wird der Hund sich in wenigen Tagen oder Wochen so auf seinen Herrn konzentrieren, dass er störungsfrei frei im Revier geführt werden kann.

Die Waldarbeit

Schweißarbeit – Der auf der künstlichen Rotfährte – wie oben beschrieben – eingearbeitete Hund ist mit fast allen wesentlichen Anforderungen einer Schweißarbeit vertraut gemacht und wird ohne ernste Schwierigkeiten in der

Praxis verwendbar, wenn wir bei der Überleitung darauf achten, dass die ersten Arbeiten zum Erfolg führen und der Hund *nie* auf ungewöhnlich starke Duftreize eingestellt wird. Richtig ist deshalb, ihn bei den ersten praktischen Schweißarbeiten nur auf vermutlichen Totsuchen anzusetzen, jedenfalls nicht zu einer Nachsuche zu verwenden, bei der eine Hetze notwendig wird (reiner Laufschuss), und *vor allem nie eine Fährte frisch zu arbeiten*.

Absolut falsch wäre es, den Hund auf der Fährte eines nach 80 Gängen mit Kammerschuss zusammengebrochenen Stückes innerhalb der nächsten 1 bis 2 Stunden »üben« zu wollen. Durch solche Übungen würde nämlich das Gegenteil dessen erreicht, was wir erreichen wollen: Einstellung auf grobe Reize. Schweißarbeit bedeutet – es muss immer wiederholt werden – konzentrierte Einstellung auf geringste Duftpartikel. Das haben wir unserem Zögling auf der künstlichen Rotfährte schon beizubringen versucht. Würden wir nun bei der Arbeit in der Praxis eine Wundfährte mit viel Schweiß nach so kurzer Zeit arbeiten, dass eine nennenswerte Konzentration gar nicht nötig wird, würde das unsere bisherige Arbeit konterkarieren.

Wir empfehlen, die natürliche Schweißfährte eines tödlich getroffenen Stück Wildes mindestens 5 bis 6 Stunden, besser 12 bis 24 Stunden bis zum Anlegen des Hundes stehenzulassen. Beobachtet man das Zusammenbrechen des Stückes, so gehe man in weitem Bogen herum an das Stück heran, lüfte es oder breche es auf und lasse es liegen oder lege es später wieder hin. Der Hund wird jedenfalls in seiner Leistung auf Schweiß in der Praxis durch Arbeiten, die keine nennenswerten Anforderungen an seine Nase stellen, sehr leicht verdorben, niemals gefördert.

Der Hund ist sowohl auf der künstlichen wie auf der natürlichen Fährte darauf eingestellt, dass das Ablegen neben dem Anschuss und das Abdocken des Schweißriemens sowie die Anschuss-Untersuchung seines Hundeführers ihn vor eine Aufgabe stellt, die absolute Konzentration auf die Fährtenarbeit erfordert. Deshalb sind Hetzen an laufkranken Stücken durch *junge* und *unerfahrene* Hunde immer gefährlich. Die erfolgreiche Hetze an einem kranken Stück Wild, vor allem Rehwild, schenkt dem Hund ein überaus intensives Lustbefinden. In seiner Erwartung einer Wiederholung geht das zulasten seiner Konzentration bei der Riemenarbeit. Aus dem Grund muss auch der zwischenzeitlich praxiserprobte, erfahrene Hund, der im Rahmen notwendiger Nachsuchen eine oder gar mehrere erfolgreiche Hetzen leistete, immer einmal wieder eine künstliche Rotfährte mit hohem Konzentrationsanspruch absolvieren, gewissermaßen wieder »eingenordet« werden.

An dieser Stelle sei der Hinweis angemerkt, dass der nach unserer Methode auf der künstlichen Rotfährte ausgebildete, im Übrigen vielseitig eingesetzte Jagdhund sein Leben lang auch angesichts umfassender Nachsuchen-Erfahrung nach wie vor künstliche Rotfährten passioniert ausarbeitet. Das erschließt auch die Möglichkeit, ihn nach anderweitigen Einsätzen wieder auf die besonderen Anforderungen auf der Rotfährte einzustellen.

Die Praxis erfordert zu oft das Ausarbeiten alter Fährten (Schuss beim letzten Büchsenlicht,

Disziplin auch beim Öffnen des Zwingers, ...

Nachsuche in anderen Revieren), sodass wir künstliche Übungsfährten jetzt nur noch als Übernachtfährten mit 20 und mehr Stunden Standzeit arbeiten.

Wenn der Hund in der Praxis zum Stück geführt hat, ist er natürlich durch das jagdliche Erlebnis freudig erregt und versucht häufig, das erlegte Stück Wild zu beuteln. Bei Sauen lassen wir ihn ruhig zupacken. Es kommt uns weniger darauf an, wo er anfasst, als dass er anfasst. Ein Würgegriff wie beim Reh oder schwachen Rotwild fällt bei Sauen fort. Natürlich lassen wir den Hund nicht eine Viertelstunde lang zausen, aber ein kurzes Zupacken halten wir für gut. Bei Reh-, Rot- und Damwild verwehren wir ihm jedes Zufassen mit Ausnahme des Drosselgriffes.

Es gibt wenige Hunde, die den schnell tötenden Herzgrubengriff aus ihrer Anlage heraus anwenden. Den Herzgrubengriff können wir allerdings nicht lehren. Demgegenüber kann man den Drosselgriff dem Hund unschwer beibringen. Dazu fasse ich das Stück am Lauscher (oder Gehörn) und schleudere das Haupt unter »Fass« hin und her. Während ich jedes Zupacken an anderer Stelle mit »Pfui« oder einem Klaps verweise, lobe ich sofort, wenn er den schlenkernden Hals fasst. Bei einiger Übung lernen das die meisten Hunde sehr schnell, sehr oft schon am ersten Stück.

Wir machen auch alle unsere Hunde an dem gestreckten Wild nach dem Aufbrechen genossen, indem sie von unserer Hand ein Stück Milz oder etwas geronnenen Schweiß erhalten. Allein beim Schwarzwild unterlassen wir das gefahrvorbeugend wegen der Aujeszkyschen Krankheit, die vorwiegend Schweine befällt und auch für Hunde tödlich verlaufen kann.

Unter Hinweis auf das Kapitel Totverweiser und Totverbeller (s. S. 185ff) weisen wir noch einmal darauf hin, dass in der Regel beide bei einer Nachsuche dann zum Einsatz kommen, wenn

... beim Öffnen der PKW-Heckklappe ...

... und nach der Aufforderung zum Aussteigen.

das Gespann per Riemenarbeit das frisch verlassene Wundbett des Stück Rehwildes (oder Rot-/Damwildkalbes) gefunden hat. Bis dahin bleibt die Riemenarbeit das A und O jeder Nachsuche auf Schalenwild. Grundsätzlich lasse man sich nicht verleiten, den Verbeller oder Verweiser gleich am Anschuss oder später zu früh zu schnallen. Andernfalls ist die Gefahr groß, dass der Verbeller oder Verweiser in Erwartung der lustverheißenden Hetze sich am Riemen nicht mehr hinreichend auf die Fährte konzentriert, sondern darauf wartet, geschnallt zu werden, was die notwendige Konzentration auf die Riemenarbeit stark beeinträchtigt. Dieser Gefahr können wir entgegenwirken, indem wir möglichst viele und lange Riemenarbeiten auf der künstlichen Rotfährte mit dem Hund ausarbeiten, ohne dass er geschnallt wird. Erst wenn er diese wirklich sicher und freudig macht, kann ich an das Verbellen und Verweisen in der Praxis gehen.

Um den Hund firm im Verbellen eines warmen Stückes zu machen, empfiehlt es sich, vorher nicht an ein solches Stück heranzugehen, vielmehr den Hund mit gutem Wind in Richtung auf das im Feuer zusammengebrochene Reh suchen zu lassen. Sobald er das Stück in der Nase hat und darauf zusteuert, geht der Abrichter in Deckung, notfalls durch einfaches Hinlegen auf den Boden, und beobachtet scharf. Die meisten Hunde werden Würgeversuche machen, manche umkreisen und bewinden das Reh auch nur, kaum einer wird gleich verbellen. Man lasse den Hund ruhig eine Minute gewähren, sofern er nicht etwa Apportierversuche macht, und gebe das Hörzeichen »Gib Laut« erst, nachdem sich seine erste Erregung über das neue Erlebnis gelegt hat. Sollte der Hund jedoch Miene machen, das Stück zu verlassen, so rufe ich sofort das dem Hund durch 100-fache Übung geläufige »Zum Bock« zu. Ist der Schüler sorgfältig ausgebildet, so wird er unverzüglich zum Stück eilen und nun auch verbellen. Was nun kommt, muss für den Hund eitel Lust und Freude sein. Der Hundeführer geht langsam mit ständigem, lebhaftem und aufmunterndem Lob auf ihn zu und liebelt ihn am Stück lobend ab.

Es wäre falsch, bei diesem ersten Mal am frisch erlegten Stück ein 10 Minuten langes Verbellen fordern zu wollen. Das Erlebnis muss von dem Hund als ein schönes und angenehmes empfunden werden. Der ihn disziplinierende Zwang hatte vorher bei der Einarbeitung seine Berechtigung, jetzt jedoch nicht mehr. Jede Gelegenheit, den Hund an ein soeben erlegtes Stück Schalenwild zu bringen, ist auszunutzen. Es ist auch von Bedeutung, vorher niemanden an das Stück herangehen zu lassen, denn das bereits von Menschenhand berührte Stück ist für den Hund etwas anderes als ein unberührtes. Im Übrigen kann ihn auch die zum Stück führende Menschenspur beeinflussen. Gelingt es, nach 2- bis 3-maliger Wiederholung solcher Fälle ein Stück so zu erlegen, dass es eine kurze Totsuche (bis 150 m) gibt, so setze man den Hund nach angemessener Standzeit auf den Anschuss, um ihn die Rotfährte bis zum Stück frei ausarbeiten und ihn dann verbellen zu lassen. Jetzt sollte man auch die Dauer des Verbellens wieder verlängern.

Bei all diesen Übungen am warmen Stück in der Praxis soll nach Möglichkeit eine aufgelockerte Stimmung herrschen. Der Zwang ist bei der Grundabrichtung notwendig. Bei der Überleitung zur Praxis ist es in der Regel zu spät. Dann wirkt es sich eher abträglich auf die Leistungen aus. Deshalb üben wir am warmen Stück erst dann, wenn die Grundabrichtung wirklich sitzt.

Schließlich soll der Hund auch ein zufällig gefundenes Stück verbellen. Dazu lege man ein Reh in einen übersichtlichen Waldbestand, der so beschaffen sein soll, dass die Bewegungen des Hundes vor allem in der Nähe des Rehs beobachtet werden können. Nach einer Zeit von mindestens 4 Stunden (damit sich die Menschenwittrung weitgehend verflüchtigt hat) lässt man den Hund, ohne ihn irgendwie auf das Verbellen einzustellen, das Gelände absuchen und bemühe sich, ihn in möglichst weiter Entfernung von sich an das Reh zu bringen. Findet er es, so verhält man sich zunächst so, als sehe man den Vorgang nicht, geht also ruhig weiter, beobachte dabei aber seinen Zögling scharf. Sollte er Miene machen, das Stück zu verlassen, so ertönt sofort das ihm bekannte »Zum Bock«. Der Hund soll lernen, dass er jedes zufällig gefundene Stück Schalenwild (Fallwild etc.) nicht verlassen darf, sondern zu verbellen hat. Auch hier viel Lob im Fall ausreichender Leistung.

Das Totverbellen ist eine herrliche Musik, aber nur, wenn sie funktioniert. Und funktionieren wird der Totverbeller nur, wenn der Hundeführer viel und regelmäßig mit ihm arbeitet. Es ist ein Unding, sich einen Totverbeller wie ein Auto kaufen zu wollen!

Die Arbeit mit dem Verweiser in der Praxis ist wesentlich einfacher. Offenbar geht dem Hund das Aufnehmen des Bringsels in Anlehnung an das tausendfach geübte Apportieren derart in Fleisch und Blut über, dass er es mehr oder weniger mechanisch macht. Wir haben Hunde gehabt, die ohne irgendwelche Einwirkung beim ersten warmen Reh, an das sie kamen, das Bringsel in den Fang nahmen und verwiesen.

Das ist allerdings nicht die Regel, denn die warme Witteung eines frisch erlegten Stück Schalenwildes pflegt den Hund doch so zu erregen, dass er zunächst das Verweisen vergisst. Wir nutzen daher jedes warme Stück aus, um das Verweisen auf kurze Entfernung zu üben. Ein energisches »Zum Bock« erinnert ihn an gleiche Situationen an der Rehdecke und am kalten Stück. Sollte er in seiner Aufregung am Stück Würgeversuche machen oder gar zerren, so wird ihm das mit einem harten »Pfui« verwehrt. In allen Fällen, in denen man nach vorausgegangener Riemenarbeit das Stück liegen sieht - und seien es nur 10 Schritt -, schnalle man den Hund mit »Zum Bock«.

Etwas anders ist die Situation allerdings, wenn der Begegnung mit dem warmen Stück eine Hetze mit Niederziehen und Abwürgen vorausgeht. Da können größere Schwierigkeiten auftreten. Das gilt sowohl für den Verbeller wie für den Verweiser. Immerhin ist diese Situation der wichtigste Fall für den Einsatz des Verbellers bzw. Verweisers in der Jagdpraxis. Zunächst erschöpft den Hund die Hetze und das Abwürgen physisch stark und zudem ist er psychisch derart erregt, dass das in der Abrichtung Gelernte ausgeblendet wird. Selbst in Fällen, in denen man das Ende der Hetze beobachten konnte - das wird sehr selten sein -, wirke man zunächst in keiner Weise auf den Hund ein. Er muss sich erst einmal körperlich erholen und seine innere Erregung abklingen lassen.

Nach einer Erholungspause von etwa 10 Minuten zeigt sich beim Verbeller, ob er genügend vorbereitet ist und beim Stück bleibt. Dem Verbleiben am Stück gilt unser Hauptaugenmerk. Wenn er am Stück bleibt, kann man ihn eventuell durch Zuruf zum Verbellen ermuntern, begnüge sich jedoch auch mit geringeren Leistungen im Verbellen und zeige ihm nach dem Herangehen seine Freude in auffälliger Weise. Verlässt er aber das Stück, komme ich in eine schwierige Lage. Konnte ich das Ende der Hetze beobachten oder weiß ich, wo das Stück liegt, so ist es nötig, den Hund wie bei den vorhergehenden Übungen unter Zwangsanwendung wieder zum Stück zu bringen und ihn dort verbellen zu lassen In solchem Fall besteht allerdings die Gefahr, dass die Motivation des Hundes für das Verbellen beschädigt wird. Dann muss ich einige Ausbildungs-Schritte zurückgehen und von dort aus die Motivation für das Verbellen wieder aufbauen.

Zeigen des Drosselgriffs am frisch erlegten Stück.

Noch schwieriger wird die Situation, wenn ich über den Verbleib des Stückes nichts weiß. Da gibt es nur die Möglichkeit des Versuches, die Hetze am Riemen auszuarbeiten, gegebenenfalls auch mit einem anderen Hund. Es ist nämlich nicht ausgeschlossen, dass unseren Zögling doch das »schlechte Gewissen« plagt und er deshalb blinkt, d.h. bewusst nicht zum Stück führt. Solche Fälle sind außerordentlich schwierig, weshalb wir dringend raten, bei allen Totverbeller-Übungen auf das korrekte Verbleiben am Stück einen besonderen Schwerpunkt zu legen.

Beim Bringselverweiser treten solche Schwierigkeiten nicht auf. Ihn drückt das Verlassen des Stückes nicht. Er kommt regelmäßig freudig zurück, und über seine Körpersprache teilt er mir mit: »Ich hab' ihn«. Selbst dann, wenn er das Bringsel nicht im Fang haben sollte – sei es, dass er es überhaupt nicht aufnahm oder dass es ihm

Die Schweißarbeit am langen Riemen

beim Hecheln wieder aus dem Fang fiel –, hat er das Bestreben, wieder an das Stück zu kommen. Nach einem solchen Fall schicke ich ihn mit einem aufmunternden »Zum Bock! « wieder auf die Reise. Seine Erregung hat sich zwischenzeitlich derart gelegt, dass er in der Regel mit dem Bringsel im Fang zurückkommt und mich zum abgewürgten Stück führt.

Es kann gelegentlich durchaus vorkommen, dass der Hund das Bringsel verliert. Das ist überhaupt kein Beinbruch, denn rasch ist ein fingerdickes, 8 bis 10 cm langes Stück aus einem Ast geschnitten, mit einer festen Schnur verbunden und dem Hund an die Halsung gehängt. Dieses Provisorium ist für den Bringselverweiser überhaupt kein Problem, er wirft es sich am erlegten Stück Wild gleichermaßen in den Fang und bringt es seinem Hundeführer.

Abschließend zum Kapitel »Schweißarbeit« sei im Hinblick auf die Nachsuchen-Praxis eindringlich wiederholt: *Die Riemenarbeit ist die Grundlage, das Totverweisen bzw. Totverbellen ein nützliches Beiwerk für Spezialfälle.*

Das Verlorenbringen – im praktischen Jagdbetrieb ist im Niederwildrevier weitaus die wichtigste Aufgabe des Gebrauchshundes. Dabei liegt der Schwerpunkt auf dem »Verloren«.

Natürlich gehört auch das Bringen dazu, aber dieses den Hund zu lehren, ist eine Gesellenaufgabe, eine Leistung, die jeder fleißige Abrichter jedem Hund beibringen kann, ohne dass Herr oder Schüler besonderer Begabung bedürfen. Anders ist es mit dem Finden des krankgeschossenen und fort geflüchteten Stückes Wild. Der laufende (geflügelte) Fasan, die im Schilfwasser sich fortdrückende und tauchende Ente und der geflüchtete, nicht unmittelbar tödlich getroffene Hase stellen an den Hund höchste Anforderungen, denen allerdings viele nicht gewachsen sind. Namentlich die Spur des kranken Hasen macht den meisten Hunden große Schwierigkeit, besonders dann, wenn sie 10 oder 15 Minuten steht. Je temperamentvoller der Hund, desto leichter verliert er Ruhe und Beherrschung. Das Ausarbeiten einer nicht ganz frischen Hasenspur aber erfordert absolute Ruhe und Konzentration für längere Zeit sowie Durchhaltewillen, dergleichen – wenn auch in etwas geringerem Grade – das Folgen eines Geläufs oder einer Schwimmspur beim Federwild.

Für den praktischen Jagdbetrieb fallen dem Jäger die Aufgaben zu:

1. den Hund das zuverlässige Aufnehmen und Bringen warmen Wildes zu lehren,
2. den jungen Hund allein auf Nasenarbeit einzustellen und *Augenarbeit* möglichst *zu vermeiden*,
3. die konzentrierte und beharrliche Arbeit mit tiefer Nase und auf der Spur und auf dem Geläuf zu fördern,
4. ihn Erfahrungen im praktischen Jagdbetrieb sammeln zu lassen.

Aufgabe 1: Der Hund mit abgeschlossener Grundabrichtung wird mit dem Bringen von warmem Wild im allgemeinen keine Schwierigkeiten haben. Trotzdem nehme man jede Gelegenheit wahr, das Bringen eines frisch erlegten, dem Hund bis dahin noch nicht bekannten Stückes zu üben, um es ihm zu einer selbstverständlichen Gewohnheit werden zu lassen. Eine Sonderstellung nimmt der noch warme Hase ein. Sein Balg sitzt nämlich so locker, dass es eines besonderen Griffes bedarf, um ihn richtig aufnehmen und tragen zu können. Ich übe deshalb das Aufnehmen ein- oder zweimal an der Leine und achte auf *schnelles* Aufnehmen. Dann lasse ich den Hund einige Male auf meiner Rückspur bringen. Hierbei hat der Hund von sich aus den Drang, *schnell* aufzunehmen und wieder zu seinem Herrn zu kommen, und bemüht sich damit auch besonders, richtig zu fassen. Er lernt so die Bringtechnik des warmen Hasen am schnellsten. Dazu gehört der Griff über das Rückgrat.

Aufgabe 2: Da der wichtigste und schwierigste Teil des Verlorenbringens beim Spurhalten liegt, hat der Jäger alles zu tun, was Sicherheit und Zähigkeit bei der Spurarbeit fördert, und alles zu unterlassen, was den Konzentrationswillen des Hundes auf eine Spur (Geläuf) schwächen könnte.

Zu Letzterem gehört fast alle Arbeit aufs Auge, sei es das Hetzen von eräugtem Wild, sei es das Bringen von Wild, welches in Sicht des Hundes nach dem Schuss fiel und liegen blieb. Wir müssen uns bemühen, die Augenarbeit soweit wie irgend möglich auszuschalten. Ganz lassen sich Sichthetzen natürlich nicht vermeiden. Bei dem halbjährigen Hund sind solche am Hasen zur Förderung der Frühreife und Selbstsicherheit in einigen, wenigen Fällen manchmal sogar wünschenswert. Sobald der Hund aber anfängt, selbstständig zu suchen, und den Hasen weiter als 300 bis 400 m hetzt, vermeide man solche Arbeiten. Die Gefahr ist zu groß, dass unser Lehrling nunmehr versucht, das Wild auch mit den Augen zu finden, und dadurch vom ausschließlichen Nasengebrauch abgelenkt wird. Hingegen kann eine kurze Sichthetze im *Anschluss an eine Spurarbeit*, die ihn an das betreffende Stück Wild herangebracht hat, förderlich sein. Bei einigen Wiederholungen schlussfolgert der Hund in der Weise, dass Spurarbeit und Nasengebrauch an das Wild heranführt.

Sehr viele, ja wohl die meisten Jäger machen den Fehler, den Hund jedes in Sichtweite gefallene Stück Wild gleich nach dem Schuss mit »Apport« bringen zu lassen. Wir halten das für eines der sichersten Mittel, den Hund für eine zuverlässige Arbeit nach dem Schuss zu verderben. Man versuche einmal sich vorzustellen, wie der Hund die Sache auffasst. Wir wollen hier gar nicht von dem törichten Menschen sprechen, der den Hund schon im Schuss vorlaufen lässt, denn ein solches Verfahren verführt unseren vierläufigen Jagdgehilfen zwangsläufig zur Schusshitze mit all ihren Folgen (loses Vorstehen, Herausstoßen von Wild, Knautschen usw.). Auch der nach dem Schuss im Grunde gehorsame, d.h. erst auf Befehl apportierende Hund wird zur unerwünschten Augenarbeit erzogen, wenn er das Wild fallen und liegen sieht und nun jedes Mal bringen darf.

Zunächst ist es richtig, in allen Fällen zwischen dem Schuss und dem »Apport« eine geraume Zeit verstreichen zu lassen, damit der Hund das Gesehene vergisst. Nach dem Verstreichen einer vollen Minute (= 60 Sekunden!) ist der junge

Hund weit weniger geneigt, das Auge zu gebrauchen, vielmehr stellt er sich auf seinen Hauptsinn, die Nase, ein. Das reicht aber noch nicht aus. Wer einen guten Verlorenbringer haben will, hole sich grundsätzlich alles erlegte *offen daliegende* Wild selbst. Es machen sich wenige Jäger einen Begriff davon, wie unendlich heilsam sich diese Methode auf den Hund auswirkt, der nach dem Schuss auf seinem Platz so lange sitzen oder liegen bleibt, bis sein Herr das Stück aufgenommen und in den Rucksack gesteckt oder dort angehängt hat: Er lernt Beherrschung und Ruhe und er *verlernt nicht* den ausschließlichen Gebrauch seiner Nase bei jeder Nachsuche. Wer es anders macht, erzieht seinen Hund systematisch zum Augengebrauch und schafft damit eine der Ursachen, die zum Versagen bei der Nachsuche mitwirkt.

Zusammenfassend sei gesagt: Jegliche Augenarbeit ist beim jungen Hund unerwünscht, jede Maßnahme, die ihn zum Augengebrauch erzieht, ist der Arbeit nach dem Schuss abträglich, weil sie ihn vom Nasengebrauch abhält.

Aufgabe 3: Wie fördere ich die nachhaltig konzentrierte Arbeit auf der Spur und Fährte?
Bezüglich der Fährtenarbeit sei zunächst auf die obigen Ausführungen über die künstliche Rotfährte verwiesen. Theoretisch wäre eine entsprechende Überleitung natürlich auch mit der Niederwildschleppe möglich, sofern wir eine solche Schleppe erst nach einer mehrstündigen Standzeit arbeiten lassen. In der Praxis führt das zu unnötiger Umständlichkeit. Zudem erübrigt sich das Hilfsmittel, weil wir die weitaus praxisnähere und zur Verfügung stehende Gesundspur des Hasen haben. Die Spur des Hasen gehört zu den schwierigsten von allen Spuren und Fährten und ist aus diesem Grund hervorragend geeignet, Sorgfalt und Konzentration beim Hund zu fördern. Vor allem bei temperamentvollen, übereifrigen oder gar nervösen Hunden bewährt sich diese Methode. Der nervenruhige und spurwillige Hund wird zwar häufig auch bei allein freier Arbeit zu immer besseren Leistungen und zu immer weiterem Durchhalten kommen. Hingegen für Hunde, denen es auch nur in geringem Maß an Ruhe oder Konzentrationswillen mangelt – und das ist bei unseren schnellen und passionierten Hunden sehr häufig der Fall –, ist mindestens anfänglich die freie Arbeit auf der Spur des nicht sichtigen Hasen wenig zielführend. Möglicherweise folgen solche Hunde bei günstiger Witterung und gutem Bodenbewuchs der direkten Wildwittrung in flüchtiger Gangart (Dufthetze!). Sie versagen jedoch, sobald das Halten der Spur unter schwierigeren Bedingungen nur noch mittels intensiver Konzentration und in langsamer Gangart mit tiefer Nase möglich ist. Aus diesem Grund halten wir es für unumgänglich notwendig, die Übungen auf der Spur des gesunden Hasen am Schweißriemen vorzunehmen. Die feste Verbindung mit seinem Führer hindert den Hund, von seinen Läufen ungebührlich großen Gebrauch zu machen und wild umherzurasen. Er kann durch ruhigen Zuspruch weit mehr angehalten werden, die Nase herunterzunehmen und die Spur in langsamer Gangart »auszutüfteln«. Dadurch, dass wir unser Interesse an der Arbeit bezeugen, wächst auch das Interesse des Hundes. Bei vielfacher Wiederholung wird er die unerlässlich notwendige Konzentration auf die Spur lernen, soweit das im Hinblick auf sein Temperament und seine Anlagen überhaupt möglich ist.

Wir halten das Arbeiten von Hasengesundspuren am langen Riemen für das beste Mittel der Erziehung zu sorgfältiger Spurarbeit und damit zur Schaffung zuverlässiger Verlorenbringer. Hat sich der Jüngling einige hundert Meter am Riemen auf die Spur eingestellt, so kann ich ihn gelegentlich auch einmal im Anschluss daran frei weiterarbeiten lassen. Die Gefahr unbeherrschten Herumtobens ist jetzt sehr viel geringer. Dieses Schnallen ist in den Fällen besonders sinnvoll, wenn angesichts entsprechender Deckung zu erwarten ist, dass der Hase sich bald drückt und der Hund ihn voraussichtlich stechen wird. In flachem, weit einsehbarem Feldgelände wird das allerdings seltener möglich sein. Nebenbei lernt der junge Hund – wenn er es nicht bereits als Welpe im Rahmen der Früherziehung verinnerlicht hat – die beherrscht-langsame Gangart am Schweißriemen als hervorragende Vorschule für die spätere Schweißarbeit.

Aufgabe 4: Die Praxis erfordert, dass ein Verlorenbringer nach Beendigung eines Treibens, d.h. innerhalb einer Zeit von etwa 20 Minuten – ausnahmsweise auch länger – die Spur eines kranken Hasen ausarbeitet und den gefundenen Hasen evtl. nach Hetze und Fangen bringt. Die Hetze, das Fangen und das Bringen machen selten Schwierigkeiten, aber nur wenige Hunde sind leider in der Lage, derart anspruchsvolle Wundspuren bis zum kranken Hasen auszuarbeiten. Das gilt jedenfalls für das freie Feld. Im Wald, wo die Spur sehr viel geruchsintensiver ist und länger steht, ist der Anteil der Versager nicht ganz so groß. Entscheidend ist die anhaltende Konzentration des Hundes auf die einmal angefallene Spur. Der Hund muss gewissermaßen alles andere um sich herum vergessen, allen sonstigen Ablenkungen widerstehen und sein ganzes Sinnen und Trachten auf die Verfolgung dieser angefallenen Spur richten. Dieses Verhalten ist nur selten bei allzu eifrigen Hunden und kaum bei nervösen Tieren zu erreichen. Die Gefahr der Ablenkung sowie der Ungeduld ist bei den überschnellen Hunden sehr viel größer als bei ruhigen. Ruhe, Besinnlichkeit und Beharrlichkeit sind die ersten Voraussetzungen für gutes Verlorenbringen in der Praxis. Gar zu häufig verwechselt man noch oberflächlichen »Fernaufklärer« mit dem Spurhalter. Sicher ist ein gewisser Vorwärtsdrang nötig, aber den stürmischen Hetzer können wir nicht gebrauchen. Der mittelschnelle Hund mit beherrschtem Temperament ist in weit höherem Maße für das Ausarbeiten einer Wundspur prädestiniert als der wilde Hetzer.

Es gibt wenige Hunde, die gleich den ersten geflügelten Fasan auf dem Geläuf 100 oder 150 m weit ausarbeiten, und noch weniger, die der ersten Krankspur des Hasen 300, 400 m oder mehr folgen. Fehlsuchen bewirken beim unerfahrenen Hund erhebliche Mängel seiner Konzentration und seiner Beharrlichkeit. Wir müssen bemüht sein, ihm anfangs nur solche Nachsuchen zu bieten, die zum Erfolg führen. Eine Nachsuche von 60 oder 100 m Länge, bei der der Hund auf der Krankspur an den Hasen kommt, ist für seinen Werdegang als Verlorenbringer weitaus wichtiger als eine an sich gute Arbeit auf einer kranken Spur von 200 oder 300 m Länge, auf welcher der Zögling dann abbricht, weil er noch nicht die *Erfahrung* machte, dass ein weiteres Durchhalten ihn an den Hasen bringt. Zuweilen veranlasst ihn die Fehlsuche sogar, das nächste Mal noch früher abzubrechen. Wenn er aber auf einigen Kranks-

puren jedes Mal an das Wild herankam, und sei es auch nur auf Entfernungen bis 200 Schritt, so stellt er sich infolge der *gemachten Erfahrungen* ganz von selbst auf ein Durchhalten auf längerer Strecke ein. Je mehr es gelingt, gerade anfangs Fehlsuchen zu vermeiden, desto schneller und sicherer wird der Hund zu einem guten Verlorenbringer.
Nie darf der Hundeführer eine Freisuche, ein Herumtoben, dulden. Ein Hund, der auf der kranken Spur zur Freisuche übergeht, kann kein Verlorenbringer sein und werden. Einem solchen Verhalten ist *sofort* mit »Halt« und Riemenarbeit entgegenzuwirken. Hier ist die Konsequenz des Hundeführers von entscheidender Bedeutung. Die Neigung zur Freisuche ist ein weit größerer Mangel als ein etwa fehlender Vorwärtsdrang. Wenngleich wir beim Jagdhund die Anlage mit ausgeprägtem Vorwärtsdrang sehr schätzen, ist der nur in Verbindung mit gleichsam anlagebedingter Wesensstabilität, mit Ruhe und Selbstsicherheit so schätzenswert. Letztere ist für den Verlorenbringer noch wichtiger als der Vorwärtsdrang. So können wesensstabile Hunde über die vorbeschriebene Führung auch bei zunächst etwas geringerem Vorwärtsdrang zu zuverlässigen Verlorenbringern erzogen werden. Der stete Erfolg des Hundes zu Beginn seiner Nachsuchen-Ausbildung ist es schließlich, der ihn zum zuverlässigen Verlorenbringer auch über weite Strecken macht.

Konzentrationsfähigkeit, Ruhe und Erfahrung sind die Voraussetzungen für den zuverlässigen Verlorenbringer.

Das Stöbern – im Wald wird auf unseren Verbandsgebrauchsprüfungen meist etwas vernachlässigt. Sehr häufig fehlt es an ausreichendem Wildbesatz. Zur Prüfung guter Stöberarbeit sind wildreiche Dickungen notwendig, weil sich sonst kein Hund hinreichend beurteilen lässt. Das Stöbern ist nicht nur eine außerordentlich anspruchsvolle Arbeit, sondern zwischenzeitlich in vielen Gegenden zu einer der wichtigsten Jagdarten mit dem Hund geworden. Der Grund dafür ist die explosionsartige Vermehrung des Schwarzwildes in den vergangenen Jahrzehnten. Die Ausbildung von Jagdhunden als Stöberhunde darf nur außerhalb der Brut- und Setzzeiten erfolgen.

Das Stöbern steht in starkem Gegensatz zum Buschieren. Während letzteres stets in unmittelbarer engster Anlehnung an den Herrn erfolgt, verlangt das Stöbern eine große Selbstständigkeit vom Hund. Er soll das in einer Deckung befindliche Wild entweder in weit ausholender Suche oder durch Verfolgen von Spur und Geläuf finden, aufstöbern und den sinnvoll abgestellten Schützen zutreiben. Hierbei ist das laute Jagen auf der Fährte bzw. Spur von wesentlicher Bedeutung, damit zum einen die Flucht für das Wild sich kontrollierter und stressfreier der Verfolgung entziehen kann und zum andern der Jäger den Verlauf des Verfolgens »mit dem Ohr sieht«.

Der stumm jagende Hund gibt dem Jäger diese Unterstützung nicht und ist zudem aus einem zweiten, noch schwerer wiegenden Grund für die Stöberjagd untauglich. Auf den laut jagenden Hund reagiert das Wild bei der Flucht in beeindruckend souveräner Weise. Es hält bei der Flucht inne, sondiert die Situation, macht Widergänge, springt mit dem Wind aus der Fährte und vermag sich so »in aller Ruhe« der Verfolgung zu entziehen, weil der Hundelaut ihm die Orientierung ermöglicht. Das Wild läuft dann die abgestellten Jäger auch relativ ruhig an. Der stumme Hund hingegen gibt diese Orientierung nicht, verbreitet vielmehr große Unsicherheit und Panik beim Wild, sodass es in heilloser Flucht den Einstand verlässt. Deshalb ist allein aus der Tierschutzsicht der stumm jagende Hund nicht akzeptabel, darf bei der Stöberjagd nicht eingesetzt und sollte dazu auch nicht ausgebildet werden.

Das Lautjagen ist eine Anlage, die wir nur durch die Zucht, nicht durch die Abrichtung und Führung schaffen können. Allenfalls lässt sich eine geringe Anlage dadurch etwas fördern, dass der Junghund zusammen mit einem gut laut jagenden Hund jagt.

Die wichtigsten Stöberwildarten sind Schwarzwild und Fuchs, sowie örtlich Hase, Kaninchen und Fasan. Man vermeide wenigstens im ersten Jahr das Stöbern in Revierteilen, die vorwiegend mit Federwild (Fasanen) besetzt sind, und erst recht in Revierteilen mit Rehwild. Das Reh wirkt überaus faszinierend auf alle Hunde und lässt sie gar zu leicht zu Rehhetzern werden. Der Hund soll aber in erster Linie auf Schwarzwild sowie auf Fuchs und Hase eingestellt werden.

Der stöbernde Hund muss an feinsten Gehorsam gewöhnt sein, insbesondere auf jeden Trillerpfiff durch »Halt«, auf den feinen Doppelpfiff durch Hereinkommen reagieren. Mit dem Stöbern werden die Bande des Gehorsams ohnehin leicht gelockert (unübersichtliches Gelände). Um das zu vermeiden, übe man anfangs das Hereinkommen des Öfteren und gebe den Hund nie einem Treiber mit. Der Hund soll sich auch beim Stöbern nur nach seinem Herrn orientieren.

Da der Hund während seiner ganzen Abrichtung und Führung niemals bestraft wurde, weil er gesunden Spuren und Fährten folgte, sondern immer nur dann, wenn er sich ungehorsam zeigte, ist es nun geboten ihn die Spuren bzw. Fährten beim Stöbern verfolgen zu lassen. Erst recht wird er angeschweißtes Wild und Raubwild hetzen und zu binden versuchen. Dagegen hat der Hund Federwild (außer im Wasser) bisher nicht hetzen dürfen. Wir müssen ihm gegenüber in dieser Hinsicht also Nachsicht üben, bis ihm klargeworden ist, dass er beim Stöbern nicht nur Haarwild, sondern auch Federwild herausstoßen darf und soll. Er lernt das übrigens sehr schnell, wenn Federwild vorkommt.

Zur **Einarbeitung** im Besonderen hat sich als Vorübung das freie Verlorensuchen eines vom Hund sehr gern apportierten Stückes Wild im deckungsreichen Gelände bewährt. Dazu wird das Stück zuerst im Nahbereich (ca. 50 m) ausgelegt. Beim Ansetzen zum Stöbern wird das Kommando zum Verlorensuchen zugleich mit dem Kommando zum Stöbern (»Hetz! Hetz!«) verbunden. Rasch begreift der Hund das alleinige Stöber-Kommando als entsprechende Aufforderung, sucht freiverloren, findet und bringt. Ab jetzt bedarf es auch nur noch des einen Kommandos zum Stöbern. Die Entfernung zum ausgelegten Stück wird schrittweise größer, sodass der Hund schließlich im Entfernungsbereich bis mindestens 150 m suchen muss.

Zweierlei Situationen für das Stöbern werden hier betrachtet. Zum einen soll der Hund

Zuverlässiges Bringen des erlegten Hasen.

eine kleinere, von einer begrenzten Jägeranzahl umstellte Fläche gründlich durchstöbern. Zum anderen soll er weiträumiger bei den sogenannten Bewegungsjagden auf sehr großer Fläche und mit deutlich höherer Jägeranzahl stöbern. Zur ergänzenden Information empfehlen wir das weiterführende Buch von EISENBARTH/OPHOVEN, 2002 »Bewegungsjagd auf Schalenwild«, Franckh-Kosmos Verlag.

Wir wenden uns zuerst dem Stöbern in kleineren Flächen zu. Wenn die oben genannten Übungen klappen, suche ich mir ein deckungsreiches Gelände (Einstand), in welchem der Hund mit großer Wahrscheinlichkeit an Wild kommt. Als Übungsgelände sind zunächst Feldgehölze oder ähnliche kleine Waldteile sowie Schilfgelände und Maisfelder bis ca. 1 ha Größe besser geeignet als geschlossene Waldteile. Mit wenigen Jägern umstelle ich den Bereich. Der Hund sitzt oder liegt unangeleint neben mir. Es ist vorteilhaft, wenn er in diesem Fall fiebernd auf Betätigung wartet. Ich ziehe nun mein Taschentuch, fasse es an einem Zipfel, und während ich es in Richtung der Dickung schwenke, rufe ich in aufreizender Weise dem Hund ein »Hetz! Hetz!« zu. Die Hauptsache ist, dass der Hund möglichst gleich bei der ersten Übung an Wild kommt, das er natürlich hetzen wird. Wenn es gelingt, gleich das erste Mal ein oder gar einige Stücke zu erlegen, so pflegt schon jetzt »der Groschen gefallen« zu sein. Je wildreicher der Revierteil ist, desto schneller erfasst er die Bedeutung des Kommandos »Hetz! Hetz!« und damit den Zweck der Stöberarbeit. Selbstverständlich achte ich sorgfältig auf sauberes Bringen jeglichen erlegten Niederwildes und darf beim Aufnehmen und Herantragen mit dem Lob nicht sparen. Aber auf diesem Gebiet gibt es selten Schwierigkeiten.

Nun wird es natürlich vorkommen, dass der Hund aus dem Bejagungsbereich Wild heraus verfolgt, das nicht zur Strecke kommt. Ein weites Verfolgen dieses Wildes ist unerwünscht. Der Hund soll vielmehr lernen, gesundes Wild nicht weit über den Bejagungsbereich hinaus zu verfolgen, was bei ausgeprägten Greifernaturen oft Schwierigkeiten macht. Auf jeden Fall wird der Hund jedes Mal, wenn der Führer ihn die Dickung verlassen sieht, durch Zuruf oder Trillerpfiff in die Haltlage gezwungen, zurückgerufen und erneut in das Treiben geschickt. Bei einiger Übung begreift der Hund, dass nur das Stöbern innerhalb der umstellten Fläche zum Erfolg führt, und wird damit »bogenrein«. Für die erste Einübung des Stöberns ist ein mit Kaninchen besetztes Revier sehr vorteilhaft. Das Stöbern auf Kaninchen hat den Vorzug, dass der junge Hund sich nicht gar zu lange Hetzen (Überjagen!) angewöhnt. Andererseits besteht bei ausschließlichem oder überwiegendem Stöbern auf Kaninchen die Gefahr, dass der Hund von einer eigentlichen Spurverfolgung ganz abgehalten wird, denn das Kaninchen flüchtet nie weit und sucht vor dem dicht auf folgenden Hunde immer sofort den Bau oder einen anderen Unterschlupf auf. Der Hund, welcher nur oder fast nur an Kaninchen stöbert, lernt es dann, dass Stöbern nur Aufstoßen und Verfolgen über wenige Meter bedeutet. Man soll daher, sobald der Hund den Befehl »Hetz! Hetz!« begriffen hat, möglichst oft auf Schwarzwild, Fuchs und Hase stöbern, damit der Zögling den Unterschied der Wildarten kennenlernt und auch wirkliche Spur- bzw. Fährtenarbeit leistet.

Dem Stöbern »aus der Entfernung« kommt neben dem Stöbern »vom Stand aus« eine praktische Bedeutung zu, wenn man die Stöberjagd allein oder zu zweit ausübt. Der Hund ist in dem Fall dort frei abgelegt, von wo aus er die Deckung zum Stöbern aufsuchen soll. Der Hundeführer begibt sich an einen weiter entfernten, strategisch sinnvollen Platz, bleibt aber im Sichtkontakt zum Hund. Ein zweiter Jäger kann ebenfalls einen erfolgsversprechenden Platz aufsuchen, braucht dabei aber keinen Kontakt zum Hund.

Nach einem Wink mit hellem Taschentuch des entfernt stehenden Hundeführers beginnt der Hund mit dem Stöbern.

Der Weg dorthin:
Das Stöbern »aus der Entfernung« lernt der Hund unschwer. Fast alle Hunde stöbern gern, und nach einigen Übungen pflegen die Hunde höchst angespannt das Schwenken des Taschentuches zu erwarten, um auf dieses Sichtzeichen wie der Blitz in der Dickung zu verschwinden. Sobald unser Lehrling dieses Stadium erreicht hat, legen wir ihn – natürlich ohne Gegenstand – an einer ihm zum Stöbern schon bekannten Stelle ab und begeben uns selbst 30, 50 oder 80 m weiter, je nach dem Gelände, jedoch nie weiter, als das Blickfeld des Hundes reicht. Dann bleibt der Hundeführer stehen, zieht sein Taschentuch und ruft unter gleichzeitigem Winken mit dem Tuch in Richtung Dickung »Hetz! Hetz!«. Der Hund wird, da er den Wink bereits kennt und das Stöbern ihm viel Freude macht, sofort die Dickung annehmen und diese wie bisher absuchen. Würden die Übungen des Stöberns aus der Entfernung an einer dem Hund unbekannten Dickung erstmalig erfolgen, bestünde die Gefahr, dass der Hund nicht in das Stöbergelände eindringt, sondern sofort zu seinem Herrn eilt, bestenfalls dabei den Rand der Dickung absucht. Ganz ausgeschlossen ist solches Verhalten auch im anderen Fall nicht, aber ein als Stöberer gut veranlagter Hund neigt hierzu sehr viel weniger, wenn er schon früher die Erfahrung machte, dass er in diesem Revierteil Wild verfolgen durfte.

Hat der Hund den Sinn der Übung begriffen, d.h. sucht er auf Befehl aus der Entfernung von 30 bis 80 m die Dickung ab, so lasse man das Hörzeichen ganz fort. Der Wink mit dem

»Hetz, Hetz!«- der Hund wird zum Stöbern eingewunken

Taschentuch genügt. Nun kann man auch dazu übergehen, das Stöbergelände zu wechseln und die Entfernung vom Führer zum Hund zu vergrößern, soweit das Gelände es zulässt. Ohne gerade Schneisen geht es meist nicht, aber man kann den Erfolg auch dadurch steigern, dass man nach dem Sichtzeichen, also nach Stöberbeginn noch schnell an einen bekannten Wechsel vorläuft.

Mit einem jagdverständigen Hund bereitet diese Jagdart außerordentliches Vergnügen, und wie beim Bringselverweiser dient diese Art des Stöberns dem Zusammenspiel zwischen Herr und Hund in besonderer Weise. Ohne feinen Konnex zwischen beiden bleiben Erfolge und vor allem die Freuden an dieser Jagdart aus.

Etwas anders sieht das Stöbern beim gemeinschaftlichen Jagen auf großer Fläche aus. Bevor der Hundeführer anlässlich größerer Bewegungsjagden auf Schwarzwild seinen Hund vom Stand aus zum Stöbern schicken will, sollte er zunächst selbst mit dem frei suchenden Hund durch die Einstände der Sauen gehen. Nach dem disziplinierenden «Sitz« wird der Zögling mit «Hetz-Hetz!« zum Stöbern aufgefordert. Dabei lasse er dem Hund viel Freiheit, behalte aber *das gemeinsame Jagen mit dem Hund* im Fokus. Die feste Entschlossenheit des Hundeführers, selbst die Sauen anzugehen, überträgt sich auf den Hund und gibt ihm zunehmend Selbstvertrauen. Die systematische Vorbildung im Saugatter kommt seiner positiven Entwicklung sehr zustatten. Er wird zudem seinen Stöberradius kontinuierlich erweitern, d.h. natürlich auch selbstständiger werden. Wenn bei solcher Gelegenheit der Hund dann noch zusammen mit seinem Herrn ein Stück Schwarzwild zur Strecke bringt, ist das für ihn nicht nur ein überaus lustbetontes, sondern auch ein enorm verbindendes Erlebnis.

Erst nach hinreichender Stöberarbeit unter solcher Begleitung lassen wir unseren Hund auch vom Stand aus stöbern, wenn unser Stand sich in relativer Nähe zu einem Einstand befindet, in welchem der Zögling voraussichtlich auch Sauen findet. Bei häufigem Einsatz lernt unser Hund in der Regel dann zügig, mit den unterschiedlichen Reviergegebenheiten zielführend umzugehen und vor allem mit seinem Herrn zusammen Beute zu machen.

Das Buschieren bedeutet die Suchjagd im Wald oder Buschgelände mit dem Hund, der sicher vor- und durchsteht. Diese Suchjagd unterscheidet sich von der Feldsuche vor allem durch die geringe Weite in der Suche. Während der Feldjäger eine geräumige und relativ weite Suche wünscht, kann eine weite Suche beim Buschieren nicht geduldet werden, weil der Hund dadurch den Blicken des Jägers entzogen würde. Beim Buschieren soll der Hund kurz und »unter der Flinte« suchen. Das bedeutet eine Suche, die normalerweise nicht über Schrotschussweite hinausgeht. Bei passionierten Hunden erfordert dieses Kurzhalten einen zuverlässigen Gehorsam des Hundes, was jedoch nach einer ordnungsmäßigen Abrichtung keinerlei Schwierigkeiten machen sollte. Wie bei den meisten Gehorsam erfordernden Arbeitsarten ist mit dem festsitzenden »Halt« auch hier jede Situation zu meistern. Das gilt umso mehr, als alle Einwirkungen des Führers auf die kurze Entfernung bis zu höchstens 50 Schritt erfolgen.

Bei der Einarbeitung wähle man einigermaßen übersichtliches Gelände, sodass nahezu alle

Bewegungen des Hundes kontrolliert und gegebenenfalls situationsgerecht eingewirkt werden kann. Günstig ist ein Fasanenbesatz, weil der Fasan sich fest zu drücken pflegt und leichter gefunden wird als der Hase, der sich häufig rechtzeitig still und leise fortdrückt.

Vor der Aufforderung zur Suche wird der vorschriftsmäßig sitzende Hund in aller Ruhe abgeleint – sofern er nicht schon frei bei Fuß folgte – und bleibt unangeleint noch einige Zeit neben dem Führer sitzen. Auch das erinnert ihn an ernste Stunden. Der sofort losstürmende Zögling ist weit weniger geneigt, den folgenden Befehlen unverzüglich nachzukommen als derjenige, der durch das ganze Drum und Dran an die Dressurstunden erinnert wird.

Die mit »Such langsam« und einem leichten Wink mit dem Arm beginnende Suche führe gegen den Wind. Sobald der eifrige Lehrling 20 bis 30 Schritt entfernt ist, heißt es »Halt« (evtl. Trillerpfiff). Der Hund bleibt einige Sekunden (bei heftigen Hunden auch bis zu einer Minute) liegen, und unter einer kleinen Wendung nach der entgegengesetzten Seite seiner bisherigen Suche dirigiert man den Hund in die neue Richtung. Entsprechend dem von früher Jugend an im Feld Gelernten wird dieses Dirigieren keine Schwierigkeiten machen. Hat sich nunmehr der suchende Hund in dieser Richtung wieder etwa 30 Schritt entfernt, ertönt wieder der ihn an den Boden zwingende »Halt«-Befehl, und wieder wird er mit einer kleinen Wendung in die zuerst eingeschlagene Richtung dirigiert. Bereits nach einem halben Dutzend Wiederholungen wird der Hund den Wendebefehl erwarten und kaum noch versuchen, weit fortzustürmen. Es genügt nunmehr ein leiser Pfiff oder ein »Ssst«, verbunden mit einem Richtungswink, um den Hund wenden zu lassen. Nach längstens 10 Minuten hat er begriffen, dass er nur kurz suchen darf. Das bedeutet natürlich nicht auch für die Folgezeit ein stetes kurzes Suchen unter der Flinte, vielmehr bedarf es weiter ständiger Aufmerksamkeit, aber das Grundsätzliche kennt er. Namentlich werden Spuren, Fährten und Geläufe für den Hund Veranlassung sein, weiter hinaus zu gehen, aber er ist doch im Allgemeinen durch das »Ssst«, in Ausnahmefällen durch das »Halt« leicht an das gewünschte kurze Suchen zu erinnern. Bei häufigen Wiederholungen bedarf es dann nur noch eines Hörzeichens.

Je schneller es uns gelingt, den Schüler an schussbares sich drückendes Wild zu bringen, desto schneller erfasst er den Sinn dieser Jagdart. Sobald er anzieht oder vorsteht, ermahne man ihn durch ein gezogenes, nicht zu lautes »Hü-ü-t« zur Vorsicht, lobe ihn nach dem Herantreten mit halblauter Stimme und streichle ihn behutsam. Nie darf ein Herausstoßen des Wildes oder ein Nachprellen geduldet werden, vielmehr ist jeder diesbezügliche Versuch schon im Keim durch ein »Halt« zu ersticken. Sollte aber unser Zögling trotzdem einmal infolge seiner Passion durchgehen, so braucht man das keinesfalls tragisch zu nehmen. Vor allem keinen Ärger, keinen Zorn aufkommen lassen! Bei einem nach unserer Grundabrichtung durchgearbeiteten Hund bleibt solcher Ungehorsam der Ausnahmefall, und je ruhiger wir selbst bleiben, desto stärker ist unser Einfluss. Es wäre falsch, wiederholt zu pfeifen oder wiederholt »Halt« zu rufen. Reagiert der Durchbrenner auf den einmaligen und von ihm *verstandenen* Trillerpfiff nicht, so würde man ihn durch mehrmaliges Pfeifen nur harthörig machen. Der Hundeführer merkt sich genau die Stelle, an der der Hund auf den Befehl hin hätte »Halt« machen sollen und wartet in Ruhe das Zurückkommen ab. Ist er wieder da, heißt es »Halt«. Die Leine wird an der Halsung befestigt, und in weitem Bogen kriecht der Lehrling bis zu der Stelle, wo er liegen sollte. Dort bleibt er 1 bis 2 Minuten liegen. Auf korrekte Ausführung, sowohl des Kriechens wie der Haltlage, achten! Wenn wir die Kriechübung lang genug machen, wird er bei der Fortsetzung der Buschierjagd mit auffallender Ruhe arbeiten und die Lust am überschnellen Suchen oder gar zum Durchbrennen verloren haben.

Einen Grundsatz aber muss der Führer immer beachten: *Nie wird der Hund gestraft (Kriechübung), weil er einem Wild folgte, sondern nur, weil er einem verstandenen Befehl nicht nachkam.*

Der intelligente Hund erfasst den Unterschied außerordentlich schnell und kommt nicht zu Fehlverknüpfungen, wie das oben schon ausgeführt wurde.

Das Buschieren bietet beste Gelegenheit, den Hund im Verlorenbringen zu üben, das hier weit leichter ist als im Feld. Unter keinen Umständen lasse man sich zum Schuss verleiten, wenn der Hund hinter aufstehendem Wild nachprellt. Hierdurch wird die Mehrzahl der Hunde verdorben, denn wenn der Führer den sofort nach dem Schuss apportierenden Hund strafen würde, könnte dieser die Strafe mit dem Bringen in Verbindung bringen. Straft er aber nicht, so wird der Hund den schweren Fehler des Nachprellens regelmäßig wiederholen. Vor jeglichem aufstehenden Wild heißt es zunächst »Halt«, und der Schuss fällt nur, wenn dem Befehl Folge geleistet wurde. Stürmt der Jüngling auf den Schuss dem getroffenen oder nicht getroffenen Wild nach, so kommt sofort noch einmal der »Halt«-Befehl, und der gehorchende Hund bleibt zunächst einmal eine volle Minute liegen, während der Hundeführer Zeit hat, in aller Ruhe neu zu laden und das Gewehr zu schultern. Geht er aber trotz des Befehls dem Wild nach, so wird die nun schon mehrfach genannte Strafkriechübung vorgenommen. Wir empfehlen, bei der nächsten Gelegenheit absichtlich vorbeizuschießen oder auch gelegentlich einmal blind einen Schuss abzugeben, damit der Lehrling begreift, dass jeder Schuss für ihn ein Verhalten auf dem Platz zu bedeuten hat. Bei erkannt krankgeschossenem Wild lasse der Hundeführer sich zu keinerlei Hast verleiten. Nach ordnungsmäßigem »Halt« führt er den Hund in großer Ruhe auf den Anschuss und fordert ihn, sobald er Wittrung genommen hat, mit einem ruhigen »Such verloren – Apport« zur Nachsuche auf. Die höchste Tugend des Verlorenbringers ist Ruhe und Beherrschung. Durch eigene erregte Befehle oder Bewegungen würden wir diese Ruhe nur stören und das Gegenteil von dem erreichen, was wir wollen. Wer selbst nicht ruhig und besonnen bleibt, kann von seinem Hund keine Beherrschung und Konzentration verlangen.

Die Wechselwirkung von Feldjagd und Buschieren ist nicht zu verkennen. Wer einen im Feld sauber abgeführten Hund hat, wird auch beim Buschieren mit diesem kaum Schwierigkeiten haben. Und der sichere und beherrschte Buschierer wird im Feld weder nachprellen noch nach dem Schuss die so wichtige Ruhe verlieren.

Die Wasserarbeit

Die Wasserjagd ist diejenige Jagdart, die neben dem Stöbern dem Hund die größte Selbstständigkeit gestattet. Seine Disziplin müssen wir allerdings in besonderem Maße insofern einfordern, als wir zum einen auf sein zuverlässiges und korrektes Bringen zu achten haben und zum anderen seine Konzentration auf seinen Herrn speziell am Gewässerufer erzwingen müssen. Gerade weil der Hund bei der Wasserjagd seiner Passion fast ungehemmt nachgehen kann, geht das leicht zulasten des zuverlässigen und korrekten Bringens sowie seines disziplinierten Verhaltens vor dem Schnallen am Gewässerufer. Nach der Vorbereitung für die praktische Wasserjagd (s. S. 231ff.) und damit verbundenen Lusterlebnissen unterliegen unsere Hunde in der Regel besonderen Reizen.

Unter Disziplin am Gewässerufer verstehen wir, dass der Hund uns dennoch dort frei bei Fuß begleitet, ohne aus ungebremster Passion angesichts einer ins Wasser geworfenen Ente oder ähnlicher Reize ins Wasser zu entweichen. Dazu übe ich mit dem Hund zunächst an der Leine und trete ans Ufer. Der Hund hat zu sitzen, während ich eine Ente auf die offene Wasserfläche werfe. Der Hund möchte hinterher, vibriert, hat mir aber senkrecht vom Ufer weg zu folgen. Nach 5 bis 10 Meter wende ich und gehe betont langsam und zwischendrin stehen bleibend wieder an den Wasserrand. Der Hund hat sich bei meinem Stehenbleiben stets sofort zu setzen, gegebenenfalls nach blitzartiger Unterstützung mit der Gerte. Diese Übung, vom Wasser weg und wieder hin, wiederhole ich so lange, bis der Hund sich nur noch auf mich konzentriert. Schließlich darf er die Ente holen. Wenn das tadellos klappt, kommt der nächste Schritt in gleicher Weise mit dem frei bei Fuß folgenden Hund. Bei jedem Ansatz, sich ins Wasser zu stürzen zwingt ihn mein reaktionsschnelles »Halt!« auf den Boden. Nach erfolgreicher Übungsfolge darf er natürlich wiederum die Ente holen. Die Übungen dauern insgesamt kaum länger als eine halbe Stunde, bis der Hund begriffen hat. Selbstverständlich sind die Übungen an anderen Tagen zu wiederholen, damit der Hund diese Diziplin auch vollends verinnerlicht.

Auch dem zuverlässigen und korrekten Bringen am Wasser müssen wir ähnliche besondere Aufmerksamkeit widmen. Namentlich bei den ersten Jagden auf Wasserwild, die für den jungen Hund ein aufregendes Erlebnis sind, müssen wir peinlich darauf achten, dass gefundenes Wild unverzüglich aufgenommen und korrekt gebracht wird. Die Gefahr des Liegenlassens von gefundenem Wild ist in größeren, dicht bewachsenen Gewässern um deswillen nicht ganz gering, weil wir den Hund vielfach nicht kontrollieren können, er häufig Ablenkungen durch frische Wildwittrung ausgesetzt ist und das Festhalten einer Ente beim Durchdringen von Schilf ihm bis dahin unbekannte Schwierigkeiten bereiten kann.

Um die Bringsicherheit zu festigen, ist es zweckmäßig, gleich zu Beginn der Jagdzeit die ersten erlegten Stücke Wasserwild in Abwesenheit des Hundes möglichst weit in mit dichtem Schilf bewachsenes tiefes Wasser zu werfen oder werfen zu lassen und einige Zeit später den Hund in dieser Schilfpartie ohne Bringkommando stöbern zu lassen. Da man den Liegeplatz der

Ente ungefähr kennt, besteht die Möglichkeit, den Hund durch das Plätscher-Geräusch und die Bewegungen der Schilfhalme zu kontrollieren und festzustellen, ob der Hund gefunden hat. Bestehen Zweifel, ob er aufnehmen wird, so mag das erste Mal ein ermunterndes »Apport!« am Platz sein. Bei den weiteren Übungen empfehlen wir ein solches Entgegenkommen nicht. Der Hund muss nämlich lernen, auch ohne Kommando jedes gefundene Stück Wild aus Schilf und Wasser seinem Herrn zuzutragen. Der mit einem Stück ankommende Hund ist immer ganz besonders mit Lob zu bedenken, um seine Apportierfreude bei der Wasserjagd zu heben. Sollte er aber ein Stück liegen lassen, so bleibt uns bei diesen Übungen nichts anderes übrig, als selbst mit dem angeleinten Hund in die Wildnis einzudringen und ihn nunmehr zwangsweise zum Bringen anzuhalten. Wenn wir die Vorübungen, wie sie Seite 128 ff. beschrieben sind, durchgeführt haben, wird ein Versagen ein ganz seltener Ausnahmefall sein. Jede Gelegenheit zum Bringen aus Schilf und tiefem Wasser ist auszunutzen, und jedes Mal ist auf korrektes Ausgeben zu achten. Nie darf man ein Ablegen des Wildes am Ufer gestatten. Manche Hunde neigen dazu, um sich das Wasser abzuschütteln. Bei geflügelten Enten würden diese schleunigst die Gelegenheit wahrnehmen, um blitzschnell im Wasser zu verschwinden. Ganz anders liegt der Fall, wenn der Hund die Ente ablegt, um einen schlechten Griff zu verbessern, nicht um sich zu schütteln. Hierbei hat nämlich der Hund seine Konzentration auf das Bringobjekt gerichtet, und auch eine geflügelte Ente kommt ihm dann nicht aus.

Um zu vermeiden, dass der Hund sich schüttelt, gehe man in dem Augenblick, wo er ans Ufer kommt, zügig einige wenige Schritte mit lobenden und lockenden Worten rückwärts, um dann schnell einen Schritt auf den herankommenden Hund zu nach vorwärts zu machen, wobei man das dem Hund geläufige »Sitz« im kurzen, scharfen Ton befiehlt. Nach einem halben Dutzend Wiederholungen ist es dem Hund zur Gewohnheit geworden, zunächst die Ente abzuliefern und sich erst später zu schütteln.

Nie lasse man Holzstücke aus dem Wasser apportieren. Sollte der Hund einmal ein Stück Holz bringen – wozu manche Tiere neigen –, so wird es ihm sofort ohne »Sitz« und dgl. mit einem »Pfui« aus dem Fang genommen. Lernt er nämlich das Bringen beliebiger Holzstücke, so wird er später beim Suchen nach einer geschossenen, weit ins Rohr gefallenen Ente, namentlich in schwierigen Fällen, beim erneuten Anfeuern durch den Jäger das erste beste Stück Holz oder gar Binsen ergreifen, bringen und nun glauben, er habe seine Aufgabe erfüllt. Das Bringenlassen von allen Gegenständen, die kein Wild oder ständig gebrauchte Apportiergegenstände sind, bedeutet eine üble und sich rächende Spielerei.

Um den Hund im Wasser zu lenken, bediene man sich der gleichen Winke wie beim Lenken der Suche im Feld, d.h. Winke mit dem Arm unter gleichzeitiger kurzer Bewegung des ganzen Körpers in die gewünschte Richtung.

Im Übrigen ist die praktische Jagd an deckungsreichen Wasserlöchern und Teichen, an schilfbewachsenen Seen und Altwässern die beste Übung. Für Hunde, denen man eine solche Jagd nicht bieten kann und die deshalb namentlich im Stöbern ohne Ente bei der Verbandsgebrauchs-

Der Hund ist am Wasser angesichts hineingeworfenem Apportel total unbeherrscht.

Auch so unkontrolliert soll die Wasserarbeit nicht beginnen,....

prüfung ein mäßiges Bild abgeben würden, sei noch ein brauchbarer Hinweis gegeben. Das mäßige Stöbern hat meist seinen Grund darin, dass der Hund den Sinn dieser Arbeit nicht kennengelernt und nicht verinnerlicht hat. Er weiß nicht, was er überhaupt im Wasser soll, und wird deshalb nicht erkennbar im Wasser »suchen«. Dieses Suchen ist aber gerade das Wesentliche am Stöbern ohne Ente. Wenn wir solchen Hund regelmäßig zum Bringen eines Gegenstandes (am besten Wild) aus dem Schilfwasser mit einem ganz bestimmten Kommando – ob Hör- oder Sichtzeichen ist gleichgültig – ins Wasser schicken, wird er auf dieses Kommando hin sofort mit dem Suchen beginnen. Er hat zu vielfach wiederholten Malen erfahren, dass er immer nach mehr oder weniger langem Suchen im Wasser mit der Nase einen Gegenstand aus-

...sondern beherrscht und zielstrebig!

Vibrierend sitzt der Hund vor dem Führer am Wasser...

...folgt aber nach Kommando zur Weggegenseite.

Beide kehren zurück, der Hund sitzt diszipliniert neben dem Führer.

Nach der Aufforderung zum Bringen schießt der Führer auf das Wasser hinter die Ente.

machte, für dessen Bringen er sehr gelobt wurde. Diese Erfahrung veranlasste ihn dann, eifrig im Wasser zu suchen, und damit ist das erreicht, was wir erreichen wollten. Er erntet auch auf der VGP im Fach Stöbern ohne Ente eine gute Note.

Müßig ist es, im tiefen Wasser eine geflügelte Ente zur Strecke bringen zu wollen, wenn sie nicht durch weitere Schrote so krank ist, dass sie nicht mehr ausgiebig zu tauchen vermag. Solchen Enten gebe man annähernd eine Stunde Ruhe und suche dann die Ufer ab. Eine geflügelte Ente nimmt regelmäßig das Land an, wenn sie nicht gestört wird.

Den Hund das Tauchen zu lehren, ist meist nicht schwer, sofern man über ein seichtes, klares Wasser verfügt, aber der jagdliche Wert ist doch begrenzt. Allerdings wird der Hund dadurch mit dem Wasser besonders vertraut und erreicht indirekt damit auch höhere Leistungen.

Wir haben einer Reihe von Hunden das Tauchen beigebracht und dabei keinen Versager gehabt. Man benötigt einen gewöhnlichen Apportierbock von hellem Holz, der an den Enden so mit Eisen und Bleiplatten beschwert wird, dass er untersinkt. Der Bock wird dem Hund zunächst durch mehrmaliges Bringen auf dem Lande vertraut gemacht, daraufhin so in ein seichtes, klares Wasser geworfen, dass er etwa zu ⅔ bis ¾ unter Wasser liegt. Der Hund wird ihn auf »Apport« ohne weiteres bringen. Nach einigen Wiederholungen lässt man den Bock ganz bedeckt sein und legt ihn nach und nach an immer tiefere Stellen. Alle Übungen haben in froher Stimmung und mit viel Lob zu erfolgen.

Der Hund gibt die geholte Ente ordentlich aus.

Zwang anzuwenden ist sinnlos. Wichtig ist natürlich bei der Einarbeitung immer, dass der Hund den sich vom Untergrund abhebenden Bock äugen kann. Wer Zeit hat, kann sich und seinem Hund auf diese Weise eine Freude machen und seinen Zögling vervollkommnen.

Zum Schluss dieses Kapitels noch ein Wort zur Behandlung des Hundes nach der Wasserarbeit. Namentlich bei kühlem oder gar kaltem Wetter ist sofortige Bewegung weitaus das wirksamste Mittel zur Verhütung von gesundheitlichen Schäden. Sie ist durch nichts voll zu ersetzen. Selbst bei starkem Frost wirkt reichliche Bewegung am besten vorbeugend. Grundsätzlich soll man bei stärkerem Frost vermeiden, den Hund ins Wasser zu lassen. Muss es ausnahmsweise doch geschehen, so wird durch sofort anschließendes gehöriges Auslaufen gesundheitlicher Schaden mit ziemlicher Sicherheit vermieden. Im Wasser selbst erkältet sich der Hund kaum, denn es ist wärmer als die Luft. Aber die Behandlung hinterher ist von Wichtigkeit. Abreiben ist gut, Laufen ist besser. Der noch nasse oder feuchte Hund soll nicht gleich in seinen Zwinger kommen – es sei denn bei warmem Sommerwetter –, sondern erst dann, wenn sein Haar völlig trocken geworden ist. So sehr wir sonst wegen der Gefahr der Verweichlichung davor warnen, den Jagdgebrauchshund ins geheizte Zimmer zu nehmen, in diesem Fall bekommt er seinen Platz für 1 bis 2 Stunden in der warmen Stube auf der Sauschwarte. Besser ist allerdings ein zugfreier Strohschober mit so viel losem Stroh, dass der Hund sich tief einschieben kann. Hier fühlt er sich am wohlsten, trocknet durch die Eigenwärme gut ab und kommt mit glänzendem Fell heraus.

Die Feldarbeit

Nicht nur allgemein, sondern auch auf der Verbandsgebrauchsprüfung ist die Feldarbeit wirklich praktische Jagd, jedoch für den Hundeführer eines jungen Hundes noch lange kein »ungehemmt frohes Jagen«. Wer seinen Hund zu einer sauberen Feldarbeit bringen will, jage zunächst einmal mindestens ein halbes Dutzend Mal allein oder mit einem Jäger, der selbst guter Hundeführer ist, also an diesen Tagen nicht das Schießen, sondern die abschließende Ausbildung des Hundes als erste Aufgabe ansieht. Das Beutemachen muss für den Hundeführer durchaus Nebensache sein. Sein Augenmerk hat unentwegt dem Hund zu gelten, und seine Reaktionen richten sich nach den Verhaltensweisen des Hundes.

Die Nase, d.h. das objektive Riechvermögen des Hundes, können wir weder durch Abrichtung noch durch Führung verbessern, sehr wohl aber den Nasen*gebrauch*. Das geschieht durch häufige und vielseitige jagdliche Führung. Wenn wir unseren Hund mittels »Halt« in der Hand haben und ihn bei jedem geringsten Anzeichen seinerseits dafür, dass er Wildwittrung in der Nase hat, bei jedem Aufstehen von Fasanen und anderem Wild mit »Halt« zusammenklappen lassen, wird er in kurzer Zeit so vorsichtig, dass er auf den geringsten Wildwittrungshauch mit Vorstehen reagiert. Wir lenken also durch Dressur sein Riechvermögen in die richtige Bahn, festigen gleichzeitig das Vorstehen und fördern den Hund für die Zwecke unseres Gebrauches.

Bei der *Suche*, deren Grundlagen auf Seite 230ff. behandelt sind, hilft uns im Bedarfsfall wieder das »Halt«. Die Suche kann bei stürmischen, all-

»Sitz!« – der Hund wartet gespannt auf das Such-Kommando.

zu weit gehenden Hunden durch »Halt« außerordentlich verbessert und in geregelte Bahnen gelenkt werden. Für Hunde, die dazu neigen, sich selbstständig zu machen oder aus der Hand zu gehen, ist »Halt« das *einzig sichere Mittel*, diesen Fehler in kurzer Zeit zu beseitigen.

Beim Jagen im Feld trillere ich den Hund in einer Entfernung von etwa 100 Gängen nieder, lasse ihn einige Sekunden liegen und gebe als Zeichen der Richtungsänderung den langgezogenen Pfiff, wobei ich *gleichzeitig mich in die Gegenrichtung bewege*. Ich achte hierbei schon aus Gründen

Festes Vorstehen in Rüben.

der allgemeinen Übung stets auf schnellstes Niedergehen, jedoch kann man nach unseren Erfahrungen jetzt darauf verzichten, dass der Hund den Kopf zwischen die Vorderläufe legt. Sollte der Hund allerdings auf den Trillerpfiff nicht schnellstens reagieren, so gehe ich zu ihm und lasse ihn in bekannter Weise unter »Halt-vorwärts-Halt-vorwärts« etwa 30 m kriechen. Das beeindruckt den Hund derart, dass er dem nächsten »Halt«-Kommando schnellstens nachkommen wird.

Im Übrigen verfahre ich bei der Suche in der Weise, dass ich das Wenden dem Hund nicht selbst überlasse, vielmehr ihn jedes Mal »Halt« machen lasse, wenn er sich weiter als 100 bis 120 Schritt entfernt hat. Danach lasse ich ihn per langgezogenem Achtungspfiff die Richtung ändern. In wenigen Tagen, ja zuweilen Stunden wird der junge Ungestüme sich zügeln, sich regelmäßig nach mir richten. Alsdann nutze ich nur noch den langgezogenen Achtungspfiff, stelle das Niedertrillern also ein und wende es nur noch an, wenn der Hund wieder durchzugehen droht. Durch allzu viele Übungen dieser Art könnte der Hund vorübergehend gehemmter suchen, was sich aber im Verlauf der jagdlichen Praxis wieder gibt.

Wir bemühen uns allmählich zunehmend, möglichst ohne Hörzeichen auszukommen, sie jedenfalls stark einzuschränken. Dabei hilft uns die außerordentlich ausgebildete Fähigkeit des Hundes zum Bewegungssehen. Unsere Wendungen und Winke können immer weniger auffällig werden; der Hund beobachtet und beachtet sie. Beim eingejagten Hund genügt dann in der Regel ein Zurücknehmen der Schulter oder eine Handbewegung. Je lautloser die Führung, desto ansprechender und eleganter wirkt sie.

Vor Beginn jeden Suchganges im Feld macht der Hund korrekt »Sitz«, damit er sich auf die Aufgabe einstellt, um sodann auf das Hör- und Sichtzeichen (Wink mit dem Unterarm) flott zu starten. Nach ganz wenigen Übungen sitzt der Hund aufs Höchste gespannt, äugt seinen Herrn an und schnellt auf das Kommando wie ein Pfeil vom Bogen los. Das gibt von Anfang an ein gutes Bild, und der Hund ist zugleich auf die geforderte Arbeitsart eingestellt. An dieser Stelle sei daran erinnert, dass die qualifizierte Jagdhundeausbildung das Ziel beinhaltet, dass der Hund sich jeweils vorab auf die geforderte Anforderung der Aufgabe einstellt.

Gehorsam am abstreichenden Fasan.

Disziplin beim Abnehmen eines erlegten Stück Wildes:
1. »Sitz!« ...

2. Ruhiges Lob ...

Im Verlauf der Ausbildung muss auch unter der Bedingung geübt werden, dass der Wind uns aus dem abzusuchenden Areal nicht entgegenweht, sondern uns vielmehr im Nacken steht. In solchem Fallemuss der Hund sich »den Wind holen«, indem er sich direkt und weit nach vorn begibt, um dann in Richtung seines Herrn planmäßig zu suchen. Das ist im Wesentlichen eine Erfahrungssache des Hundes. Ein viel bejagter Hund, der anfangs beim Herangehen an Deckungen geringer Größe mit Nackenwind diese umschlug, wird bald auch bei größeren Parzellen geradewegs mit Rückenwind fortstreben, am Ende der Parzelle einschwenken und sie unter Ausnutzung des Windes absuchen.

Das *Vorstehen* mit Hilfe des »Halt« zu einem sicheren Durchstehen zu fördern, dürfte die leichteste Führungsaufgabe sein, die einem Jäger gestellt wird. Das Vorstehen bzw. Vorliegen ist sogar jedem auf Federwild passionierten jungen Hund in kürzester Zeit beizubringen, sofern der Hund eine saubere Abrichtung in puncto »Halt« genossen hat. Auf die Rasse kommt es nicht an. Im Übrigen ist das sichere Durchstehen grundsätzlich nicht erst bei Anfang der Jagdzeit zu üben, sondern vorher, wie es auf Seite 230ff. geschildert ist. Sollte das versäumt sein und der junge Hund im Durchstehen noch zu wünschen übrig lassen, so schießen wir zunächst überhaupt nicht, vermeiden auch noch ein Hochmachen des Wildes und gehen in der auf Seite 230ff. beschriebenen Weise vor.

3. »La-ass!« ...

4. Der Hund bleibt sitzen, der Jäger behält das Kaninchen ruhig in der Hand.

Bevor bei Ausübung der Jagd vor dem Hund auf Wild erlegt wird, empfehlen wir die erste Vorübung mit dem Attrappenwerfer gemäß der Beschreibung Seite 110ff. Im nächsten Schritt werfe man einige Male ein erlegtes Stück Federwild möglichst hoch und weit in die Luft (oder lasse es werfen) und schieße »blind«. Sowie der Hund die geringste Bewegung macht, auf das fliegende oder gefallene Objekt loszustürmen, wird er niedergetrillert und muss bei Ungehorsam sofort eine Kriechübung machen. Nachdem er dann eine oder einige Minuten in korrekter Haltung verharrt hat, wird die Übung so lange wiederholt, bis ihn das fallende Stück trotz Schießens nicht mehr zum Vorlaufen veranlasst. Diese Übung ist zur Vermeidung möglicher Fehlverknüpfungen beim Jagen im Feld zweckmäßig. Bringt nämlich der Hund trotz »Halt«-Befehl oder Trillerpfiff das erste geschossene Wild, so könnte immerhin eine anschließende Strafübung eine falsche Verknüpfung beim Hund zur Folge haben, denn die Situation wäre für den Hund eine völlig neue. Mag die Verknüpfung (ohne die genannte Vorübung), dass nämlich nicht das Missachten des »Halt«-Befehls, sondern das Bringen geahndet wird, auch wenig wahrscheinlich sein, so ist sie immerhin nicht ganz ausgeschlossen.

Es sei erneut betont, dass in dieser Ausbildungsphase des Hundes mein Beutemachen zurückstehen muss. Aber schließlich soll der Hund ja auch lernen, wie er sich beim praktischen Jagen zu verhalten hat. Dazu gehört als sehr wichtiger

Teil sein diszipliniertes Verhalten bei aufstehendem Wild. Ist er unverdorben und nach der bisher geschilderten Methode abgerichtet und geführt, so besteht zunächst keine ernste Gefahr, dass er auf ein gefallenes Wild ohne Befehl zuläuft oder gar nachprellt. Auf jeden Fall habe man das scharfe »Halt« auf der Zunge, um ein Vorrücken des Hundes im Keime zu ersticken. Sollte aber unser passionierter Zögling trotz des »Halt«-Befehls oder des Trillerpfiffs losgehen, so regen wir uns deshalb nicht im Geringsten auf. Den zurückkommenden Hund erwartet ein kurzes »Sitz« und an der Leine macht er die hinreichend bekannte Kriechübung mit längerer Haltlage am Schluss.

Das Bringen des eben erlegten Wildes durch den jungen Hund hat nicht nur Zeit, sondern sehr viel Zeit. Ich lasse den Hund zunächst mindestens zwei volle Minuten liegen oder sitzen. Der Schuss darf für ihn nicht bedeuten, dass er gleich zu bringen hat. *Das leider vielfach verbreitete »Schuss raus – Hund los« verdirbt unsere passionierten Hunde für die viel wichtigere Aufgabe der Nachsuche, hier des Verlorenbringers!* Denn damit geht die Voraussetzung für den Verlorenbringer verloren, nämlich die Beherrschung und die Konzentration. Zudem folgen vielen Nachteile wie Schusshitze, lockeres Vorstehen, Knautschen, unsauberes Bringen u.a.m. Wir empfehlen, die ersten erlegten Stücke Wild, die der Hund fallen sah, selbst zu holen, sofern sie nicht in eine ganz dichte Deckung gefallen sind, und dies auch später hin und wieder zu tun. Der Hund hat währenddessen auf seinem Platz zu bleiben. Alle diese kleinen Dinge festigen nicht nur den Gehorsam, sondern fördern die Selbstbeherrschung des Hundes. Fehlt diese Selbstbeherrschung, ist jede Nachsuche gefährdet, beispielsweise auf den geflügelten Fasan oder den laukranken Hasen.

Erziehen wir unseren vierläufigen Gehilfen von Anfang an zur Heftigkeit oder dulden wir nur eine solche, wird er nie zu einem guten Verlorenbringer; erziehen wir ihn aber stets zur Selbstbeherrschung, so werden wir später um so mehr Erfolg und Freude mit ihm erleben. Bei dem vielbejagten Hund im dritten oder vierten Feld mag ein sofortiges Ansuchen gefallenen Wildes häufig keine nachteiligen Folgen mehr nach sich ziehen, weil der in hundertfacher Wiederholung gebremste Hund schon aus Gewohnheit nicht mehr wild und planlos losstürmt, sondern seine durch Erfahrung geschulte Nase gebraucht; aber bei allen Hunden im ersten und zweiten Feld raten wir dringend, für *absolute Schussruhe* zu sorgen.

Kommt der Hund dann bei der Nachsuche an das verendete oder sich drückende Wild, so achte man auf unverzügliches Bringen. Zwar ist bei einem nach unserer Methode abgerichteten Hunde die Gefahr eines Fehlverhaltens nicht sehr groß, aber manchmal vergisst der Zögling in der Erregung das Gelernte doch. Der berückende Duft des warmen, vielleicht noch flatternden Wildes löst schließlich andere Gemütsbewegungen aus als der ausgestopfte Kaninchenbalg oder eine kalte Krähe. Es ist deshalb ratsam, sich selbst auf ein kurzes und scharfes »Apport« einzustellen. Auf jeden Fall wird das Gebrachte erst nach längerem vorschriftsmäßigem Sitzen mit aller Umständlichkeit abgenommen (s. Seite 131ff., Übung 3, »Apport«).

Für die Ausbildung eines jungen Hundes ist es zweckmäßig, gleich mit einem der ersten noch warmen Hühner oder Fasanen eine Schleppe zu ziehen und den Hund darauf anzusetzen. Das ist nicht nur für den Prüfungskandidaten fördernd und notwendig, solange die Schleppe Prüfungsfach ist, sondern festigt auch seine Sicherheit im Bringen. Noch wichtiger ist es für seine praktische Verwendung beim Jagen im Feld, des Öfteren ein warmes – später auch einmal ein bereits kaltes – Stück Wild so in eine Deckung zu werfen oder werfen zu lassen, dass der Hund von dem Vorgang nichts merkt, und ihn dann 40 bis 50 Schritt unter Wind zur Verlorensuche anzusetzen. Der Zweck dieser Übung ist, den Hund erfahren zu lassen, dass er bei ganz kurzer Suche unter konzentriertem Nasengebrauch etwas findet. Im Gegensatz zu dem »Such voran«, das ihn zu einer flotten und weit ausholenden Suche veranlasst, soll er auf das »Such verloren« *sofort umschalten und unter kürzester »Schnüffelsuche«* jeden Quadratmeter der vor ihm liegenden Deckung mit erkennbarem Finderwillen absuchen. Viel bejagte Hunde, d.h. solche, vor denen in einer Saison viele Fasanen geschossen werden, lernen das in der Praxis von alleine. Unerfahrene Hunde pflegen aber auf den Suchbefehl loszustürmen, wodurch der Erfolg natürlich stark in Frage gestellt ist, namentlich in sehr dichten Deckungen (hoher Klee, Luzerne, dichte und hohe Rüben usw.).

Durch die genannte Übung können wir die Lernzeit erheblich abkürzen. Schon nach der fünften oder sechsten Übung pflegt der Zögling den Unterschied zwischen den beiden Arbeitsarten erfasst zu haben und sich auf die neue Aufgabe einzustellen. Diese Art des Verlorensuchens ist in der Praxis des Jagens im Feld von sehr großer Bedeutung, denn es kommt dort eigentlich täglich vor, dass von Mitjägern oder auch vom Hundeführer heruntergeschossenes Wild, das der Hund nicht fallen sah, in einer Deckung vom Hund gesucht werden muss. Der unbeherrschte Stürmer findet nicht. Dem auf diese Aufgabe eingestellten Praktiker entgeht kaum ein Stück Wild. Zu berücksichtigen ist hierbei, dass in einer hohen und dichten Deckung die Wittrung des Wildes ähnlich wie in einem Schornstein hochsteigt und eine gewisse Zeit benötigt, um an die Oberfläche zu kommen. In solchen Fällen wartet man mit dem Ansuchen einige Minuten.

Und schließlich: *Bei keiner Nachsuche gibt es eine Zeitnot oder Eile*. Wenn Mitjäger zum Weiterjagen drängen, mögen sie gehen. Unsere weitere Tätigkeit gilt allein dem heruntergeschossenen Wild. Unsere Gründlichkeit und Zähigkeit überträgt sich auf den Hund, und wenn er dadurch zu einem zuverlässigen Gehilfen nach dem Schuss geworden ist, haben wir in ihm mehr als nur einen Helfer und Jagdkumpanen, wir haben in ihm einen uns ans Herz gewachsenen Freund, der uns mit jeder erfolgreichen Nachsuche, sei es auf Fasan oder Hase, auf Ente oder Schalenwild, weit, weit mehr Freude bereitet, als eine große Strecke es tun kann. Die Tage, an denen man sich ein- oder zweistellige Hasenstrecken in sein Schussbuch eintragen konnte, verblassen in der Rückschau oder werden ganz vergessen, aber anspruchsvolle, erfolgreiche Nachsuchen, bei denen Hund und Herr ihr ganzes Können einsetzten, bleiben das ganze Leben in der Erinnerung eines gerechten Jägers und erfreuen ihn noch bis zur letzten Stunde.

Die Arbeit mit dem Erdhund

Allgemeines

(Schärfe, Laut, »Flieger oder Steher«?, Teckel oder Terrier?, Größe des Hundes)

Die Baujagd nimmt eine gesonderte Stellung ein. Das Sprengen des prachtvoll roten Räubers im vollen Winterbalg ist eine der interessantesten Jagdarten für den Jäger mit gutem Hund und eine der langweiligsten mit einem schlechten Hund. Sitzt man stundenlang auf einem Hochsitz, ohne Wild zu Schuss zu bekommen, oder steht man längere Zeit mit gleichem Ergebnis bei einem Treiben, so erlebt man durch die verschiedensten Beobachtungen in der Natur – vom Käfer bis zum Schalenwild – trotzdem schöne Stunden. Steht man aber ebenso lange mit frierenden Füßen an einem Bau, ohne dass der Fuchs springt, wird die Angelegenheit ungemütlich: Trotz der Länge der Zeit, der kalten Füße, der steifen Finger usw. muss man stockstill stehen, darf sich nicht ablenken lassen und hat ständig sein Augenmerk auf die Ausfahrten zu richten.

Das ist kein Vergnügen mehr, wenn der große Uhrzeiger einmal die Runde gemacht hat, und wird zur Qual und Überforderung des Jägers, wenn es noch länger dauert. Solange noch »Leben in der Bude ist«, d.h. solange die Jagd in der Burg noch hin und her geht, der Kampf mal hier, mal dort zu hören ist, hält die Spannung an. Sie lässt schon erheblich nach, sobald der Laut eine Viertelstunde an der gleichen Stelle ertönt und der Gedanke erwogen werden muss, ob nicht Spaten und Hacke in Tätigkeit zu treten haben, und die Stimmung sinkt bald auf einen Tiefpunkt, wenn im großen, tiefen Bau (Mehretagenbau oder steiles Gelände) vom Hund längere Zeit überhaupt nichts zu hören ist. In der Regel handelt es sich in solchen Fällen um Hunde, die lange Zeit vorliegen, das heißt dem Fuchs gegenüber liegen, sei es weil sie sich nicht bedingungslos an den Gegner herantrauen oder weil die Röhre dort für den Hund zu eng ist. Bei größeren Bauen, eventuell noch mit mehreren Etagen, muss man zuweilen 24 Stunden und länger warten, bis der Hund herauskommt, der Fuchs aber drinbleibt. Jedenfalls entsprechen solche Hunde nicht unserem Ideal eines Bauhundes. Wir bezeichnen ihn als »Steher«.

Im Gegensatz dazu genießen wir große jagdliche Freude mit dem Bauhund, der auf Grund seines schlanken Brustumfanges dem Fuchs überall hin zu folgen vermag und vor allem keine Sekunde zögert, den Fuchs entschlossen zu attackieren. Der Fuchs registriert sehr schnell die Gefährlichkeit dieses Hundes für ihn und springt in wenigen Minuten. Besonders große Baue ermöglichen ihm allerdings auch größere Fluchtmöglichkeiten im Bau selbst. Dann kommt der Hund spätestens nach 10 Minuten heraus, untersucht andere Eingänge und schlieft in einer dieser Röhren wieder ein, findet den Fuchs erneut und bedrängt ihn derart, dass der kurz darauf springt. Wir bezeichnen einen solchen Hund, der nach relativ kurzer Zeit immer einmal wieder herauskommt, sich neu orientiert und in eine andere Röhre wieder einschlieft, als »Flieger«.

Aus der Schilderung ist schon zu ersehen, worauf es bei der Baujagd in der Praxis ankommt, sofern man nicht gewillt ist, ständig den Spaten zu Hilfe zu nehmen und sich damit seine guten Fuchsbaue zu beschädigen. Zum erfolgreichen Jagen am Bau gehören der gute Bauhund und die Flinte, der Spaten sollte nach unserem Geschmack nur ganz ausnahmsweise beim Fuchs gebraucht werden.

Zum Sprengen ist der »Steher« ungeeignet, erst recht, wenn er nicht wenigstens häufig *Fassversuche* macht. Reineke kapiert sehr bald, ob ihm der Hund gefährlich ist oder nicht. Ist das Letztere der Fall, so lässt er seinen Gegner bellen und wartet gelassen ab. Sitzt er in einer Sackröhre, ist die Sache für den Jäger noch aussichtsloser, und hat der Fuchs gar die Anwesenheit von Menschen auf dem Bau wahrgenommen, so ist es nahezu ausgeschlossen, ihn zu Schuss zu bekommen, solange der Hund vorliegt.

Ganz anders der »Flieger«, der eben nicht lange vorliegt! Selbst wenn er keine rücksichtslose Schärfe besitzt, d.h. den Gegner nicht auf Biegen und Brechen angreift, aber vorübergehend den Bau verlässt, dann von der anderen Seite kommt, verunsichert er den Fuchs durch sein unstetes Verhalten derart, dass dieser in relativ kurzer Zeit springt.

Allerdings müssen sich auch die Jäger richtig und diszipliniert verhalten. Steht einer der Schützen im Wind oder trampelt auf dem Bau herum, ist der Erfolg beeinträchtigt, denn der Fuchs vor dem weniger scharfen »Flieger« pflegt vor der Ausfahrt erst die Lage vorsichtig zu peilen. Er springt nicht in panischer Flucht, vielmehr ist ihm seine Lage im Bau nur unheimlich geworden. Er nimmt sich Zeit, wenn der Hund nicht unmittelbar hinter ihm ist, die Verhältnisse draußen zu prüfen. Er springt, wenn er keine unmittelbare Bedrohung vermutet. Nimmt er jedoch einen der Jäger wahr, wird er zumindest nicht gleich, eventuell gar nicht springen, wenn der Bau selbst ihm hinreichende Fluchtmöglichkeiten bietet.

Wieder ganz anders beim »Flieger«, der gleichzeitig ein rücksichtsloser Draufgänger ist. Ohne jedes Zögern, ohne Rücksicht auf eigene Verletzungen, geht er seinem Gegner an Balg und Leben, bricht aber - zuweilen selbst schweißend - nach wenigen Minuten den Kampf ab, um zu versuchen, den Fuchs von einer anderen Seite anzugreifen. Dieser doppelten Belastung, dem ernsten Kampf einerseits und der wiederholten Beunruhigung von verschiedenen Seiten andererseits, ist der Fuchs mental nicht gewachsen, sodass er sein Heil allein in der Flucht aus dem Bau sucht.

Völlig anders liegen die Anforderungen für die Baujagd auf den Dachs. Wenngleich wir dieser Jagdart nicht das Wort reden, wollen wir auf deren Besonderheiten kurz eingehen. An den im Bau vom anhaltend vorliegenden Hund gebundenen Dachs können wir grundsätzlich nicht ohne Graben herankommen. Nur ganz seltene Ausnahmen bestätigen die Regel. Der Dachs springt allenfalls, wenn »Licht in seinen Bau fällt«, d.h. wenn ein oder mehrere Einschläge gemacht wurden.

Hat man einen blind-scharfen Hund, dem es gelegentlich einmal gelingt, einen schwachen Dachs herauszubeißen, so wird er bei nächster Gelegenheit selbst nennenswerte Blessuren davontragen. Die Kampfesart von Fuchs und Dachs ist nämlich völlig verschieden. Ersterer wehrt mit seinem Gebiss ab und ist in dessen Stärke dem des Hundes normalerweise unterlegen. Der Dachs hingegen senkt den Kopf, bietet dem Angreifer seinen praktisch unverwundbaren

Nacken dar und fasst der Hund zu, schlägt er ihm von unten sein sehr viel stärkeres Gebiss in Läufe, Hals oder Leib.

Schlussfolgerungen:

- Für jede Bodenjagd brauchen wir den lauten Hund, damit man »mit dem Ohr sieht«, was drunten los ist. Ein stummer Hund im Bau ist wertlos.
- Zudem muss der Hund eine hinreichende Schärfe mitbringen, um das Raubwild zu beeindrucken.
- Zum Sprengen ist der »Flieger«, zum Graben der »Steher« geeignet.
- Ein erstklassiger Sprenger von Fuchs ist zum Dachsgraben ungeeignet, der mit Ausdauer scharf am Dachs bleibende »Steher« ist kein voll befriedigender Fuchssprenger.
- Aus unserer persönlichen Sicht meiden wir das Dachsgraben nicht zuletzt, um den Hund vor nennenswerten Verletzungen zu bewahren.

Es gibt bei häufig ausgeübter Baujagd am Naturbau zuweilen Gegebenheiten, unter denen es hilfreich ist, wenn die Bewegung bzw. der Verbleib des Hundes im Bau besser kontrolliert werden kann. Da hilft zwischenzeitlich die drahtlose Informationstechnik in Gestalt eines Senders, der dem Hund um den Hals gelegt wird und seine Standorts-Signale dem Empfangsgerät über der Erde mitteilt. Die Methode ist praxisbewährt. Die Gefahr, dass der Hund damit im Bau irgendwo hängen bleibt, wird dadurch ausgeglichen, dass man gegebenenfalls sehr gezielt graben bzw. baggern kann.

Ob man Teckel oder Terrier wählt, ist Geschmackssache. Beide haben ihre Vorteile, beide sind gute Schliefer. Für die Frage, ob der Hund dem Fuchs überall folgen kann, ist in erster Linie der Brustumfang maßgebend. Ein solcher bis zu 42/43 cm ermöglicht das Durchschliefen auch der engsten Stellen in einem Fuchsbau. Wir haben allerdings auch mit sehr viel stärkeren Hunden (bis etwa 50 cm Brustumfang) eine Reihe von Füchsen gesprengt. Es weisen eben nicht alle Baue ausgesprochene Engstellen auf, namentlich dann nicht, wenn sie auch häufig vom Dachs bewohnt sind. Immerhin ist es für einen sicheren Sprenger von einiger Wichtigkeit, dass der Brustumfang das erstgenannte Maß nicht überschreitet. Deshalb achten wir beim Erwerb eines Welpen darauf, dass er aus einer entsprechenden Zucht kommt.

Erziehung und Ausbildung, insbesondere Gewöhnung an das Kriechen im Bau

Die im Kapitel »Die Entwicklung bis zur Grundabrichtung« (Seite 17 bis 50) beschriebene Erziehung empfehlen wir grundsätzlich auch für den Erdhund. Bei der Welpen-Früherziehung werden keinerlei Abstriche gemacht, vielmehr kommt die Gewöhnung an das Schliefen in der Röhre hinzu. Aus dem Abschnitt »Prüfung und Förderung der jagdlichen Anlagen« (Seite 63ff.) entfallen für den Erdhund natürlich einige Themen, insbesondere die den Vorstehhund betreffenden.

Der dunkle Bau gehört zu seinem späteren Arbeitsmilieu; er soll ihm von frühester Jugend an vertraut und selbstverständlich sein. Die rechtzeitige Gewöhnung des Erdhundes an seine zukünftige Arbeitsumgebung beugt zugleich dem sogenannten Baulaut vor. Baulaute Hunde, d.h. solche, die unter der Erde laut werden, ohne dass der Bau befahren ist, sind als Bauhunde unbrauchbar. Der Baulaut ist – abgesehen von übernervösen, wesensschwachen und deshalb für die Jagd ohnehin kaum brauchbaren Tieren – fast immer der Ausdruck der Verunsicherung oder gar Angst. Ein Hund, dem der dunkle Gang unter der Erde von klein auf zur Gewohnheit wurde, verliert jede Unsicherheit. Selbstbewusst und selbstverständlich überwindet er die schwierigsten Stellen.

Um dieses Ziel zu erreichen, verfahren wir bei unseren Erdhundewelpen bzw. Junghunden mit besten Ergebnissen wie folgt: Der Zwinger wird zweigeteilt und beide Teile werden an einer Stelle des Zaunes durch eine knapp unter der Erde liegenden, zunächst sehr kurzen Röhre (aus Beton oder Kunststoff) verbunden. Die lichte Weite dieser Röhre beträgt 20 cm. Für Junghunde bis zu etwa 10 Monaten genügt auch eine Weite von 18 cm. Beide Röhrenöffnungen werden durch Aushub der Erde oder mittels eines flach nach oben führenden Anschlussstückes als Ein- bzw. Ausgang freigelegt. Vor dem Füttern schließt man die Verbindungstür der beiden Zwingerteile, belässt den Welpen im anderen Teil, zeigt ihm von der Gegenseite der Abtrennung die Schüssel und setzt sie an den Ausgang der Röhre. Blitzschnell findet der hungrige Welpe das »Loch« und eilt durch dieses zum Fressen. Diese kurze Röhre hat nur den Zweck, ihn auf den Weg aufmerksam zu machen, der ihn zur Futterschüssel führt. Nach einigen Tagen verlängere ich den Durchschlupf durch zwei weitere Rohre mit je einem Knick von etwa 45 Grad. Dann wird nach und nach der Bau mit scharfen Winkeln, mit Fall- und Steigrohren weiterentwickelt. In dieser Hinsicht sind der Fantasie keine Schranken gesetzt. Auf jeden Fall muss das Röhrensystem absolut dunkel sein und möglichst auch gelegentlich einmal geändert werden. Keiner der auf diese Weise *in frühester Jugend* mit dem Aufenthalt unter der Erde vertraut gemachten Hunde hat später im Schliefen versagt oder wurde baulaut. Zudem ersetzt dieses Verfahren zu wesentlichem Teil die Einarbeitung am anderen künstlichen Schliefplatz.

Die Grundabrichtung

Die Grundabrichtung des Teckels oder Terriers unterscheidet sich von der der größeren Hunde nur dann, wenn der Hundeführer auf das Bringen verzichten will. Die anderen Disziplinen wie das »Sitz«, das »Halt«, das Ablegen usw. sind nicht anders als bei den Vorsteh- und Stöberhunden. Auf unseren Hundeführerlehrgängen haben sämtliche Terrier und viele Teckel das Apportieren genauso gelernt wie jeder andere Hund, nur in der Schwere der Bring-Gegenstände sind den kleinen Hunden natürlich Grenzen gesetzt. Kaninchen können sie alle bringen, und auf einem Lehrgang brachte die Teckelhündin eines Teilnehmers nicht nur die Ente einwandfrei auf 150 m langer Schleppe, sondern nahm mit ihr auch eine Hürde von 40 cm Höhe in elegantem Sprung. Bei den Apportierübungen mit Teckeln ist allerdings ein besonderes Einfühlungsvermögen gefragt. Wenn aber jemand den bekannten Satz gebraucht: »Einen

Teckel kann man nicht dressieren, und wenn er dressiert ist, ist er kein Teckel mehr«, so mag damit die vorhandene natürliche (und erfreuliche) Eigenwilligkeit des Teckels zum Ausdruck gebracht werden, aber richtig ist der Satz nicht. Wir haben viele Jahre – und es waren mit die reichsten und schönsten unseres Jägerlebens – mit Teckeln gejagt, die vor jedem Hasen, vor jedem Reh auf jede wahrnehmbare Entfernung auf Trillerpfiff genauso zusammenklappten, sich genauso stundenlang ablegen ließen und genauso frei Fuß gingen wie die großen Hunde, und von den Vorzügen ihrer Teckelnatur hatten sie nichts eingebüßt.

Die Führung

Die Führung des Bauhundes richtet sich nach dem Zweck, zu dem ich ihn haben will. Beim Sprenger ist jeglicher Spatengebrauch tabu, mindestens in den ersten 3 Jahren. Merkt nämlich der zu längerem Vorliegen neigende Hund, dass sein Herr ihm zur Hilfe kommt, wird er in seinem Durchstehen nur bestärkt. Sind dann die Grabarbeiten noch von Erfolg, macht also der Hund die Erfahrung, dass nach langem, festem Vorliegen der Fuchs mit Hilfe seines Herrn zur Strecke kommt, so wird er immer mehr zum »Steher«. Die Aussichten, mit diesem Hund viele

Der Terrier hat den Fuchs aus dem Kunstbau gesprengt und …

Füchse zu *sprengen*, verringern sich außerordentlich, und durch eigene Schuld verdirbt man den Sprenger, wie man auch durch Sichthetzen und Bringen auf Sicht den Verlorenbringer von Hasen verdirbt.

Richtig ist es, bei der Einarbeitung des Sprengers im gleichen Augenblick, in dem der junge Hund an der Ausfahrt erscheint, um sich nach seinem Herrn umzusehen, schnellstens mit lockenden Worten fortzugehen oder gar fortzulaufen, damit der Hund abbrechend heraus- und herankommt. Um den möglicherweise jetzt springenden Fuchs nicht zu verpassen, kann ein anderer Mitjäger stehenbleiben, der Hundeführer selbst gehe oder laufe ostentativ fort. Hat er den Hund zum Herankommen veranlasst, nehme er ihn lobend an die Leine und warte abseits etwa 10 bis 15 Minuten.

Hat Reineke bis dahin den Bau nicht verlassen, wird der Hund an einer anderen Einfahrt zum Einschliefen erneut angesetzt. Dies ist ständig so lange zu wiederholen, bis der Hund auch ohne Fortgehen seinen Herrn aufsucht, um von ihm abgeliebelt und vorübergehend angeleint zu werden. Erscheint jedoch der Hund innerhalb von 15 bis 20 Minuten überhaupt nicht, oder liegt er erkennbar länger als etwa 10 Minuten an der gleichen Stelle vor, so soll der Führer von sich aus 100 m fortgehen, damit der später sich nach seinem Herrn umsehende Hund diesen nicht mehr vorfindet und dadurch veranlasst wird, in kürzeren Zwischenräumen abzubrechen. Meistens gelingt es, auf diese Weise den zu gar zu langem Vorliegen neigenden Hund in die richtigen Bahnen zu lenken.

... beutelt den Erlegten.

Der auf gutes Sprengen verzichtende Jäger, für den das Graben zur Baujagd gehört und der deshalb den ausdauernden »Steher« haben möchte, hat genau umgekehrt zu verfahren. Er soll dem jungen Hund baldmöglichst zu Hilfe kommen. Selbstverständlich geschieht das nicht, solange die Jagd unter der Erde noch in Bewegung ist. Kommt es aber 10 oder 15 Minuten lang zum Vorliegen an der gleichen Stelle, so ist ein Eingreifen zweckmäßig. Ehe man mit dem Einschlag beginnt, ist allerdings ein kräftiges Klopfen mit dem Spaten auf den Erdboden über dem Fuchs (Dachs) zu empfehlen, um den möglicherweise noch nicht in einer Endröhre sitzenden Höhlenbewohner zum Stellungswechsel und Aufsuchen eines Endrohres zu veranlassen. Sonst macht man unnütz viele Einschläge. Gelingt es, 2 oder 3 Mal dem Hund auf diese Weise zu helfen und Reineke oder Schmalzmann vor ihm zu erlegen, wird er auch dann zu einem ausdauernden Vorlieger, wenn ihm diese Zähigkeit von Natur aus wenig liegt.

Zum Schluss noch einige Worte zur Behandlung des Hundes nach getaner Arbeit unter der Erde. Die Baujagd erfordert von unserem kleinen Freund nicht nur sehr hohe körperliche Beanspruchungen, sondern es kommen häufig Verschmutzungen hinzu und ab und zu gibt es Schrammen oder gar mehr oder weniger starke Verletzungen. Sind letztere ernsterer Natur, gehe man sofort zum Tierarzt. Im Übrigen wird zu Hause erst einmal das Haarkleid durch Bürsten vom Erdreich befreit, die Augen sind mit lauwarmem Kamillentee zu reinigen und evtl. auch die inneren Teile der Behänge. Wunden, soweit sie nicht vom Tierarzt behandelt werden, kurieren wir mit desinfizierenden Mitteln aus unserer »Hunde-Apotheke«. Alles das geschieht schnell und ohne großes Drum und Dran, denn unser Hund benötigt nun Ruhe, ungestörte Ruhe auf seinem gewohnten Platz.

Der Kunstbau

Im Feldrevier dient der Kunstbau nicht nur der Ausbildung und Förderung des Erdhundes, sondern gewährt uns auch ein herrliches Jagen. In Niederwildrevieren muss der Fuchs kurz gehalten werden, weil er sonst als sehr wirksamer Prädator die Artenvielfalt der Fauna, die Bestände von Hasen, Fasanen u. a. eingeschlossen, sehr ernsthaft bedroht. Ein sehr wirkungsvolles und waidgerechtes Mittel ist die Bejagung des roten Räubers mittels Kunstbau. Nach unseren Erfahrungen erfüllt er im Wald seinen Zweck unvollkommen, aber im freien Feld nimmt der Fuchs ihn bevorzugt an. Je 100 bis 140 ha Bejagungsfläche sollte wenigstens ein Kunstbau angelegt sein. Unsere erfolgreiche Bejagungsstrategie mittels Kunstbau beginnt im November, dem folgt eine vier- bis sechswöchige Pause und wird im Januar bis gegen Ende Februar fortgesetzt. Im Waldrevier ist das Kurzhalten der Füchse recht schwierig und zeitraubend, im reinen Feldrevier kann mit Hilfe von richtig angelegten Kunstbauen der Fuchs erfolgreich und sehr scharf bejagt werden.

Nirgends fährt der Fuchs so gern und so regelmäßig zu Bau wie im Kunstbau auf dem Feld. Bei Spurschnee kann man feststellen, dass er regelmäßig jeden Bau revidiert, und irgendwo steckt er sich dann. Das Sprengen erfordert in der Regel nicht viel Zeit. In den meisten Fällen springt der Fuchs in wenigen Minuten, nur sehr selten muss man den Kessel öffnen.

Jedes den Bau annehmende Wild, gleichgültig ob Kaninchen, Fuchs oder Dachs, würde sich in einem Kunstbau Nebenröhren graben, wenn

Kunstbau in U-Form

Kunstbau in Ypsilon-Form

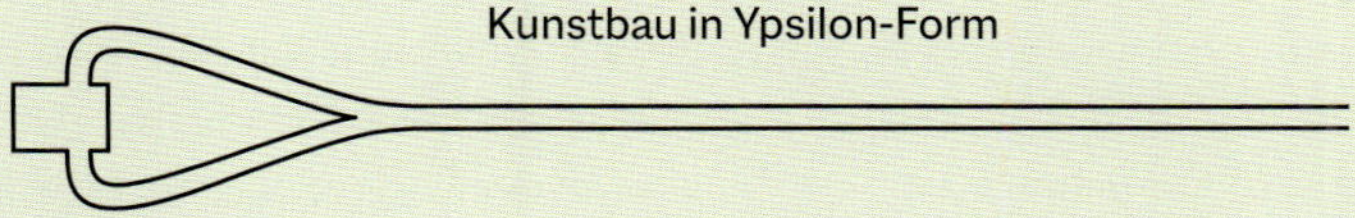

Lichte Weite der Röhre	20 cm
Länge vom Eingang bis zum Kessel	6–7 m
Grundfläche des Kessels	40 × 60 cm oder 50 × 50 cm
Höhe des Kessels	40 cm

das für den Bau verwendete Material es zuließe. Somit entstünde in kurzer Zeit das Gegenteil von einem sehr leicht zu bejagenden Bau. Das Material für den Kunstbau muss also dauerhaft stabil bleiben.

Man wähle Röhren aus dauerhaftem Material (gebrannter Ton, Beton, Kunststoff u.Ä.) mit einer lichten Weite von 20 cm. Bei 18 cm Röhrenweite können manche Hunde nicht mehr folgen. Bei einer größeren lichten Weite besteht die Gefahr, dass der Dachs einschlieft oder irgendein kleiner »Fixköter« den Bau beunruhigt. Das Niveau von Einfahrt zum Kessel steigt leicht an, um die aufsteigende Wärme im Bau zu halten.

Als Form des Kunstbaues hat sich die U-Form (s. Skizze) für die beste bewährt, wobei die beiden Einfahrten ca. 6 m auseinander liegen. Die sogenannte Ypsilonform (s. Skizze) mit nur einem Ausgang hat den Vorteil, dass der Bau immer frei von Zugluft ist. Man weiß aber beim einzuarbeitenden Junghund nie sicher, ob er den Bau wirklich abgesucht hat. An der Stelle, an der die Röhren etwa 2 m vor dem Kessel auseinanderführen, müssen sie einen sehr spitzen Winkel bilden. Es kann andernfalls vorkommen, dass zum einen der Fuchs, der nicht springen will, weil er den Jäger wahrnahm, unentwegt im Bau rundum geht, zum anderen der Junghund sich vor dem Kessel an der zu breiten Abzweigung dreht, ohne den Kessel aufzusuchen.

Der Ort, an dem der Bau angelegt wird, spielt eine nebensächliche Rolle, und es ist auch gleichgültig, nach welcher Himmelsrichtung die Ausfahrten gehen. Wichtig ist Trockenheit während des ganzen Jahres. Der Fuchs will zu jeder Jahreszeit trocken liegen. Als Örtlichkeiten eignen sich kleine Buschgruppen, größer aufgeworfene und verbleibende Erdkegel, Grabenränder, künstliche Geländeterrassen, aufgelassene Kies- und Sandgruben, Ränder von Schilflöchern und Ähnliches mehr. Entscheidend bleibt, ganzjährig trocken muss der Bau sein. Nach unseren Beobachtungen spielt es für den Fuchs keine Rolle, ob der Bau 20 cm oder 80 cm unter der Erde liegt. Bei flachen Bauen besteht eventuell die Gefahr von Frostschäden am verwendeten Material. Soweit die Rohre unter genutztem Ackerland liegen, müssen sie eine Erdschicht von mindestens 80 cm haben, damit sie auch beim Tiefpflügen nicht beschädigt werden. **Trockenheit und Stabilität sind und bleiben die weitaus wichtigsten Punkte**.

Für den Kunstbau werden an Material benötigt:

- Rohre bzw. Rohrstücke von etwa 14 m Gesamtlänge mit einer lichten Weite von 20 cm,
- ca. 120 gewöhnliche Ziegelsteine,
- 2 Eichenbretter von 5 cm Stärke, 60–80 cm Länge und 30–40 cm Breite.

Zunächst hebt man die Grube für den Kessel in einer Größe von 80 × 80 cm aus. Die Kesselwände werden in halber Steinstärke ca. 40 cm hoch gemauert, während die Bodensteine einfach flachgelegt und mit Zementmörtel verschmiert werden. Es ist zweckmäßig, die obere Kante des Kessels schräg verlaufen zu lassen, d.h. eine Mauer annähernd 50 cm, die gegenüberliegende nur 35 cm hoch zu ziehen, damit eventuelles Sickerwasser abläuft. Der Kessel wird oben mit den starken Eichenbrettern abgeschlossen, nachdem zuvor der Boden mit einer Schicht trockenen Sandes oder auch mit Fichtennadeln bedeckt ist. Vor dem Zuwerfen mit Erdreich kommt auf die Bretter ein Stückchen Dachpappe. Bei dieser Herstellung betragen die Innenmaße des Kessels etwa 50 × 50 cm. Es kommt auf 5 cm mehr oder weniger nicht an, und auch die quadratische Form ist nicht wichtig – 40 × 60 cm tut die gleichen Dienste –, jedoch hüte man sich vor einem zu kleinen Kessel. Besonders in der Ranzzeit liebt das Pärchen Geräumigkeit.

Die Tonrohre müssen in dem vorher auszuhebenden Graben so gelegt werden, dass keine wesentlichen Lücken oder gar Unebenheiten entstehen. Kleinere Zwischenräume schmiert man mit Mörtel aus oder bedeckt sie mit Gras, Stroh oder dgl., damit beim Zuwerfen mit der ausgehobenen Erde diese nicht in die Röhren fällt. Wenn sich der Boden erst einmal gesetzt hat, ist das Eindringen von Erde kaum noch zu befürchten.

An den Biegungen lassen sich die Röhren nur dadurch genügend aneinanderpassen, dass man sie mit einem Maurerhammer mit kurzen kleinen

Schlägen abschrägt. Man mache die Krümmungen im Bau nicht zu scharf. Je flacher sie sind, desto leichter kann der Hund folgen.

Der letzte halbe oder auch ganze Meter vor den Ausgängen sollte nicht aus ansonsten genutztem Rohr bestehen. Wir haben den Abschluss entweder aus großen Feldsteinen hergestellt, oder auch ein paar Eichenbohlen genommen. Haltbarer ist natürlich die erstgenannte Herstellungsweise, und die Haltbarkeit ist wichtig. Ein solcher Kunstbau ist bei sauberer Ausführung wirklich dauerhaft und kann vom Wild nicht verändert werden. Mit allen anders angelegten Kunstbauen habe ich viel Ärger gehabt, am meisten durch das »Zubuddeln« durch irgendwelche Wildtiere. Ein Kunstbau, aus dem man schnell und sicher sprengen will, muss in seinem ursprünglichen Zustand unverändert bleiben.

Die hier beschriebene Bauweise und Materialverwendung basiert auf umfangreiche Erfahrung sehr erfolgreicher Fuchsbejagung am Kunstbau. Es sei hier aber darauf hingewiesen, dass auch industriell hergestellte Bauelemente zu haben sind, die möglicherweise den Einbau erleichtern. Bei Verwendung solcher Bauteile ist das Augenmerk aber besonders darauf zu richten, dass der Bau zum einen an keiner Stelle zugebuddelt werden kann und zum anderen ganzjährig Trockenheit garantiert.

Schließlich sei angemerkt, dass der Kunstbau im Feld zweckmäßigerweise spätestens im Frühsommer fertiggestellt sein soll. Wenn nämlich die Fähe Mai und Juni mit ihren Jungen ihre weitläufigen Ausflüge unternimmt, findet sie die »fertige Wohnung« todsicher, zumal wenn man in den Eingang irgendein erlegtes Stück Wild oder Teile davon (Krähe, Rohaufbruch u.Ä.) legt. Dabei lernen die Jungfüchse den Bau kennen und nehmen ihn an, sobald die Deckung knapper wird. Die im Herbst angelegten Kunstbaue nimmt der Fuchs nicht sicher noch im gleichen Jahr an.

Mag es bei der Baujagd auch keine Massenstrecken geben, so ist diese Art des Jagens doch gerade deswegen echtes und schönstes Waidwerken, denn es geht ums Jagen, von dem das Schießen nur ein geringer Teil ist!

Die Beseitigung eingerissener Fehler und Untugenden

Allgemeines

Weitaus die meisten vorsätzlichen Delikte, die vor den Strafrichter kommen, werden nicht begangen aus angeborener krimineller Neigung, sondern weil der Täter sich aus irgendeinem Grundeaus seinem Verhalten einen Vorteil verspricht. Ethische bzw. moralische Gründe für ein Wohlverhalten spielen für den Täter nur eine geringe Rolle. Letztere scheiden beim Hund natürlich aus. Aber ebenso wie beim Menschen der (vermeintliche) Vorteil zu Delikten führt, richtet auch der Hund sein Verhalten so ein, dass es zu einem für ihn angenehmen Ergebnis kommt. Das Verhalten des Hundes steht aber zuweilen im Widerspruch zu den Wünschen des Jägers. In solchen Fällen wird der Hund dann häufig als »Verbrecher« bezeichnet, obgleich keinerlei verbrecherische Gesinnung das widersprüchliche Verhalten des Hundes begründet. Ja, in der Regel sind wir selbst es, die das unerwünschte Verhalten auslösen.

In den allermeisten Fällen ist der Grund für ein Fehlverhalten des Hundes nicht bei diesem, sondern beim Hundeführer zu suchen, und ebenso oft ist es ein zielführendes Gebot, dass vorübergehend die Führerhand gewechselt wird, um den Fehler zu beheben. Nur in seltenen Fällen wird der Hundeführer, unter dem der Fehler eingerissen ist, diesen beseitigen können. Das gilt jedenfalls dann, wenn dem Übel nicht sofort bei seinem ersten Auftreten angemessen begegnet wird. Fehler, die der Hund im Laufe der Zeit zu vielfach wiederholten Malen begangen hat, werden zur Gewohnheit und wurzeln dann unter Umständen so tief, dass sie selbst bei Führerwechsel nicht mehr zu beheben sind. Vor allem ist das bei schon mitteljährigen oder gar älteren Hunden der Fall.

Gar zu oft wird ein verdorbener Hund in der Hand eines einfühlsamen, konsequenten Abrichters zwar in kurzer Zeit geheilt, fällt aber dennoch bei seinem früheren Herrn sogleich wieder in den alten Fehler zurück. Es kommt also auf die Persönlichkeit des Hundeführers an, inwieweit er mittels seiner Autorität den Hund an sich bindet. Kompetenz und Konsequenz des Hundeführers wirken positiv auf den Hund im Sinne *gemeinsamen* Jagens. Fehlverhalten – in unserem Sinne – des Hundes entstehen häufig dadurch, dass der Hundeführer nicht *mit*, sondern *neben* seinem Hund jagt. Der Hund fühlt sich dann nicht als Teil des kleinen Rudels, sondern jagt auf seine Weise allein. Der Hund erkennt die Schwächen seines Herrn sehr schnell. Die Redewendung: »Der Hund kennt seinen Herrn besser als dieser seinen Hund« hat zuweilen schon seine Berechtigung.

Wir erleben immer wieder, welchen großen Einfluss die Persönlichkeit des Hundeführers auf das Verhalten seines Hundes hat.

In allen Fällen des Fehlverhaltens eines Hundes ist es unsere erste und wichtigste Aufgabe, die Ursache dafür zu ergründen. Nur wenn wir diese kennen, können wir unsere Einwirkungen auf den Hund an der richtigen Stelle ansetzen und das Übel beseitigen, soweit eine solche Beseitigung überhaupt noch möglich ist.

Der schusshitzige Hund

Die Schusshitze

Wirklich schussruhige Hunde sieht man recht selten, und damit ist die Schusshitze bei weitem das häufigste Übel. Wenn dieses Verhalten sich darin erschöpfen würde, dass der Hund nur unaufgefordert vorliefe, um ein geschossenes Stück zu suchen und zu bringen, wäre es nicht so schlimm. Das *kann* sogar Vorteile haben, denn in hohen Rüben verkrümelt sich ein geflügelter Fasan oft sehr schnell, und die Nachsuche auf dem Geläuf wird mit jeder Verzögerung schwieriger. Bei unseren hochgezüchteten und passionierten Hunden artet aber das selbstständige Vorlaufen in den meisten aller Fälle in derartige Schusshitze aus, dass die Hunde schon höchste Grade der Aufregung zeigen, wenn in 100 m Entfernung ein Schuss fällt. Sie rasen wild umher, haben keinerlei Konzentration und knautschen in ihrer Heftigkeit das gefundene Wild. Sie werden in kürzester Zeit für die Arbeit auf dem Geläuf oder der Spur des kranken Wildes unbrauchbar und sind damit für die wichtigste Aufgabe des Hundes auf der Niederjagd, nämlich als Verlorenbringer, verdorben.

Völlig unbeherrscht saust so ein Hund durch die Gegend und versucht, das beschossene Wild mit dem Auge zu finden. Die weitere Entwicklung geht sehr häufig dahin, dass der Hund bald gar nicht mehr den Schuss abwartet. Sobald sein »Herr« die Flinte hochnimmt, prellt er in die Leine oder stößt das vorgestandene Wild heraus. Die Zahl der durch die Schusshitze entstandenen Fehler ist Legion. Die Schusshitze hat ihre Ursache stets beim Hundeführer. Sie beruht ausnahmslos auf falscher Führung.

Der Jäger, der sich selbst nicht beherrschen kann oder will, wird kaum einen schussruhigen Hund haben. Dieser erkennt nämlich außerordentlich schnell, dass das, was zu Hause bei der Dressur galt, hier im Revier nicht beachtet wird. Die Gier seines Herrn, zu Schuss zu kommen, überdeckt alles. Möglicherweise schreit er noch im Schuss »Apport« und stürzt selbst vor. Das ist im Grunde ein lächerliches Bild für einen ausgewachsenen Mann, der sich Waidmann nennt, aber leider kein seltenes. Auch beim bestens abgerichteten Hund stellt sich bei solcher Führung die Schusshitze in kürzester Zeit ein und mit ihr all die Folgen, die dem Jäger die Freude am Jagen verderben können. Nun können wir aber zur Beruhigung sagen, dass die Heilung der Schusshitze keine gar so schwierige Aufgabe ist, wenn man drei Dinge beachtet:

- absolute Durcharbeitung des Hundes im »Halt«,
- absolute Konsequenz,
- Unterdrückung der eigenen Schießlust.

Das »Halt« auf Zuruf, Trillerpfiff und Handhochheben ist ja bei der ganzen Führung des Jagdgebrauchshundes der Anfang und das Ende. Wer seinen Hund in der Disziplin sauber durchgearbeitet und damit in die Hand bekommen hat, kann eigentlich keine ernsten Schwierigkeiten mehr bei der Korrektur der Schusshitze erleben. Es darf keine laxe Ausführung des Befehls geduldet werden. Ein Hund, der sich auf 50 m Entfernung auf den Trillerpfiff hin erst noch umsieht, ob die Sache auch wohl ernst gemeint ist, ist nicht korrekt durchgearbeitet. Er muss dem »Halt«- Befehl in jeder Situation blitzschnell Folge leisten. Es ist meine, des Abrichters, Sache, mit dem Hund so lange zu üben, bis er beim Ertönen des Trillerpfiffs den dringenden Wunsch hat, sich so klein wie möglich zu machen. Er muss zu vielfach wiederholten Malen erfahren haben, dass ein schnelles flaches Niederwerfen ihn vor allem Unangenehmen rettet, Nichtbefolgen aber sofort schärfste Ahndung mittels »Kriechen« nach sich zieht.

Hat der Hund diese grundsätzliche Einstellung, so wird unmittelbar vor dem »Halt«-Befehl blind geschossen. Es ist bei einem sehr hohen Grad der Schusshitze oder bei langer Dauer ihres Bestehens sehr wohl möglich, dass der Hund jetzt nicht zu Boden geht. Sofort folgt die Kriechübung. In den meisten Fällen bedarf es nur weniger Übungen, damit der Hund sich durch blindes Schießen nicht mehr ablenken lässt. Nicht ganz so einfach ist es in der Regel, wenn wir als nächste Stufe an Wild kommen. Hier müssen wir auf die Rückfälligkeit vorbereitet sein und dem Hund zeigen, dass wir auch jetzt die *sofort folgende* Strafmöglichkeit haben. Der Übergang vom blinden Schuss zum Schuss bei aufstehendem Wild wird dadurch erleichtert, dass wir einige Male ein in die Luft geworfenes Stück Wild beschießen und dabei so verfahren, wie es auf Seite 271 beschrieben ist.

Es wird manchmal empfohlen, den vorstehenden Hund anzuleinen (lange Feldleine) und ihn beim Hochgehen des Wildes nach dem Schuss heftig in die Leine laufen zu lassen. Das Verfahren ist zwar nicht unbedingt falsch, aber in der Regel nicht ausreichend, weil der intelligente Hund sehr bald die Mitwirkung der Leine erkennt, sich bei ihrer Anwendung vernünftig benimmt, aber beim Fortlassen der Leine sofort in seinen alten Fehler verfällt. Immerhin mag man es versuchen, denn sicher ist es unschädlich und kann in einigen Fällen auch Erfolg haben.

Natürlich ist der Hund nach erfolgreichen Korrekturübungen nun nicht für alle Zeiten derartig von der Schusshitze geheilt, dass sich der Hundeführer künftig wieder gehenlassen kann. Vielmehr muss der Hund immer einmal wieder an das von uns geforderte Verhalten durch entsprechende Übungen erinnert werden.

Die nächsten Stücke Wild, die vor dem Hund erlegt werden, holt sich der Hundeführer selbst, während der Hund in Haltlage am Boden liegt. Erst ganz allmählich gehe man dazu über, ihn hin und wieder bringen zu lassen. Aber nie darf das »Apport« sofort nach dem Schuss kommen! Zunächst hat der Hund in Haltlage zu verharren. Ich entlade in aller Ruhe und Bedächtigkeit, nehme die Flinte langsam auf die Schulter und begebe mich im Schneckentempo zum Hund. Es herrscht absolut die Atmosphäre des Sich-Zeit-Lassens. Ich lobe ihn leise unter leichten Liebkosungen, richte mich langsam wieder auf, und erst jetzt kommt in ruhigem Tone das »Apport«.

Nur durch solche Behandlung vermeide ich die Gefahr, den in kurzer Zeit geheilten Hund mehr oder weniger schnell wieder zu verderben. Es ist nunmehr alles in hohem Grad Gewöhnung. Wenn ich regelmäßig mit aller Konsequenz auf ein Verharren nach dem Schuss achte, wird es auch dem Hund zur Selbstverständlichkeit, den Befehl zum Weiterhandeln abzuwarten. Nie jage man mit mehreren Hunden unmittelbar nebeneinander, solange die Schussruhe beim eigenen Hund nicht ganz fest verankert ist.

Die Schussscheue

Im Gegensatz zur Schusshitze hat die Schussscheue ihre Ursache nicht immer in falscher Behandlung. Sie beruht sehr oft auf einer gewissen Wesenslabilität, die unter Umständen in der Aufzuchtphase (Welpe/Junghund) erworben, aber auch von Geburt an so hochgradig sein kann, dass eine Heilung nicht möglich ist. Von den schussscheuen Jagdhunden, die wir in der Hand hatten, haben wir nahezu alle heilen können.

Der Schussscheue wird weitgehendst vorgebeugt, wenn man die Möglichkeiten der artgemäßen Welpenaufzucht (s. Seite 17ff.) nutzt sowie den Jagdhund im Alter von 3 bis 6 Monaten regelmäßig mit ins Revier nimmt. Abgesehen davon, dass er sich dadurch an seine spätere Umwelt frühzeitig gewöhnt, dadurch wesentlich früher reif wird, lernt er hier auch den Schuss als etwas Ungefährliches kennen. Das Misstrauen eines 3 Monate alten Welpen ist nicht annähernd so groß wie das eines Hundejünglings von 10 bis 12 Monaten, dem dann erstmals der Flintenknall begegnet. Wir haben bei uns einen schussscheuen vierteljährigen Welpen noch nicht erlebt, was allerdings nicht ausschließt, dass es solche gibt. Auf alle Fälle ist die Gewöhnung von früher Jugend an sehr viel leichter. Ist das versäumt, so ist es natürlich ein Fehler, im Nahbereich des Jährlings das erste Mal zu schießen. Der plötzliche Schreck kann leicht Schussscheue zur Folge haben.

Am besten ist, den ersten Schuss in Gegenwart eines so unerfahrenen Junghundes in einer Entfernung von nicht unter 25 Schritt in dem

Augenblick abzugeben, in dem der Zögling hinter einem Stück Wild oder einem Vogel hetzt. Soviel über die Vorbeugung.

Der Grad der Schussscheue kann außerordentlich verschieden sein. Wenn der Hund durch sein Benehmen zu erkennen gibt, dass ihm der Knall zwar unangenehm ist (eingeschüchterte Haltung), er aber doch in der Nähe seines Herrn bleibt, so gibt es kein besseres Mittel, als ihn zusammen mit einem anderen Hund viel zum Jagen mitzunehmen, ihn dabei zwar freundlich und aufmunternd zu behandeln, ansonsten aber sich ihm gegenüber neutral zu verhalten. Das Fallen geschossenen Wildes, das Bringen oder gar Hetzen kranken Wildes durch den älteren Hund versetzt ihn bald derart in Erregung, dass diese seine Ängstlichkeit überlagert und der Knall sein Befinden in das Gegenteil umwandelt. Er erkennt spätestens nach 10 oder 20 Schüssen, dass ihm selbst nicht nur nichts passiert, sondern dass nach jedem Schuss etwas Erregendes folgt, nämlich das Greifen verendeten oder kranken Wildes. Damit ist die Schussängstlichkeit überwunden. Zu vermeiden ist in der ersten Zeit unter allen Umständen das gleichzeitige Schießen mehrerer Jäger. Man nehme den Hund nur zur Alleinjagd mit oder dann, wenn es sich um einen einzelnen verständigen Mitjäger handelt.

Noch besser als die Federwildjagd ist für alle schussscheuen bzw. schussempfindlichen Hunde das »Karnickelputschen«, d.h. das Buschieren oder Rändern auf die grauen Flitzer. Sie üben auf alle Hunde einen besonders großen Reiz aus. Wenn es dann noch gelingt, ein von dem Hund gehetztes Karnickel in seinem Blickfeld zu erlegen, hat man gewonnenes Spiel. Auf jeden Fall tritt hier der Erfolg nach ein- oder zweimaliger Wiederholung ein. Dass wir den Hund auf diesem Weg eher zur Schusshitze erziehen, muss zunächst hingenommen und gegebenenfalls gemäß dem vorangegangenen Kapitel korrigiert werden.

Ist die Angst so ausgeprägt, dass der Hund nach einem Schuss regelmäßig die Flucht ergreift, hat das geschilderte Verfahren zunächst natürlich keinen Zweck, weil der Hund die jagdlichen Ablenkungen gar nicht registriert. Das ihn beherrschende Angstgefühl überlagert noch alles andere. In diesen Fällen kommt es darauf an, das Übel zunächst einmal bis auf den erstgenannten Grad zu mildern. Erst wenn wir erreicht haben, dass der empfindliche Hund trotz Angst und Schrecken bei seinem Herrn bleibt, können wir zu dem vorher beschriebenen Verfahren übergehen.

Zur Milderung der Ängstlichkeit gibt es verschiedene Wege. Beispielsweise führe man den Hund zunächst aus größerer und dann kontinuierlich kürzerer Entfernung langsam und allmählich an einen Schießstand mit laufendem Schießbetrieb heran. An den allmählich stärker werdenden, sich regelmäßig wiederholenden Knall gewöhnt sich der Hund sehr viel leichter als an einen einzelnen Schuss in der Nähe. Dabei darf der Hund *grundsätzlich nicht tröstend oder lobend angesprochen* werden, denn damit würde er in seiner Verunsicherung bestärkt. Vielmehr biete man ihm ablenkende Lustreize an wie gemeinsames Spielen oder die Reizangel und ähnliches. Eine weitere Variante ist, dass der Hundeführer den angeleinten Hund einem ihm ganz fremden Menschen übergibt und selbst gegen den Wind in eine etwa 150 m entfernte Deckung geht. Der Hund strebt natürlich zu seinem Herrn, den er weiter mit der Nase »sieht«. Dieser gibt nun einen Schuss ab. Verträgt der Hund das, ohne Miene zum Fortlaufen zu machen, so geht die Hilfsperson im Wind des Hundeführers bleibend langsam auf diesen zu, worauf wiederum ein Schuss abgegeben wird. Unter lockenden Rufen schießt er hin und wieder erneut, während die Hilfsperson sich langsam nähert. Das Schießen wird selbstverständlich sofort eingestellt, wenn der Hund übergroße Ängstlichkeit erkennen lässt. Jeder Zwang ist zu vermeiden. Im Stadium der Angst darf der Hund weder hart noch tröstend, sondern allein ruhigneutral angeredet werden. Das Wiedersehen von Herr und Hund wird ausgiebig gefeiert.

Mit einigem Einfühlungsvermögen in die Regungen des Hundes ist die Schussscheue in den meisten Fällen zu heilen

Die Handscheue

Die Handscheue beruht ausschließlich auf falscher Behandlung durch den Halter bzw. Hundeführer. Wir haben nie einen handscheuen Hund besessen, was auf die psychologisch richtige Behandlung, insbesondere auch auf die korrekte Zwangsanwendung bei der Grundabrichtung zurückzuführen ist. Bei einer verständigen, liebevollen Behandlung des rohen Junghundes und seiner sauberen ordnungsmäßigen Grundabrichtung kann die Handscheue nicht aufkommen. Bei weitem am häufigsten tritt die Handscheue dann ein, wenn man *bei der Führung* etwas erzwingen will, obgleich der Jüngling *bei der Dressur* die richtige Zwangsanwendung und das unausweichliche Muss nicht hinreichend verinnerlicht hat. Sehr oft findet sie sich in Verbindung mit anderen Untugenden wie Wildern, Ungehorsam vor aufstehendem Wild, Hetzen von Haustieren usw. Sie ist eine Folge von sogenannten Strafen für ein Verhalten, das der Hund mit der Strafe gar nicht mehr in Verbindung bringen kann. Ein junger Hund, der ein Haushuhn gehetzt und abgewürgt hat, darf nicht 5 Minuten später deswegen bestraft werden. Derartige »Strafen« sind auch dann sinnlos, wenn sie angesichts des toten Huhns erfolgen. Unsere Einwirkung muss beim jungen Hund zeitgleich mit dem Hetzen oder Abwürgen eintreten. Sie wird dann auch bei notwendiger Härte nicht zur Handscheue führen.

Wir unterscheiden verschiedene Ausprägungen der Handscheue. Sie reichen vom zaghaften Herankommen bis zum regelrechten Ausreißen und tagelangem Herumstromern. Robuste, harte Hunde neigen weniger zu diesem Übel, während der empfindliche Hund schon nach der ersten von ihm nicht richtig zu verstehenden »Bestrafung« Zeichen der Handscheue zeigen kann. Unsinnige und zudem noch harte »Strafen« fördern die Handscheue besonders stark.
Für die Heilung der Handscheue ist die Gerte gänzlich beiseite zu legen. Sehr oft wird ein Führerwechsel notwendig werden, jedenfalls dann, wenn das Vertrauen des Hundes zu seinem aktuellen Hundeführer allzu stark erschüttert ist. In solchen Fällen kann aber auch nach der Heilung beim alten Hundeführer wieder Handscheue einsetzen, wenn das individuelle Misstrauen gegen den früheren Hundeführer sehr tief sitzt und wieder aufkeimt. Gegebenenfalls bleibt

dann nur die Möglichkeit der Trennung von dem Hund und die Abgabe an einen anderen Jäger.

Um einen handscheuen Hund zu kurieren, muss man zunächst das volle Vertrauen des Zöglings erwerben. Man füttere ihn selbst, habe ihn möglichst Tag und Nacht um sich und behandle ihn stets freundlich und liebevoll. Ohne ausgeprägtes Vertrauen zwischen Herr und Hund ist die Heilung aussichtslos, in positivem Fall aber verhältnismäßig einfach.

Ist das Vertrauen erworben, wird zunächst einmal eine korrekte Grundabrichtung im »Halt« durchgeführt. Der Hund kommt nie von der (langen) Leine, damit er lernt, dass es ein Ausweichen nicht gibt. Beim Übergang, d.h. beim Fortlassen der Leine, wird im geschlossenen Terrain mit der lose hängenden kurzen Leine geübt. Der unschätzbare Wert der *Grundabrichtung* tritt besonders hier in Erscheinung. Besonderen Wert lege man auf das blitzschnelle Zusammenklappen auf Sichtzeichen (Armhochheben). Das muss dem Hund absolut zur Selbstverständlichkeit werden. Weigert sich der Hund heranzukommen, *so gehe man ihm nie entgegen*, weiche vielmehr selbst zurück. Dem fortlaufenden Herrn folgt der Hund, den auf ihn zulaufenden meidet er! Sollte er auch beim Zurückgehen nicht kommen, so lasse man ihn »Halt« machen. Auf keinen Fall ein böses Wort oder einen scharfen Ton! Auf Grund der ständigen vorhergehenden Übungen versteht sich der handscheue Hund sehr viel leichter dazu, zu Boden zu gehen, als zu seinem Herrn zu kommen. Auf den in der Haltlage befindlichen Hund geht man nun keineswegs direkt zu, vielmehr versuche man, ihn mit hochgerecktem Arm in gleicher Weise zu umkreisen, wie es bei den bisherigen Übungen üblich war. Das geschieht so lange, bis man auf die Leine treten kann. Erst jetzt wird der Hund hereingepfiffen oder mit *freundlich-ruhigem* Ton hereingerufen. Sollte er dem Befehl auch

Der handscheue Hund

jetzt keine Folge leisten, wird er durch *ruhigen* Zug an der Leine unter freundlichen Worten und unter Vermeidung jeder weiteren Einschüchterung herangeholt. Der Hund muss in unzähligen Wiederholungen erfahren, dass ihn bei jedem Hereinkommen etwas Angenehmes erwartet. Die wichtigsten Hilfsmittel sind Geduld, Zeit und liebevolle Konsequenz sowie als mechanisches Hilfsmittel die Leine.

Hand in Hand mit der Heilung der Handscheue ist der Ursprungsfehler (Nachprellen, Geflügelreißen etc.) zu beseitigen. Hierzu ist die konsequente Durcharbeitung im »Halt« erst recht erforderlich. Ist er in dieser Disziplin ohne Ablenkung sicher, so sind Ablenkungen einzuschalten. Das Verfahren ähnelt demjenigen, das wir bei der Schusshitze anwenden.

Das Herausstoßen von Federwild mit Nachprellen

In den meisten Fällen hat dieses Übel sehr viel Ähnlichkeit mit der Schusshitze und ist fast immer mit ihr gekoppelt. Glücklicherweise ist die Heilung davon nun wirklich keine Meisteraufgabe. Wie bei der Schusshitze ist unter allen Umständen eine saubere Durcharbeitung des Hundes in den Haltübungen zunächst zu Hause im umschlossenen Terrain und sodann im Freien erforderlich. Um nicht Einzelheiten zu wiederholen, verweisen wir insoweit auf die Ausführung der Seite 230ff. Klappt das Halt ohne Wild im Feld auch auf größere Entfernung, so suche ich mit dem Hund Hühner oder Fasane. Schon beim ersten Markieren von Wild, d.h. beim ersten Anziehen ertönt der Trillerpfiff und zwingt den Hund zu Boden. Gehorcht der Hund nicht und stößt er das Wild heraus, so folgt sofort anschließend eine Strafkriechübung mit aller Konsequenz und von nicht unter 2 Minuten. Gerade hier, wo es sich darum handelt, das »Halt« auch bei Ablenkungen zu erzwingen, kann man das zulässige Maß an Strenge und Dauer kaum überschreiten. Kommt der Hund dem Befehl nach, so gehe ich langsam an ihn heran, lobe ihn halblaut und mit liebevollem Klopfen und lasse ihn dann mit » voran, mein Hund« nachziehend vorarbeiten. Bei sehr heftigen Hunden empfiehlt es sich, das kriechend zu machen. Jeder Ansatz zur Hast wird stets mit einem kurzen scharfen »Halt« unterbunden. Alle diese Vorgänge haben in unendlicher Ruhe und Langsamkeit zu geschehen.

Bin ich mir sicher, dass Hühner oder Fasanen vor dem Hund liegen, so befestige ich die lange Leine an dem Halsband des vorstehenden oder vorliegenden Hundes und trete in der ganzen Länge der gestrafften Leine hinter ihn. Nach einiger Zeit des Vorstehens pfeife ich ganz leise und ziehe den Hund an der Leine zurück. Beim Führer angekommen, wird der Hund besonders ausgiebig gelobt. Ich spreche einige Worte mit ihm und lasse ihn sodann vorsichtig wieder vorrücken. Steht er wieder, gehe ich nach einiger Zeit betont langsam an ihn heran und lobe unter Liebkosungen. Wir rücken gemeinsam vor, und ich achte nur mit größter Aufmerksamkeit darauf, dass er beim Hochgehen des Wildes unter meiner Einwirkung sofort zu Boden geht. Im Übrigen verweisen wir wegen der Festigung des Vorstehens auf die Ausführungen Seite 230ff.

Der »unverbesserliche Hasenhetzer«

Er ist stets das Produkt unsachgemäßer Ausbildung und Führung. Sehr oft lässt die Grundabrichtung zu wünschen übrig. Wer seinen Hund nicht *rechtzeitig* gehorsam am Hasen macht, wird in den überwiegenden Fällen einen Hasenhetzer haben, denn nach längerem Einreißen des Übels erfordert die Heilung sehr viel intensivere Arbeit, Kenntnisse und Konsequenz. Zwar gibt es auch Hunde, die bei reichem Hasenbesatz und starker Bejagung von selbst das Interesse am unbeschossenen Hasen verlieren, sie sind aber relativ selten.

Der große, immer wieder zu beobachtende Fehler ist beim Jagen das Schnallen eines Hundes auf einen sichtigen Hasen, gleichgültig ob gesund oder krank. Den Hund im ersten Feld spätestens im Laufe der Federwildjagd gehorsam am Hasen zu machen, ist unter relativ geringem Aufwand möglich, sofern der Hund eine ordnungsmäßige Grundabrichtung hinter sich hat. Hier soll aber die Rede davon sein, wie wir einem schon längere Zeit eingerissenen Fehler begegnen. Voraussetzung ist auch hier – wie bei der Schusshitze und dem Nachprellen – das absolut zuverlässige Zu-Boden-Gehen des Hundes auf jede Entfernung nach Vernehmen des Trillerpfiffs, sofern er eben noch nicht durch den Hasen abgelenkt wird. Klappt das, so muss ich dem Hund begreiflich machen, dass mein Durchsetzungsvermögen auch über meine Arm- und Gertenlänge hinausreicht. Hunde, die im Verlauf sehr zahlreicher Übungen erfahren haben, dass jede Missachtung des Trillerpfiffs mit harten Kriechübungen geahndet wird, wissen totsicher, dass sie nach dem Hasenhetzen trotz Trillerpfiffs nicht etwa wegen der Hetze, sondern wegen des Ungehorsams Strafe empfingen. Sie verknüpfen diese Strafe nie mit dem Hasen oder dem Hereinkommen, sondern mit dem Ungehorsam. Geht der Hund also trotz Trillerpfiff durch, so brülle ich nicht, pfeife nicht, sondern lasse ihn ruhig sausen. Die Stelle, an der er liegen sollte, kennzeichne ich mit irgendeinem Gegenstand und warte in ruhig-gelassener Stimmung die Rückkehr des Hundes ab. Er wird weder mit freundlichen Worten angeleint noch angebrüllt, vielmehr mit kurzem Kommando oder Trillerpfiff in die Haltlage gebracht, angeleint und macht eine stramme Kriechübung durch, die dort endet, wo er liegen sollte. Er bleibt in korrekter Haltlage *mindestens* 1–2 Minuten liegen, und dann geht die Suche weiter. Es ist natürlich zweckmäßig, ihn hierbei nicht zu weit zu lassen, denn in der Nähe des Führers ist er leichter geneigt, dessen Befehlen nachzukommen.

Es sei ausdrücklich wiederholt, dass ein im »Halt« richtig durchgearbeiteter Hund nie die Strafe mit dem Hasen oder dem Zurückkommen in Verbindung bringt und etwa hasen- oder handscheu wird, sondern die Strafe stets mit der Missachtung des verstandenen Befehls verknüpft. Bei jedem Wohlverhalten wird der Hund selbstverständlich gelobt. Hin und wieder darf er nach dem Wohlverhalten auf der Spur des inzwischen verschwundenen Hasen folgen, was für ihn das höchste Lob bedeutet.

Der innere Antrieb, dem Hasen folgen zu wollen, muss erhalten bleiben, wir müssen ihn nur insoweit kontrollieren können, dass der Hund auf Befehl diesem Antrieb nicht freien Lauf lässt. Schließlich ist für den guten Verlorenbringer der innere Antrieb eine wesentliche Voraussetzung für das hartnäckige Folgen auf der Wundspur. Einen hasenscheuen, das heißt hasenreinen Hund kann der ordentliche Jäger deshalb nicht gebrauchen.

Allerdings führt das beschriebene Verfahren nicht in allen Fällen zur Heilung des zügellosen Hasenhetzers, insbesondere wenn Gewohnheit und Alter des Hundes fortgeschritten sind. Da bedürfte es stärkerer Durchsetzungsmittel, die wiederum an die Grenze tierschutzrechtlicher Vorgaben stoßen.

Wie gut im Übrigen der Hasengehorsam beim unverdorbenen Hund erreichbar ist, zeigen uns im Ergebnis seit einigen Jahrzehnten auf den herbstlichen Prüfungen sehr viele Hundeführer mit ihren Hunden, einige sogar schon auf Frühjahrsprüfungen. Damit erhalten sie zusätzlich das »Armbruster-Haltabzeichen« (AH). Der hochverdiente US-Amerikaner, L.F. Armbruster, stiftete in den 1960er Jahren das »Halt-Abzeichen« für diejenigen Hunde, die am eräugten Hasen Gehorsam und anschließend am gleichen Hasen nach dessen Verschwinden eine wirklich saubere Spurarbeit zeigen. Das Haltabzeichen wurde 1970 vom JGHV übernommen und wird im Zusammenhang mit Verbandsprüfungen vergeben.

Der Blinker und der Blender

Blinken nennt man das Verhalten des Vorstehhundes, der beim Wahrnehmen von Wildwittrung nicht vorsteht, sondern ganz unauffällig weitersucht. In den Anfängen dieses Fehlers zieht der Hund noch kurz an oder stutzt wenigstens einen Moment, um dann schnell auszuweichen. Der Blinker sucht seinen Herrn zu »belügen« – er handelt ganz bewusst –, indem er dem mit der Nase wahrgenommenen Wild aus dem Weg geht. Ein in diesen Dingen unerfahrener Jäger merkt das gar nicht und kann auch in einem guten Fasanenrevier stundenlang hinter dem Hund herlaufen und bekommt Fasanen nur dann zu Gesicht, wenn er sie zufällig selbst heraustritt.

Die Ursachen des Blinkens sind immer in falscher, der Eigenart des Hundes und dem Stand seiner Ausbildung nicht angepasster Führung zu suchen. Statt zu Hause seinen Hund im »Halt« ordnungsmäßig durchzuarbeiten und mit ihm draußen im Revier am Federwild zu arbeiten, zunächst ohne zu schießen, geht der Hundeführer ohne ausreichende Vorbereitung des Hundes zur Feldjagd, bei der der Zögling das Wild prompt herausstößt. Der schießlustige »Herr und Meister« ist verärgert, straft den armen Hund in welcher Form auch immer, der diese Behandlung natürlich mit dem Wild und dessen Wittrung in Verbindung bringt. Wenn sich das einige Male wiederholt, meidet der intelligente und empfindliche Hund künftig in Gegenwart seines Herrn jedes Zusammentreffen mit Fasanen oder Hühnern; er reagiert nicht im Geringsten auf ihre Wittrung. Routinierte Blinker gehen, ohne auch nur den Bruchteil einer Sekunde zu stutzen, mit den gleichen flüssigen Bewegungen weiter. Kein Mensch sieht ihnen an, dass sie das Federwild wahrnehmen. Übrigens gibt es dieses Blinken nicht nur an Federwild, sondern womöglich noch sehr viel häufiger auf der Fuchsschleppe und gelegentlich auch auf der künstlichen Rotfährte. Zudem ist es nicht auf Vorstehhunde

Verhalten vor flüchtendem Hasen

beschränkt, sondern kann durchaus auch andere Jagdhunde betreffen.

Etwas Gegensätzliches ist der Blender, den man auch gelegentlich als Scheinvorsteher oder »Stehmichel« bezeichnet. Man versteht darunter einen Hund, der, ohne Wild in der Nase zu haben, fest vorsteht. Diese unangenehme Eigenschaft kann, sofern der Führer lobend auf das Vorstehen eingeht oder den Hund gar noch bremst, so weit gehen, dass der Hund absolut blind *durchsteht*. Er wartet in herrlicher Pose, die Nase weit vorgestreckt, das Herannahen seines Herrn ab und zieht auf dessen lobenden Zuspruch schließlich in typischer Manier nach. Häufig handelt es sich um wenig bejagte Hunde mit unsicherem Nasengebrauch.

Durch vielseitiges Bejagen ist der Blender am einfachsten zu heilen. Wer vor seinem Hund im Herbst je ein Dutzend Hasen, Fasanen und Enten schießt, wird keinen Scheinvorsteher mehr haben. Allerdings darf man nicht jedes Vorstehen loben, vielmehr ist ein Vorwärtstreiben zeitweise angebracht und ein Lob nur dann richtig, wenn er tatsächlich Wild in der Nase hat. Man dränge den Hund immer schneller vorwärts und reagiere auf jedes blinde Vorstehen mit einem »Pfui« und »Voran«. Durch vielseitiges Bejagen wird der Hund gewöhnlich im Gebrauch der Nase schnell sicher. Beim Blenden handelt es sich vorwiegend um unselbstständige Tiere, die uns zwar nicht lieb sind, aber für einen ernsten Fehler halten wir das Blenden nicht, weil es unschwer mit den genannten Maßnahmen zu heilen ist.

Anders der Blinker. Zu seiner Heilung gehört schon mehr Einfühlungsvermögen, und der Wechsel der Führerhand wird jedenfalls dann unumgänglich notwendig sein, wenn der Fehler nicht in den allerersten Anfängen steckt.

Bei der Heilung des Blinkers hat der Führer sein Augenmerk auf die Wiederbelebung der Jagdleidenschaft und der Freude an der Arbeit an Wild zu richten. Im Feld gewähre man ihm volle Freiheit. Sieht man z.B. Fasanen einfallen, so gehe man mit schlechtem Wind an dieselben heran, sodass sie von uns bzw. dem Hund hochgemacht werden, und erlege einen Fasan. Sofort wird der Hund in freundlichem Ton zum Bringen veranlasst sowie nach der Ausführung des Befehls lebhaft gelobt. Er soll hier die Überzeugung bekommen, dass das Herausstoßen keine Nachteile für ihn haben wird. Man verwendet also hier – ähnlich wie bei der Schussscheue – eine Art Gegengift. Nachdem dies nach Möglichkeit einige Male wiederholt wurde, jage man mit einem zweiten Hund, während der Blinker an die Leine kommt. Wir versuchen, seinen Jagdneid herauszufordern. Steht der zweite Hund vor, so bringe man den Blinker zunächst an der Leine, später auch frei an das Wild heran und lobe ihn beim Anziehen oder Vorstehen besonders eindrucksvoll. Wir haben übrigens immer die Erfahrung gemacht, dass ein flüsterndes oder wenigstens leises Loben ganz in der Nähe des Kopfes des Hundes unter gleichzeitigem liebkosenden Klopfen den Hund stärker beeindruckt und den Konnex besser fördert, als laute Worte es vermögen. Man versuche, vor dem Hund jedesmal ein Stück Wild zu erlegen, und lasse den Blinker unter großem Lob bringen. Keinesfalls darf er bei diesen Übungen eingeschüchtert werden. Bei mehrmaligen Wiederholungen regen sich Jagdneid und Jagdleidenschaft so stark, dass er das Blinken vergisst und wieder von sich aus beginnt, das Wild anzuzeigen. Jetzt ist der tote Punkt überwunden. Sobald er das erste Vertrauen gefasst hat, macht die weitere positive Entwicklung schnelle Fortschritte. Wir halten es aber durchaus für möglich, dass der geheilte Hund – ähnlich wie der Handscheue – bei seinem alten Hundeführer in den Fehler zurückfällt.

Das Blinken auf der Fuchsschleppe behandeln wir allerdings ganz anders. Zum Anzeigen von Federwild kann ich den Hund nicht zwingen, bin vielmehr auf seine Jagdleidenschaft angewiesen, muss diese anregen. Bei der Ausarbeitung der Fuchsschleppe kann bzw. muss ich hingegen Zwang anwenden, wenn der Hund dem Fuchs bewusst ausweicht.

Weil der Hund aus Erfahrung weiß, dass am Ende der Schleppe der Fuchs liegt, den aufzunehmen und zu bringen ihm unangenehm ist, vermeidet er es, an den Fuchs zu kommen. Oft geht ein solcher Hund vom »Anschuss« an gut auf der Schleppe ab und arbeitet diese bis kurz vor den Fuchs aus, um dann unauffällig und mit tiefer Nase suchend abzubiegen. Er tut, als suche er eifrig, gelangt aber nicht an den Fuchs, dessen Liegeplatz er längst wahrgenommen hat, weil er eben *nicht will*. Andere gehen gleich oder später zum Stöbern über, und wir haben es auch schon erlebt, dass ein Hund sich in guter Deckung einfach hinlegt und sich passiv verhält.

In allen diesen Fällen lassen wir den Zögling im »Vorwärts-Halt« an der Leine auf der Schleppe bis auf 30 bis 50 m an den Fuchs herankriechen und ihn anschließend frei oder mit schleppender Leine arbeiten. Wir entlassen ihn mit energischem Bringbefehl, loben aber sofort ausgiebig, wenn er sich beim Fuchs willig zeigt. Auch das Abnehmen des Fuchses geschieht unter liebkosenden Worten.

Bei hartköpfigen Hunden muss man diese Übung allerdings mehrfach wiederholen, um dem Hund klarzumachen, dass er mit seiner Abneigung nicht durchkommt, der Abrichter der zähere von beiden ist und schließlich das Aufnehmen und Bringen des Fuchses für den Hund das kleinere Übel bedeutet. Die Heilung *dieses* Blinkens ist nach unseren Erfahrungen in allen Fällen möglich, sofern der Hund das Apportieren überhaupt ordnungsmäßig lernte.

Das Knautschen

Mit der Schärfe und dem rücksichtslosen Würgen des Hundes hat das Knautschen nichts zu tun. Es ist uns nicht verständlich, wie unser allverehrter Meister Oberländer zu dieser von ihm vertretenen und später von unzähligen Leuten gedankenlos nachgeredeten Ansicht kam. Man möchte glauben, dass seine Auffassung nicht auf praktischer Erfahrung, sondern auf theoretischer Überlegung beruhte. Da ist ein Fehlschuss schon leicht möglich, wie wir es ja auch in anderen Dingen der Abrichtung und Führung sowie in vielen anderen Lebensbereichen kennen. *»Grau, teurer Freund, ist alle Theorie und grün des Lebens goldner Baum«*, so lehrte Goethe im Faust 1.

Unsere sämtlichen wildscharfen Hunde brachten das geflügelte Federwild lebend. *Das Knautschen ist einzig und allein eine Sache der Abrichtung und Führung*, gegebenenfalls mit Ausnahme bei extrem wesensschwachen Hunden (s. unten).

Zunächst ist es notwendig, dem Hund das Bringen im Rahmen der Grundabrichtung unter sachgerechter Zwangsanwendung beizubringen. Niemals darf ich bei den Apportierübungen die natürliche Bringfreude als ausreichend ansehen. Bei der Dressur des Bringens darf dem Hund vorübergehend schon der Spaß vergehen; er muss zunächst lernen, dass das Apportieren nicht geschieht, weil er es mag, sondern weil er es muss. Und dann die Führung! Fast immer ist die Schusshitze die Vorstufe zum Knautschen. Ein ordnungsmäßig abgerichteter Hund wird niemals knautschen, wenn er nach dem Schuss regelmäßig 1 Minute auf dem Platz verharrt und erst dann auf ausdrücklichen Befehl bringt. Das verd... »Schuss raus – Hund los« verdirbt die meisten Hunde.

Aus dem Gesagten ergibt sich schon die Korrektur: Konsequente Nachdressur im Bringen zu Hause. Die auf Seite 157 beschriebene Übung mit der warmen, drahtumwickelten und in Verbindung mit einem Schuss geworfenen Taube ist hier besonders hilfreich. Dazu am Schluss abwechselnd mit dem 15- bis 18-pfündigen Fuchsbalg, der Wildtaube und dem Ei üben. *Im Revier vor jedem Bringen nach dem Schuss eine Minute warten.* Der Hund hat während dieser Zeit auf seinem Platz zu liegen oder zu sitzen. Nur der aufgeregte Hund wird, auch wenn er im Bringen ordnungsmäßig durchgearbeitet ist, eventuell knautschen.

Zuweilen wird die Meinung vertreten, dass das Knautschen vererblich sei. Wir glauben nicht daran, vermuten vielmehr, dass in den Fällen, in denen in mehreren Generationen hintereinander Knautscher vorkamen, sich nicht das Knautschen als solches vererbte, sondern mangelnde Wesensfestigkeit. Ein ausgeprägt nervöser Hund kann möglicherweise auch nach korrekter Grundabrichtung bei der Führung im Revier derart unkontrolliert reagieren – er kann dort »wie von Sinnen« sein –, dass er auch bei sachgemäßer Führung die Nerven verliert.
Bei nervenfesten Hunden im dressurfähigen Alter ist der Fehler des Knautschens mit sorgfältiger Nachdressur bei ausreichender Jagdgelegenheit auf Federwild mit Sicherheit zu heilen. Wenn der Fehler mit Schusshitze verbunden ist – und das ist meistens der Fall –, so muss zunächst die Schusshitze beseitigt sein, ehe die Übungen des Bringens aus der »Schule« in die Praxis verlegt werden.

Der Knautscher

Der Anschneider

Den geborenen Anschneider gibt es nicht. Ist der Hund durch jahrelange Gewohnheit zu einem sogenannten »notorischen Anschneider« geworden, d.h. wurde ihm das Auffressen bzw. Anschneiden zur Selbstverständlichkeit, so mag eine Beseitigung des Fehlers hoffnungslos erscheinen. Der gelegentliche oder beginnende Anschneider ist durchaus heilbar. Bei vernünftiger Fütterung und korrekter Abrichtung tritt Anschneiden kaum auf und braucht kein Gegenstand ernster Sorge zu sein, wenn der Fehler rechtzeitig erkannt wird. Die Ursache ist nämlich so gut wie immer in *unsachgemäßer Fütterung* zu suchen. Die Ansicht, dass der Hund aus Hunger anschneide, ist schlicht irrig. Dann müsste die Mehrzahl der Jagdhunde anschneiden, namentlich am Schluss eines langen Jagdtages, denn jeder vernünftige und erfahrene Jäger jagt nicht mit einem gesättigten, sondern einem nüchternen, d.h. hungrigen Hund. Wir wissen ja: »Ein voller Bauch studiert nicht gern«. Vielmehr veranlasst des Hunds zum Anschneiden der Mangel an Spurenelementen, Fermenten, Nährsalzen, Vitaminen usw., die der Körper dringend braucht und die ihm bei natürlicher Ernährung auch ausreichend zukommen.
Eine Parallele dazu bildet die Kalksucht der Hühner und Tauben (z.B. Auspicken des Mörtels zwischen dem Mauerwerk). Enthalten wir den Tieren ihre lebensnotwendigen Stoffe vor, so entsteht infolge von Mangelerscheinungen ein unbezwingbares Verlangen. Es gibt dafür auch sehr anschauliche Parallelen beim Menschen, die Hungerjahre im und kurz nach dem letzten Krieg und erst recht einen KZ-Aufenthalt lebend überstanden haben. Dieses Verlangen überdeckt Gewohnheit und Erziehung. Wir wollen nicht den Hund verdammen, wenn er ein aufgetautes Kühlhausstück, das schon leicht »gammelig« ist, anschneidet. Es enthält gerade die Wirkstoffe, die wir dem Hund vorenthalten, die er aber als lebensnotwendigen Teil zu seiner Erhaltung benötigt. Der Hund giert nicht nach Wildbret, sondern nach den im anbrüchigen Wildkörper enthaltenen Wirkstoffen.

Das Anschneiden auf Prüfungen hat sehr oft seinen Grund darin, dass hier kein frisches Wild, sondern solches aus dem Tiefkühlhaus benutzt wird. Der Hund, der nicht im Entferntesten daran

Der Anschneider

denkt, frisch erlegtes Wild anzuschneiden, tut es zuweilen bei zuvor eingefrorenen Stücken, die nur ganz leicht anbrüchig sind – so leicht, dass wir stumpfnasigen Menschen das gar nicht merken können –, weil es eben für ihn kein Wild mehr ist. Wir prüfen dann also etwas, was in der praktischen Jagd nicht vorkommt.

Der Hund benötigt regelmäßig, wenn auch nicht täglich, rohes Fleisch, ungereinigte oder nur grob gereinigte Innereien, d.h. Pansen, Därme, Leber, Milz, Lunge und Blut. Mit aufgenommene Haare und Federn fördern die normale Verdauung des Hundes. Das Fleisch darf durchaus anbrüchig sein.

Gerade nach stinkendem rohem Fleisch, vor dem der Mensch sich ekelt, hat der Hund eine Gier, und es ist ihm sehr zuträglich. Wir betonen aber, dass es sich um rohes Fleisch handeln muss. Unsere Hunde bekommen wöchentlich regelmäßig wenigstens einmal, meistens mehrfach anbrüchiges rohes Fleisch.

Carl Tabel berichtet: *»Während einer Jagdsaison von etwa September bis Januar führte ich eine kapitale Hündin, die mit höchsten Erfolgen als Totverbellerin auf Gebrauchssuchen gelaufen war. Wie der Besitzer sie brachte, meinte er, sie lecke gern mal Schweiß; ich solle da etwas aufpassen. Wir jagten prachtvoll zusammen; die Arbeiten dieser Hündin waren eine reine Freude, gleichgültig ob im Feld, Wald oder Wasser, ob an Raubwild oder auf der Spur. Ich schieße Ende Oktober eine Ricke. Dissi, die bei Übungen an der Decke vorzüglich und zuverlässig verbellte, bleibt stumm und – schneidet an. Damals wusste ich schon Bescheid. Ich habe ihr außer einem harten »Pfui« nichts getan, aber 4 Wochen lang bekam sie nicht nur reichlich Fleisch, sondern vor allem vielfach stinkende Kalbsfüße und nur ganz grob ausgeschüttelte Innereien. Dann erlegte ich ihretwegen ein Reh, brach es auf und legte es mit gespreizten Hinterläufen auf den Rücken. Zu dem Reh ließ ich mit der Lunge eine Schleppe ziehen und einige Zeit später einen Hilfsmann unbemerkt einen Beobachtungsposten beziehen. Nach sauberem Ausarbeiten der Schleppe verbellte sie sofort, ohne die geringste Miene zum Anschneiden zu machen. Nun wiederholte ich die Versuche mehrfach in der Praxis.*
So bei einem nach kurzer Nachsuche gefundenen alten Zwölfer. Bei diesem Hirsch und seinem Aufbruch legte ich sie ab und verschwand eine volle Stunde. Sie hat damals und auch später niemals wieder die Untugend des Anschneidens gezeigt. Ich bin fest davon überzeugt, dass das einmalige »Frühstücken«

nur auf das Fehlen irgendeines für den Körper wichtigen Stoffes zurückzuführen war.«

Hier mag auch ein Wort zur Fütterung mit Innereien von Schalenwild am Platz sein: Wir kennen sehr viele Jäger, die Pansen, Lunge, Milz, Drossel usw. von allem Schalenwild roh an ihre Hunde verfüttern, ohne dass dadurch ihre Hunde zu Anschneidern geworden wären.

Es ist selbstverständlich, dass der Hund nach jeder erfolgreichen Nachsuche auf Schalenwild aus der Hand des Jägers einige Stückchen Milz oder etwas geronnenen Schweiß erhält. Durch dieses »Genossenmachen« erzieht man keine Anschneider.

Ein erfahrener Jäger teilt mit, dass in den Jahren zwischen den Kriegen in einem Revier viele tausend Kaninchen erlegt wurden, die nicht immer restlos abzusetzen waren. Diese Kaninchen wurden von den Revierjägern zerhackt und »mit Haut und Haaren« roh verfüttert. Nie war ein Anschneiden die Folge.

Eben weil es sich nur um einen Ernährungsmangel handelt, sehen wir das Anschneiden, sofern er sich nicht um eine jahrelange Gewohnheit handelt, als wenig gefährlich an. Seine Heilung ist in fast allen Fällen ohne Zwangseinwirkung möglich. Die Tatsache, dass auch andere Raubtiere (Fuchs, Wolf) gern die Weichteile anschneiden, ist uns ein Fingerzeig.

Eine Fütterung wie geschildert wirkt nicht nur mit Sicherheit vorbeugend, sondern reicht auch in allen Fällen, in denen das Übel noch nicht alt ist, zur Heilung aus.

Der Totengräber

Das Eingraben von Wild und auch Apportiergegenständen kommt sehr viel häufiger vor, als man davon hört. Meist scheuen sich die Besitzer oder Abrichter, von diesem »Verbrechen« ihrer Lieblinge zu erzählen. Ganz zu unrecht. In den meisten Fällen ist das alles nicht so schlimm, vielmehr psychologisch zu erklären und durchaus heilbar.

Es liegt in der Hundenatur, denjenigen Fraß, den er im Augenblick nicht mehr braucht, zu vergraben. Das sehen wir bei fast allen Welpen bzw. Junghunden, wenn der aktuelle Untergrund ihnen dazu die Möglichkeit eröffnet. Das ist überhaupt nicht tragisch zu nehmen. Es entspringt dem natürlichen Drang zur Sicherung der Beute. Nun bilden Herr und Hund eine kleine Rudel-Gemeinschaft, in welcher der Herr den Rudelführer darstellt (mindestens darstellen sollte). *Alles Wild, jede Beute gehört ihnen gemeinsam*. So sieht es normalerweise der ordnungsmäßig gehaltene Hund. Bei dem zur Strecke gebrachten Stück Schalenwild empfängt er seinen Herrn freudig-rutewedelnd, während er fremde Menschen oder gar Hunde höchst misstrauisch betrachtet, häufig diese anknurrt und oft gar heftig angreift. Seine Einstellung: »*Unsere Beute*! Sie muss dem Zugriff Dritter entzogen werden«. Beim Herantragen von Hase, Fasan oder anderem Niederwild zum Hundeführer erregen dort in der Nähe stehende Menschen oder/und Hunde häufig sein Misstrauen, insbesondere wenn er seinen Herrn in der Gruppe nicht eindeutig erkennt. Der Hund bringt die Beute gegebenenfalls nicht dort hin, sondern will sie lieber sichern und deswegen

Totengräber grabend...

vergraben. Der Hundeführer muss sich deshalb von der Gruppe lösen und durch seine Bewegung und seinen Zuspruch sich gegenüber dem mit einem Stück Wild herankommenden Hund bemerkbar machen. Damit verliert der Hund seine Verunsicherung, kommt zügig zu seinem »Rudelführer« und liefert die Beute korrekt ab.

Sehr selbstsichere bzw. erfahrene Hunde sorgen sich weniger um ihre Beute. Verunsicherungen des Hundes entstehen natürlich wieder leichter in fremder Örtlichkeit, in ihm unbekannten Verhältnissen und gegenüber fremden Personen und Tieren. Die Verunsicherung des Hundes ist nach unserer Erfahrung die Hauptursache für das Eingraben.

Eine weitere Quelle der Verunsicherung des Hundes kann der Herr sein, der es nicht schafft, den nötigen Konnex zwischen ihm und den Hund aufzubauen. Da kann die Unsicherheit beim Hund bis ins Ungemessene ansteigen. In der Praxis gibt es Beispiele, dass Hunde, die bislang alles Wild einwandfrei brachten, beim Wechsel des Herrn plötzlich zum Totengräber wurden.

In solchen Fällen ist Nachdressur Unsinn. Der neue Hundeführer bedarf einer Schulung zum Verstehen der Hundeseele.

Ist Verunsicherung der Grund zum Vergraben, so müssen wir in dem Hund die Überzeugung festigen, dass ihm kein Fremder seine Beute streitig macht. Anfangs entferne der Hundeführer sich grundsätzlich seitlich fort von Menschen und anderen Hunden, wenn sein Hund mit dem Stück Wild herankommt und mache sich lobend bemerkbar. In weiteren Schritten verkürze er kontinuierlich seinen Abstand zu der Gruppe, sodass der Hund ihm schließlich auch in der Nähe von Menschen und Hunden das Wild zügig zuträgt.

Selbstverständlich muss der Hund das eingebuddelte Stück stets selbst holen, gegebenenfalls unter Zwangseinwirkung (Kriechen) an der Leine. Ebenso wichtig ist das ausgiebige Lob bei Wohlverhalten! Ich muss ihn zu vielfach wiederholten Malen erfahren lassen, dass ihm niemand das Stück wegnimmt und das Herantragen für ihn zu einem angenehmen Abschluss führt.

Ein weiterer nicht ganz selten auftretender Grund für das Vergraben der Beute ist in der Überforderung des Hundes zu suchen. Dabei braucht es sich nicht immer um zu hohe rein physische Anforderungen zu handeln. Es kommt des Öfteren vor, dass ein Hund beim mehrfachen oder täglichen Schleppenüben mit einem Fuchs oder einer Krähe oder einer Elster usw. tagelang einwandfrei apportiert, dann plötzlich abbiegt und eingräbt. Ihm hängt diese Übung »zum Hals heraus«. Wesensstarke, harte Burschen lassen sich durch Dauerübungen weniger leicht beeindrucken, empfindliche Hunde mehr. In diesen Fällen greife man beim ersten Eingraben sehr energisch durch (Kriechen an der Leine, eventuell mit Gertengebrauch) und lasse das eingegrabene Wild aus dem »Grab« vom Hund herausholen, gewähre ihm dann aber einige Zeit Ruhe, überfordere ihn jedenfalls weder physisch noch psychisch.

Als reine Verlegenheitshandlungen werten wir das Eingraben, wenn der Hund das Wild herangetragen hat, der Hundeführer sich aber nicht um ihn kümmert, weil er sich in der Situation anderweitig stark ablenken lässt. Der Hund ist es gewohnt, dass sein Rudelführer ihm bei jedem Herantragen sein Augenmerk und Interesse entgegenbringt und ihm das Gebrachte unter einer bestimmten Zeremonie mit Lob abnimmt. Nun hat sein Herr plötzlich keine Zeit für ihn, beachtet ihn nicht und beschäftigt sich mit etwas anderem. Was soll er tun? Wohin mit dem Wild? Manche ältere und sehr ruhige Hunde werden sich vielleicht aus Gewohnheit mit dem Stück im Fang einige Zeit hinsetzen und abwarten; noch in der Ausbildung befindliche Zöglinge werden das Gebrachte möglicherweise einfach fallenlassen. Jedenfalls steht der Hund vor einem Novum, vor einer Situation, aus welcher er einen Ausweg nicht gelernt hat. Liegt es nicht nahe, sich und seinem Rudelführer die Beute erst einmal durch Eingraben zu sichern?

In allen diesen bisher behandelten Fällen handelt es sich nicht um den eigentlichen Totengräber, sondern aus der Sicht des Hundes um ein vorläufiges Verwahren. Sobald der Hund das

...und hier beim Zuschieben.

vermeintliche Hindernis oder die vermeintliche Gefahr beseitigt glaubt, wird er unter der erneuten Einwirkung seines Herrn, manchmal sogar ohne neue Einwirkung, das vergrabene Stück herausholen und bringen. Bei rechtzeitig vorbeugendem Verhalten des Hundeführers bleibt es bei dem einmaligen oder nur selten wiederholten »Sündenfall«.

Ganz anders ist die Situation bei dem echten, dem eigentlichen Totengräber, den man als den »notorischen Totengräber« zu bezeichnen pflegt. Er entwickelt sich durch Gewohnheit, d.h. bei vielfacher Wiederholung des Eingrabens ohne entsprechende Gegenbehandlung, entweder weil der Führer falsch auf ihn einwirkte oder weil er das Eingraben gar nicht bemerkte, was bei der praktischen Jagd durchaus möglich ist. Ist das Eingraben dem Hund zur Gewohnheit geworden, ist erfolgreiche Korrektur des Hundes keinesfalls sicher. Der echte Totengräber ist durch keinen Zwang zu bewegen, zu dem eingebuddelten Stück zurückzugehen. Er stellt sich gewissermaßen unwissend und ist mit allen Mitteln bestrebt auszuweichen, wenn er mit der Leine unmittelbar an das »Grab« gebracht ist. Der notorische Totengräber macht zuweilen einen geradezu geisteskranken Eindruck. Er handelt wie unter einem unwiderstehlichen Zwang, reagiert auf keinen Pfiff oder Ruf und ist ausschließlich auf das Beiseiteschaffen und Vergraben der Beute bedacht. Das »Grab« ist vielfach nicht zu finden. Er tarnt die Stelle mit einer unglaublichen Geschicklichkeit und einer sagenhaften Geschwindigkeit. Wenn er nicht beobachtet wurde, sind die Bemühungen um das Finden der Grabstelle meist vergeblich.

Zur Behandlung: Zunächst einmal muss das Vertrauen zwischen Herr und Hund geschaffen werden, was meist längere Zeit dauert und ohne Führerwechsel überhaupt nicht zu erreichen ist. Sodann ist dafür Sorge zu tragen, dass man bei den Übungen das eingebuddelte Stück auch sicher findet. Dazu wird beispielsweise an dem zu bringenden Stück Wild eine mehrere Meter lange dünne Schur aus Kunststoff befestigt, an deren Ende ein weißes Stückchen Leinen angebracht wird. Mit dieser Hilfe ist das Grab in der Regel zu ermitteln. Der leer zurückgekommene Hund kriecht an der Leine bis zum eingegrabenen Stück und wird hier gezwungen, das Stück Wild aufzunehmen und zu bringen. Man mag ihm dadurch etwas entgegenkommen, dass man die Erde bis zum Freiliegen des oberen Teils des Gegenstandes zurückschiebt, begleite im Übrigen den »Apport!«-Befehl mit durchaus spürbarer Härte, *schalte jedoch beim ersten Zeichen des Zugreifenwollens sofort auf Lob um* und mache ihm auch das Bringen zu einem für ihn freudigen Ereignis. Mit einigen wenigen Übungen ist es nicht gemacht, auch dann nicht, wenn der Hund möglicherweise an vielen Tagen hintereinander nicht rückfällig geworden sein sollte. Es sind in der Regel viele Wochen nötig, um bei täglicher Übung im Schwerapportieren und auf Schleppen den Hund den Fehler vergessen zu lassen. Stets ist er bei diesen Übungen freundlich zu behandeln, solange er nicht eingräbt.

Es ist durchaus nicht sicher, dass der Hund auf diese Weise geheilt wird, und mit ziemlicher Sicherheit wird er bei seinem früheren Herrn wieder eingraben. Sollte er trotz mehrmaliger Übungen in der dargestellten Weise auch weiterhin wieder eingraben, so bliebe als letztes Mittel nur noch eine härtere Einwirkung während des Vergrabens, welche aber auf Grund tierschutzrechtlicher Vorgabe ausgeschlossen werden muss. Der Hund ist dann als Jagdhund unbrauchbar.

Der Wilderer

Der Hund, der regelmäßig Haus und Hof verlässt, um allein oder mit einem anderen Hund zusammen zu jagen und zu stromern, ist nach unserer Ansicht nicht heilbar. Wir glauben auch nicht daran, dass die Vertreter der gegenteiligen Meinung schon einmal einen richtigen Wilderer geheilt haben. Wenn gar jemand den Rat gibt, den Hund in dem Augenblick, in dem er sich anschickt, den Hof zum Zweck des Wilderns zu verlassen, mit der Wurfkette zu treffen, so kann er sich das nur fern von jeder Praxis am Schreibtisch ausgedacht haben. Einen Wilderer hat er totsicher auf diese Weise noch nicht geheilt.

Ursächlich für das Wildern ist das unbeaufsichtigte Herumlaufen in Haus und Hof. Vorbeugend halte man daher den Hund, solange er nicht unter ständiger Aufsicht steht, im Zwinger.

Der Drang des Hundes, der einmal das Stromern und Wildern kennengelernt hat, ist so unwiderstehlich, dass ein Heilungsversuch keinerlei Erfolg verspricht. Es gibt nur die »Sicherungsverwahrung«, das Einsperren in einen absolut ausbruchsicheren Hundezwinger. Er darf nur herausgelassen werden, wenn er unter unmittelbarer Aufsicht seines Herrn steht. Was den Zwinger betrifft, so muss es sich schon um eine Art Löwenkäfig handeln. Ein Hund, der ausbrechen *will* – gleichgültig ob zum Wildern oder zu einem anderen Vorhaben – und dem solches Ausbrechen erst einmal gelungen ist, hat eine ganz unglaubliche Geschicklichkeit und eine unfassliche Erfindungsgabe. Er durchschlüpft Löcher, die wir höchstens für ein Kaninchen ausreichend hielten, übersteigt Drahtzäune von 2,50 m Höhe, gräbt sich unerwartet tief unten durch u.a.m.

Es gibt auch Hunde mit einem so hohen Grad der Verwilderung, dass sie sich selbst auf der Jagd selbstständig machen und sich stunden- und tagelang wildernd umhertreiben. Hiergegen haben wir nur ein einziges Mittel, zu dem ich dringend rate: den Hund als Jagdhund aus dem Verkehr ziehen. Damit tun wir uns, den Jagdnachbarn und allen sorgfältigen Hundehaltern sowie dem Wild einen großen Gefallen.

Häufiger ist der Fall, dass zwei (oder mehrere) sich entsprechend gut verstehende Hunde jede Gelegenheit zum *gemeinsamen* Wildern nutzen. Sei es, dass sie Haus und Hof in unbeaufsichtigtem Moment verlassen oder auch aus dem Jagdtrieb heraus (z.B. während einer Stöberjagd) zum Wildern übergehen. In solchen Fällen muss schlicht vorgebeugt werden, d.h. sie dürfen gemeinsam nur unter unmittelbarer, zuverlässiger Kontrolle des Hundeführers frei herumlaufen.

Dieses Kapitel ist unerfreulich, aber notwendig zu behandeln. Von einer »Schuld« des Hundes können wir nie sprechen, allenfalls von einem Anlagemangel, aber die Schuld des Abrichters und erst recht des Führers ist oft riesengroß.

Literaturhinweise

Aldington, Eric H. D., 1986: Von der Seele des Hundes. Kynos-Verlag

Andreas, Konrad, 1966: Gerechte Jagdhundschulung. 7., durchges. Aufl., BLV Verlag

Bansen, Herbert, 1996: Verwundt danach, Jagd- und Kulturverlag

Biber, Vera 2007: Futterprobleme bei Hunden. animal learn Verlag

Diezel, Karl Emil: Diezels Niederjagd, 13. Auflage 1922, Parey Buchverlag

Eisenbarth, E. u. Ophoven, E., 2002: Bewegungsjagd auf Schalenwild, Franck-Kosmos Verlag

Feddersen-Petersen, Dorit Urd, 2013: Hundepsychologie, S.417-423, Franckh-Kosmos Verlag

Oberländer, 1926: Dressur und Führung des Gebrauchshundes. 10. Aufl., Verlag Neumann-Neudamm

Spork, Peter, 2017: Der zweite Code – Epigenetik, 6. Auflage, Rowohlt Verlag

Tabel, Carl u. Uwe, 2023: Der Jagdgebrauchshund-Jährling. Gräfe und Unzer Verlag

Tabel, Uwe, 2023: Auf der Schweißfährte, 2. Auflage, Franck-KosmosVerlag

Trumler, Eberhard, 1972: Mit dem Hund auf du und Hunde ernstgenommen. Piper Verlag

Weick, F.: Der Teleboc, in Der Jagdgebrauchshund 1976, Heft 6, S. 104

Weidt, Heinz, 1996: Der Hund mit dem wir leben: Verhalten und Wesen, 3. Auflage, Parey Buchverlag

Weissgerber, Diana, 2006: Welpenschule. Verlag Holisticvet, Longuich

Zimen, Erik, 1992: Der Hund. Wilhelm Goldmann Verlag

Zwick, Edwin: Die Dressurangel als Hilfsmittel bei der Ausbildung des Totverbellers, in Der Jagdgebrauchshund 1974, Heft 5, S. 90

Stichwortverzeichnis

Über die Autoren

Carl Tabel (1897 bis 1993) war dem Hund von Kindesalter an sehr eng verbunden. Als Jugendlicher war er bereits Jäger, vor allem Jäger mit dem Hund – und das ist er sein langes Leben lang geblieben. Er führte Vorstehhunde verschiedener Schläge sowie Fox- und Jagdterrier. 1941 begründete er seinen Deutsch-Drahthaar-Zwinger »vom Kanonenturm«. 1931 bis 1945 gehörte er dem Vorstand des Vereins Deutsch Drahthaar an, war in den beiden letzten Kriegsjahren dessen 1. Vorsitzender. Nach dem Krieg widmete er sich besonders der Durchführung und Fortentwicklung von Jagdhunde-Führerlehrgängen, gehörte als Vertreter der Jagdgebrauchshundvereine dem erweiterten JGHV-Präsidium an und war maßgeblich an der Entwicklung des JGHV-Prüfungswesens und an entsprechenden JGHV-Seminaren beteiligt. Schriftstellertätigkeit: »Der Jagdgebrauchshund«, »Der Gebrauchshund-Jährling«, »13 meiner besten Hunde« sowie mehr als 800 Beiträge in jagdlichen und jagdkynologischen Fachblättern. Mit der Begründung der Zeitschrift des JGHV »Der Jagdgebrauchshund« 1965 war er deren Schriftleiter. Zudem war er jagdkynologischer Schriftleiter für »Der Deutsche Jäger«, später »Die Pirsch«.
1973 wurde Dr. Carl Tabel das Bundesverdienstkreuz 1. Klasse verliehen.

Uwe Tabel (*1938), pensionierter Forstamtsleiter und Abteilungsleiter der rheinland-pfälzischen forstlichen Forschungsanstalt, ist seit 1955 Jagdscheininhaber und seit 1958 als Verbandsrichter tätig. Seit 1953 führt er Jagdhunde, Vorstehhunde verschiedener Schläge sowie Jagdterrier und Rauhaarteckel und übernahm 1969 von seinem Vater den Deutsch-Drahthaar-Zwinger »vom Kanonenturm«. Er ist Mentor bei diversen Lehrgängen für Jagdhunde und ihre Hundeführer und war von 1983 bis 2010 als Vertreter der Jagdgebrauchshundvereine Mitglied des erweiterten JGHV-Präsidiums. Im JGHV widmet er sich vor allem der Entwicklung der Verbands-Prüfungs-Ordnungen und der Richterfortbildung. Von 1970 bis 2014 betreute er das Richterwesen in der Gruppe Mittelrhein des VDD. Zusätzlich war bzw. ist er für den Landesjagdverband Rheinland-Pfalz als Obmann für das Jagdgebrauchshundewesen in der Kreisjägerschaft, LJV-Kreisgruppenvorsitzender und Referent bei jagdkynologischen Seminaren des LJV tätig.
Weitere Schriftstellertätigkeit: Buch »Auf der Schweißfährte« sowie diverse Beiträge für jagdkynologische und jagdliche Fachblätter.

Impressum

© 2024 GRÄFE UND UNZER VERLAG GmbH,
Postfach 860366, 81630 München

BLV ist eine eingetragene Marke der
GRÄFE UND UNZER VERLAG GmbH, www.blv.de

ISBN 978-3-96747-094-9
1. Auflage
auf Basis der vollständig überarbeiteten 18. Auflage

Projektleitung: Dr. Folko Kullmann
Bildredaktion: Dr. Folko Kullmann, Natascha Klebl (Cover)
Korrektorat: Stephanie Schlicht
Herstellung: Gloria Schlayer
Umschlaggestaltung: kral&kral design, Dießen a. Ammersee
Layout und Satz: Anton Walter, Gundelfingen
Repro: Repro Ludwig, Zell am See
Druck und Bindung: Livonia Print, Riga

Ein Unternehmen der
GANSKE VERLAGSGRUPPE

Umwelthinweis:
Nachhaltigkeit ist uns sehr wichtig. Der Rohstoff Papier ist in der Buchproduktion hierfür von entscheidender Bedeutung. Daher ist dieses Buch auf PEFC-zertifiziertem Papier gedruckt. PEFC garantiert, dass ökologische, soziale und ökonomische Aspekte in der Verarbeitungskette unabhängig überwacht werden und lückenlos nachvollziehbar sind.

Bildnachweis
Umschlagfoto: Farlap / Alamy Stock Photo (vorne)
Axel Brachat (Rückseite)

Arndt, Sven-Erik: 255; Arntjen, Claus: 59; Brachat, Axel: 1, 2/3, 10-11, 17, 22-2, 28-29, 44-1, 44-2, 44-3, 44-4, 44-5, 44-6, 47-1, 47-2, 49, 119-2, 148-1, 148-2, 149-1, 149-2, 150, 151, 152, 153-1, 153-2, 164, 171-1, 171-2, 172, 173-1, 173-2, 179, 180, 182-1, 182-2, 203-1, 203-2, 204-1, 204-2, 205, 210, 211, 220, 221, 222, 223, 233, 240/241, 245-1, 245-2, 248, 257, 263-1, 263-2, 263-3, 264-1, 264-2, 264-3, 264-4, 265; Berg, Martina/stock.adobe.com 101; Bönke, Beate 66, ; Ciani, Jennifer: 5, 41, 115, 117, 118, 119-1, 120, 121, 131-1, 131-2, 131-3, 132, 133-1, 133-2, 134-1, 134-2, 135, 137, 138-1, 138-2, 139-1, 139-2, 140-1, 140-2, 140-3, 141, 142, 143, 144-1, 144-2, 144-3, 144-4, 145, 146, 147-1, 147-2, 153-3, 157, 161, 163, 165-1, 165-2, 165-3, 166-1, 166-2, 168-1, 168-2, 170, 175, 176, 177, 197-1, 197-2, 199-1, 199-2, 199-3, 199-4, 206/207, 234-1, 234-2, 236, 244, 267, 269, 270-1, 270-2, 271-1, 271-2, 286/287; Dreeskorn, Sylvia: 97, 99; Fickentscher, Peter: 94; Flier, Walter: 274/275, 280; Fürschuss, Nicholas :13; Grotzsch, Wolfgang: 16; Heiss, Uwe: 193; Hodeib, Ahmad: 124-1, 124-2, 124-3, 125, 238, 239, 268, 281; Hohenhaus, Maria: 74; Homann, Sandra: 6, 64; Kapfer-Walch, Elisabeth: 187-2; Klamp, Christa: 34; Kleinhempel, Gabi: 77, 78, 80; Körner, Lea 91; Laudien, Christa: 25-1, 26-1, 26-2, 27; Liederley, Hannes: 7, 289, 294, 298, 301, 302, 304, 305; Lietzow, Venessa: 73; Lutz, Manfred: 89; Michel, Melissa: 67; Niehues, Maria-Theresa: 56; Paul-Wollmann, Nina: 68; Rasch, Holger: 51; Reis, Matthias: 247; Scherr, Reinhard: 76; Schmitz, Christian: 55; Schönberger, Balduin: 15; Schulte, Roland: 93; Sell, Kai-Uwe: 57; Sporleder, Heike 69; Tabel, Uwe: 4, 6, 9, 19, 20-1, 20-2, 21-1, 21-2, 21-3, 22-1, 23, 24-1, 24-2, 25-2, 30, 32-1, 32-2, 32-3, 36, 39, 40-1, 40-2, 43-1, 43-2, 43-3, 48, 52, 53, 84/85, 104-1, 104-2, 106, 107-1, 107-2, 111, 127-1, 127-2, 217-1, 217-2, 310-1, 310-2; Thomas, Burkhard: 70; Umbach, Ulrich: 75; Unschold, Mandy: 112/113, 187-1, 188-1, 188-2; Wagner, Wilhelm: 37; Walter, Anton (nach einer Vorlage von Alfred Wehlehner): 283; Werbeagentur Reich: 110; Willems, Bianca: 71

Wichtiger Hinweis
Das vorliegende Buch wurde sorgfältig erarbeitet. Dennoch erfolgen alle Angaben ohne Gewähr. Weder Autor noch Verlag können für eventuelle Nachteile oder Schäden, die aus den im Buch vorgestellten Informationen resultieren, eine Haftung übernehmen.

Liebe Leserin und lieber Leser,
wir freuen uns, dass Sie sich für ein BLV-Buch entschieden haben. Mit Ihrem Kauf setzen Sie auf die Qualität, Kompetenz und Aktualität unserer Bücher. Dafür sagen wir Danke! Ihre Meinung ist uns wichtig, daher senden Sie uns bitte Ihre Anregungen, Kritik oder Lob zu unseren Büchern. Haben Sie Fragen oder benötigen Sie weiteren Rat zum Thema?
Wir freuen uns auf Ihre Nachricht!

GRÄFE UND UNZER Verlag
Grillparzerstraße 12
81675 München
www.graefe-und-unzer.de